농산업 정책론

농산업 정책론

1판 1쇄 2018년 1월 31일
1판 2쇄 2021년 8월 20일
발행인 이진숙 **지은이** 권용대
펴낸곳 충남대학교출판문화원 **주소** 대전광역시 유성구 대학로 99
전화 042-821-6045 **홈페이지** http://www.cnupress.co.kr **E-mail** cnupress@cnu.ac.kr

ISBN 978-89-7599-650-4 93520
정가 15,000원

농산업 정책론

권용대

충남대학교출판문화원

현대사회는 4차 산업혁명시대를 맞이하면서 기술혁신과 정보화의 진전에 따라 제조업과 서비스 등 산업 전반에 걸쳐 패러다임의 변화가 빠르게 진행되고 있다. 농업분야도 급변하는 환경변화에 대응하여 전통적인 생산중심에서 벗어나 복잡한 연계 구조를 가진 첨단산업으로 변신하고 있다. 농업은 1차 농업생산과 그린바이오, 정보통신, 식품가공, 유통정보, 외식산업 등 관련 산업들이 서로 유기적인 생태계를 형성하면서 고부가가치형 산업으로 확대 성장하고 있는 중이다.

그동안 정부는 농업이 국민경제에서 차지하는 역할이 중요하고 시장기구에만 맡겨둘 수 없는 공공재라는 특성 상 농산물의 안정적 수급, 생산성 향상, 가격안정, 농업환경의 보호, 농가소득의 향상 등 생산농업 중심의 정책을 추구해왔다. 하지만 농업의 개념이 전후방 연계 산업을 포함한 광의의 농산업으로 변하면서 정책의 대상과 범위를 농업생산뿐만 아니라 식품가공, 유통, 외식, 비료, 농약, 농기계 등 농업 관련산업 전반으로 확대시킬 필요성이 커지고 있다. 농업 문제의 근원적 해결을 위해서는 농업생산중심의 정책에서 벗어나 먹거리 산업 전체의 균형적 발전과 산업생태계 조성 등 융합형 정책이 요구되는 농산업화 시대를 맞이하고 있는 것이다.

저자는 빠르게 변화하는 농산업의 발전 동향과 당면한 현실을 직시하면서 이들 산업체계를 보다 폭넓은 정책의 대상으로 끌어들여 최신 이론과 분석방법의 틀에 따라 실효적인 처방을 제시할 필요성을 수년전부터 느껴 왔었다. 농산업 정책학의 역할은 농업의 산업화 과정에서 나타나는 공공적 문제를 해결하기 위하여 정책의 기획, 집행 및 평가와 관련한 의사결정을 내리는데 있어 필요한 분석이론과 가치판단의 기준을 제공하는데 있다. 본서를 쓰면서 독자들에게 농산업 정책에 대한 경제이론과 분석 방법론에 대한 이해를 바탕으로 새로운 정책적 아이디어를 심어주고 대안적 해결책의 강점과 약점에 대한 통찰력을 키워주고자 하였다.

이러한 집필 의도에 맞추어 이 책을 내용적으로 3부, 12장으로 구성하였으며 1부의 1,2장에서 농산업정책의 개념과 범위, 농업의 산업화에 따른 정책적 해결과제를 서술하였다. 2부의 3,4,5,6장에서는 농산업 정책의 경제이론과 분석방법을 소개하였는데 효율성과 형평성의 개념 및 사회후생이론, 그리고 수요 공급이론에 의한 시장분석, 가치사슬분석, 산업연관분석방법을 서술하였다. 3부에서는 7장에서 12장까지 생산농업, 농생명 바이오, 농자재 산업, 식품산업, 농산업 기술 등 부문별 농산업 동향과 정책을 살펴본 후 저자가 생각하는 세계화 시대의 한국 농산업이 나아갈 정책 방향을 제시하였다.

미래의 농산업은 정보통신기술(ICT), 로봇, 빅데이터, 사물인터넷 등 혁신적인 기술발달로 인해 먹거리 관련 산업들 간에 상호 밀접한 푸드시스템을 형성하면서 더욱 진화 발전하게 될 것이다. 저자는 미래의 농업·농촌사회를 바라보면서 연구자로서 현실의 농산업이 당면한 과제들이 무엇이고 이를 해결하기 위한 정책적인 처방이 무엇인가를 찾고자 하였다. 자료를 수집 정리하는 과정에서 농산업 정책의 본질이 무엇이고 정책이 필요한 이유와 어떻게 정책이 바람직하게 수립 집행되어야 하는지에 대해서 폭넓게 이해할 수 있었던 기회를 가지게 해준 선학 제현 여러분들에게 감사드린다.

이 책이 4차 농업혁명시대의 미래와 청사진을 도전적으로 탐구하고자 하는 정부기관 관계자들과 농산업체 종사자 그리고 연구자와 학생들에게 작으나마 실무적 또는 학문적으로 도움과 격려가 된다면 저자로서 더 없는 보람일 것이다. 충남대학교에서 농업정책을 전공분야로 20여

년 동안 연구와 강의를 해온 저자는 평소 학생들에게 필요한 교재용 저서를 출판하기를 기획하여 왔으나 차일피일 미루다가 이번에야 출간하게 되었다. 늦게나마 한 권의 책이 나올 수 있도록 도와주신 충남대 출판문화원 관계자와 모든 분들에게 감사를 드린다.

2018년 1월

권 용 대

Part 01 서론

Part 02 농산업 정책의 이론과 분석

<표 목차>

〈그림 목차〉

PART 01

서론

CHAPTER 01

농산업정책의 의의

제1절 정책의 개념적 정의

일반적으로 정책은 정부가 공공문제를 해결하거나 어떤 목표를 달성하기 위하여 결정한 행동방침을 말한다. 경제정책은 그 중에서 경제문제를 해결하기 위해 국가경제의 운영과 관련된 원칙과 수단이라고 할 수 있다. 한편 산업정책이란 국가가 국민경제의 발전과정에서 산업간의 자원배분 혹은 산업내의 산업조직에 개입하여 경제적, 경제외적 목표를 달성하려는 정책으로 정의되고 있다.[1] 이렇게 볼 때 농산업정책은 공공

1 이경태, 산업정책의 이론과 현실, 산업연구원, 1991 pp.4~5

정책의 한 분야로서 농업과 농업관련 산업부문을 대상으로 이루어지는 공공활동의 과정이라고 정의할 수 있다. 농산업 정책도 경제경책의 한 부류이고 넓은 의미에서 산업정책의 대상과 범위에 포함되기 때문이다.

농산업 정책은 국가 농업과 관련 산업간의 자원배분 혹은 산업전반의 구조개선에 개입함으로써 농산업 경제의 효율성 향상과 균형적 발전이라는 목표를 달성하고자하는 정부의 활동이다. 21세기 들어 농업은 전통적인 농업체제를 벗어나 복잡한 연계구조를 가진 복합적인 산업으로 변화하고 있다. 농업은 1차 농업생산 및 관련 산업들과의 연계 및 생산의 우회도가 늘어나면서 새로운 부가가치를 생성해 나가는 산업화 구조로 발전하고 있는 것이다.

미래의 농산업은 먹거리를 둘러싼 관련 산업들이 상호 밀접한 유기적인 산업생태계를 형성하면서 더욱 진화하게 될 것이다. 따라서 정책의 대상과 범위를 농업생산뿐만 아니라 식품가공, 유통, 외식, 비료, 농약, 농기계 등으로 확대시킬 필요성이 커지고 있다. 농업생산 활동에 점점 더 많은 산업들이 전후방으로 밀접하게 연관되어 가고 있기 때문에 이에 따른 문제 해결을 위해서는 농산업 차원의 분석과 정책적인 접근 방법이 요구되고 있음을 의미한다.

농산물이 필수적 재화로서 국민경제에서 차지하는 비중이 중요하고 시장 기구에만 맡겨둘 수 없는 공공재라는 특성상 정부는 그동안 농산물의 안정적 공급, 농업생산성 향상, 농산물의 가격안정, 농업환경의 보호, 농가소득의 향상 등 농산물 생산중심의 정책을 추구해왔다. 하지만 농업정책의 개념이 식량문제의 해결과 농가경제의 안정화 뿐만 아니라 전후방 연계 산업을 포함한 종합산업으로서의 산업정책으로 변하면서 국가 먹거리 산업 전체의 균형적 발전과 산업생태계 조성 등 농정의 대상과 범위를 넓혀가는 추세이다.

정부는 국민들이 관심을 가지고 있는 공공 정책의 대상을 놓고 자원배분의 선택문제에 당면하게 된다. 농산업정책도 마찬가지로 농산업의 공공적 문제해결을 위하여 정부가 어떠한 수단을 가지고 자원을 배분할 것인가를 다루는 정책분야라고 할 수 있다. 정부는 정책을 통하여 자원배분에 직접적으로 관여하는데 그치는 것이 아니라 민간 경제주체들의 자원배분에 대한 의사결정 자체에 영향을 주게 된다는 측면도 강하다. 정부가 추진하는 다양한 정책 프로그램은 예를 들어 농산품 및 관련자원을 직접 구매하거나 판매하는 행위, 시장 활동에 대해서 규제를 하거나, 법적 제도적 장치의 유지, 재분배 프로그램을 통해서 농산업의 시장경제에 많은 영향을 미치게 된다. 최근에 정부의 정책 대상이 농업과 관련 산업으로 확대되고 있기 때문에 민간산업 경제 주체들의 의사결정과 경영활동에 미치는 영향력은 더욱 더 커질 것이다.

농산업 정책은 정부가 농산업의 균형적인 발전을 위해서 정부가 농업 및 관련산업 체에 개입하는 정도와 방법에 따라 다르겠지만 다음과 같은 역할과 기여를 하게 될 것으로 기대되고 있다. 첫째, 농산업의 공공재적 특성에 따른 외부효과를 내부 시장화하는 과정에서 농산업정책이 시장실패를 보정하는데 일정한 역할을 하게 될 것이다. 예를 들어 식량안보와 같이 국민들에게 필요한 식품을 안정적으로 공급하는 것이 국가정책의 중요한 목표이나 농산물과 가공식품을 포함하는 관련 농산업의 가치가 시장에서 제대로 반영이 안되는 경우 공급의 사회적 한계비용이 사적 한계비용보다 적게 나타나게 된다. 이 경우 정부는 농식품 생산의 사회적 비용과 사적비용의 차이만큼을 보조해주는 정책은 최적의 식량생산량을 안정적으로 유지시키는 역할을 하게 된다.

둘째, 정부가 직접 공급하거나 지원하는 수리시설, 유통정보, 식품산업단지, 농자재 수출산업의 지원 같은 공공재적 정책은 농식품의 가격에 직접적인 영향을 미치지는 않지만 농식품의 생산과 소비에 대한 간접적인 개입으로서 궁극적으로 농식품의 가격에 영향을 미쳐 농산업과 국민경제에 바람직한 후생변화를 가져오는 역할을 한다.

셋째, 농산업은 자연재해 또는 세계적인 수급불안으로 인한 국내 공급의 감소 또는 수입 농산물에 의한 가격하락 등 구조적인 불확실성이 존재하는데 정부는 이러한 불확실성을 제거내지는 감소시키는 정책을 폄으로서 시장에서 자원배분의 효율성을 달성하는 역할을 맡고 있다. 넷째, 정부가 신성장 농식품산업 육성이나 해외 개발사업 지원 등을 하는 정책사업의 경우 수십년의 기간과 많은 예산이 투입되는데 미래세대가 누리는 혜택이 미래세대의 부담보다 크다고 판단하여 추진하는 이러한 정책은 세대간 자원배분의 역할을 하고 있다고 할 수 있다. 다섯째, 농업의 융복합 산업화에 따라 농업과 전후방 관련산업간의 지속적이고 연계강화를 위한 정책의 추진은 농산업의 고부가가가치 사슬 체계 및 농산업 환경 생태계의 구축에서 정부 정책의 역할이 중요해 지고 있다.

특정한 정책을 계획하는 과정에서 그 대안적 결과에 대한 가치판단은 효율성 기준외에 폭넓은 평가기준 -예를 들면 공정성, 형평성, 적법성 등을 적용하여야 할 것이다. 농가 소득증대와 소비자 물가 안정은 농산업 정책이 지양하여야 보편적인 가치이고 목표이나 정책의 시행으로 상반된 결과가 나타나게 되면 다양한 분석 및 평가방법을 비교한 후에 선택하는 것이 요구되고 있다. 성장과 분배라는 두 가지 정책의 방향은 상충되는 점도 있지만 서로 보완되는 면도 있으므로 다양한 규범적 기준에서 적절한 조화와 균형이 필요한 것이다.

제2절 정책의 목적과 수단

정부의 정책적 과제는 시장 경제 체제에서 민간 기업들의 생산, 분배, 거래의 자율적인 활동을 보장하면서 가용 자원을 직접적으로 사용하거나 또는 경제주체들의 자원사용에 제한을 둠으로서 어떻게 정책적 목표를 달성하는가가 관심의 주제였다. 경제문제에 있어서 정부의 정책 목표를 경제의 성장과 분배적 정의를 달성하는데 두고 이를 달성하기 위하여 제반 경제활동의 여건과 흐름을 특정목표를 실현하는 방향으로 조정하여 왔다.

그동안 농업정책은 국민경제의 기초산업으로서 생산농업의 중요성과 역할을 중요시하여 농산물의 효율적인 수급과 농민들의 소득을 안정화하는 방향으로 정책목표를 두고 운영되어 왔다. 효율적인 수급정책은 농산물이 단기적으로 인위적인 생산조정 보다는 자연적인 기후조건에 좌우되기 경향이 강하기 때문에 본질적으로 예측할 수 없는 불안정한 성격을 가지고 있는 농업의 산업적 특성 때문이다. 한편 농가경제의 안정화 정책을 추구하는 주요 이유는 농산물 가격이 하락하고 농업소득이 상대적으로 축소하게 되면 기초산업인 농업과 일반 산업간에 불균형 현상이 심해지면서 국민경제 전체에도 부정적인 파급효과를 미치게 되기 때문이다. 이러한 농업 정책의 목적은 농업의 중요성과 역할에 대한 국민적인 합의를 반영하여 농업의 성장과 분배의 정의를 실현하기 위한 경제사회적인 관점에서 설정한 결과라고 할 수 있다.

농업 정책이 모든 경제적 가치나 정책목표를 동시에 다 충족시킬 수 없게 되는데 성장과 분배라는 정책의 목적은 상호 보완되는 점도 있지만 상충되는 면도 있기 때문이다. 예를 들어 형평성 차원에서의 농가 소득증대를 위한 목표 가격지지 정책은 소비자 후생증진을 위한 농산물 가격의 안정화 정책과 상충되는 결과를 가져올 가능성이 있다. 따라서 구체적인 정책사업의 시행 시에는 정책의 중요성과 기여도를 비교한 후에 특정한 사업의 우선 순위와 평가기준을 설정하는 것이 요구되고 있다.

역사적으로 볼 때 농업부문은 낮은 생산성과 소득 불균형으로 인해 타산업 부문에 비해 뒤쳐지고 소외되어 온 것이 일관된 사실로서 관찰되고 있다. 농산업 정책은 생산농업뿐 아니라 관련 산업간 균형적인 성장과 공평한 소득분배의 관점에서 그 역할과 기능에 대해서 국민적인 합의를 반영하여야 할 것이다. 즉 농산업 정책은 산업적 측면에서 효율성을 증진시키는 한편 이 과정에서 발생하는 형평성 문제를 해결하기 위하여 다양한 분배정책을 펴나가야 할 것이 요구된다.

따라서 농산업 정책의 목적을 보면 첫째, 국민경제적인 관점에서 농산업의 전체 후생수준을 증대시키기 위한 산업의 생산성과 부가가치를 증대하려는 최대 효율성의 목표와 둘째, 농산업 내부 및 외부간의 기회의 균등과 분배의 균등화로서 각 산업주체들이 형평성의 차원에서 최소한도의 산업 활동이 영위되도록 지원하는 최적분배를 목표로 제시할 수 있다.

농산업 정책의 목적을 달성하기 위하여 다양한 규제수단을 통하여 농산업 경제에 폭넓게 영향을 미치게 된다. 인허가권이나 행정지도 등을 통해 직접 규제하는 정책수단은 거래되는 농식품의 가격, 품질, 수량에 영향을 미치고 소비자들의 정보접근에도 영향을 미친다. 예를 들면 물가에 중요한 영향을 미치는 농식품은 규제 위원회의 제한 방침에 따라

간접적으로 가격결정에 간섭을 받고 있다. 양념채소류와 축산물, 라면 등이 그 예이다.

또한 금전적인 또는 비금전적인 유인을 함으로써 정책목적에 부합되는 행동하도록 하는 간접적으로 유도정책, 비전제시 정책 등의 수단이 있는데 예를 들어 정부가 특정 농자재를 제공하거나 또는 비축용 농식품의 구매, 각종 법령 제도와 자원 재분배프로그램의 시행 등을 들 수 있다.

한편 가격 외에 수량과 품질을 규제하는 방법이 정책수단으로 광범위하게 활용되고 있는데 주로 환경과 소비자 보호목적을 위해서이다. 예를 들면 축산식품 안전기준, 그리고 식품취급기관의 공공건강기준을 식당, 슈퍼마켓, 냉동식품공장 등에 적용하는 경우이다. 또한 농산품과 가격에 대한 규제 외에 원산지 표시제 같은 농식품 정보에 대한 규제도 있다.

또 다른 형태의 규제는 세금과 보조금제도이다. 이들의 예는 농식품 무역정책에서 볼 수 있는데 수입억제를 위한 관세, 수출촉진을 위한 보조금 제도 그리고 술과 담배에 대한 세금부과로 가격을 올려 소비를 감소시키려는 수단이다. 농산물 재해보험과 벤처 농기업 융자제도, 농촌 출신자녀의 대학교육 보조금 지급은 이들의 농산업 후계 활동을 권장하기 위한 정책수단이다. 정부정책의 중요한 수단으로서 법제도를 개발하는 활동이다. 각종 농산업 관련 법적 제도는 농산업의 발전과 경제주체 간의 행위를 규정화하는 것으로 되어 있다. 예를 들어 농산물 품종특허 제도가 없다면 신품종 개발을 위한 노력을 권장할 수 없을 것이다.

제3절 정책의 연구 방법

정책학에서 정책 분석은 사회과학적인 방법론을 적용하여 공공문제를 다루는 것을 말한다. 정책분석(policy analysis)은 정책결정자들이 더 나은 판단을 할 수 있도록 필요한 정보를 창출하고 제시하는 일체의 지적 · 인지적 분석 형태를 의미한다. 일반 산업 정책과 마찬가지로 농산업 정책도 정책 목표를 설정하고 추진하는 과정에서 문제의 인지 및 제약 조건을 밝히고 정책을 디자인하고 제도화하는 과정 등의 분석기법을 거치는 것이 필요하다. 농산업 정책분석은 농산업 정책의 기획, 집행과 평가와 관련하여 이의 기초적인 이론과 분석방법을 다루는 분야이라고 할 수 있다. 즉 농산업 정책분석의 역할은 농산업의 공공적 문제를 분석하고 처방하는데 있어 정치적인 의사결정을 내리는데 필요한 지식과 판단 기준을 제공하는데 있다.

농산업 정책에 대한 연구는 정책의 대상인 농산업의 본질과 문제들이 무엇이고 이를 해결하기 위한 분석방법의 틀과 정책적인 처방이 무엇인가를 배워가는 과정이라고 할 것이다. 이 책에서는 경제정책에 대한 이론의 숙지와 분석 방법에 대한 이해를 바탕으로 농산업이 당면한 현실을 직시하면서 새로운 정책적 아이디어를 내어 놓고 대안적 해결책의 강점과 약점에 대한 통찰력을 키워주고자 노력할 것이다.

정책이란 다양한 동기와 서로 다른 정보를 가진 사람들에 의해서 만들어진 일련의 의사결정과 행동의 결과물이다. 이들 다양한 그룹의 각기 다른 사람들은 특정 정책의 내용을 잘 알고 있다 하더라도 그 장점에 대해 찬동하지 않는다면 그것은 서로 다른 가치관 때문 일 것이다.

어떤 정책이 더 좋다 나쁘다하는 문제를 풀기 위한 정치적인 타협 자체가 문제 해결의 과정이다. 정책분석은 사회과학의 방법론을 적용하여 공공정책 문제를 다루는 것을 의미한다.

사실 정치적인 과정은 수행되는 정책 분석과 분석이 활용되는 범위에 크게 영향을 미치게 된다. 따라서 정책적인 권고를 목적으로 분석기술을 배우고자 하는 사람은 정치적인 정책 결정과정의 흐름을 이해하여야 한다. 즉 정책분석만으로는 기본적 가치관의 대립에 대한 근본적인 해결책을 내놓을 수 없기 때문이다. 정책분석을 통하여 해결하여야 할 과제는 정책의 대상인 되는 문제의 인식, 정책분석의 수요자 파악, 분석기간에 따라 내용이 달라지게 된다.

많은 사람들이 정책분석에 관심을 갖는 이유는 분석결과를 정치적으로 활용할 수 있기 때문이다. 공공정책의 주요한 임무는 자원배분의 결정에 있어 집단적 요소와 시장적 요소를 적절하게 조절하는 방안을 제시하는데 있다. 경제 정책의 분석은 경제적인 행동에 대한 집단적인 영향이 필요한 조건을 찾아내거나 다른 대안적인 경제정책수단에 대한 이해를 통하여 여러 선택대상을 놓고 정책들을 평가하는 수단을 개발하는데 있다.

정부가 정책적 의사결정을 내리는 과정에서 정책분석을 활용하려는 이유는 중요한 정치적 결정과정에서 그 활용성이 높기 때문이다. 정책의 정치적인 결정 과정에서 논리적 체계를 세워주는 정책분석의 역할이 매우 중요하다. 정책분석은 효율성과 효과성이라는 일반적 가치를 특정 프로그램의 내용과 연계시키는 역할을 하고 있기 때문이다.

정책의 협상과정에서 당사자들 모두가 정책분석 결과를 전적으로 받아들일지의 여부는 실제로 그렇게 중요하지 않다. 훌륭한 정책보고서가

꼭 대다수가 받아들이는 분석보고서일 필요는 없다는 것이다. 정책분석은 정책에 대한 견해가 다르나 정치적인 판단이 필요한 부분을 토론의 대상으로 삼는데 초점을 두고 도움을 주어야 한다는 것이다. 정책분석이 보다 나은 대안을 제시하고 미흡한 해결방안들을 탈락시키거나 줄이기 위해서는 토론 내용을 명확히 설정하고 체계적인 분석방안을 제시하는 것이 중요하다는 것이다.

농산업 정책의 주체는 중앙정부와 지방자치단체, 농업관련 공공기관 등이 해당될 것이다. 이들 정책주체는 금융기관을 관리하거나, 비료, 농약, 농기계 등 농자재 산업, 사료, 축산시설 등 축산관련 산업, 식품진흥사업, 농산물의 수급 안정, 수출지원을 통해 광범위하게 농산업활동에 개입하게 된다. 예를 들어 정부가 농산물의 수입규제와 가격안정정책을 세우지 않았다면 이미 생산기반이 무너진 품목들이 있을 것이며 실제로 콩과 옥수수, 밀 등은 수입 자유화 정책을 추구하면서 시장에서 이들 품목이 사라진 원인을 제공했다고 보아야 할 것이다.

2006년 우리나라의 농업 관련산업은 농산물 생산과 가공 유통, 농자재, 농업서비스 등을 포함하여 약 47.2조원치의 부가가치를 생산하였다. 여기에는 정부의 농산물 구매 및 판매활동, 농산업지원, 농촌복지를 위한 소득지원정책이 직간접적으로 영향을 미친 결과라고 할 수 있다. 정부는 직접지불제의 도입, 농산물 가격 안정화정책, 농자재 구입의 보조, 넓게는 연구개발에 대한 연구비 지급 등을 정책의 주요 수단으로 삼고 있다.

농산업 정책의 대상이 광범위하게 확대되고 있기 때문에 앞으로 농산업의 성장과 발전에 있어 정부의 정책이 미치는 영향력은 더욱 커질 것이다. 정부가 농산업 문제와 관련하여 여러 가지 정책적 행위를 함에 따른 경제적 사회적 파급효과가 어떻게 나타나고 있는지를 설명하기 위하여 정책에 대한 분석을 해야 할 필요성이 있는 것이다. 또한 정부는 왜 시장의 자율적 기능에 맡기지 않고 농산업 부문에 개입을 하고 있는가를 설명하여야 할 것이다.

농산업 정책의 연구에는 자연과학적인 농학 및 생물학적 기술 그리고 사회과적인 방법론에 대한 기초지식을 포함하고 있는데 다음은 농산업 정책의 연구와 분석 방법론에 대한 절차적 설명이다.

첫째, 먼저 농산업 현상과 연계된 주변상황에 대한 평가 작업이 필요한데 일반경제 환경을 추정하거나 국제경제의 동향을 추정함으로서 농산업정책 연구를 위한 토대를 세우고 안목을 넓히게 된다. 이러한 과정은 농산업 문제의 본질과 현실을 규명하고 정책의 필요성과 중요성을 강조하며 정책 효과 및 이익의 정확한 예측을 위한 전제적 배경으로서 정책입법자들과 관련 당사자들을 도울 수 있을 것이다.

둘째, 농산업정책의 분석과정으로서 정확히 진술된 가정하에 정책과 연관된 변수들간의 함수관계를 설정하는 것이다. 정책집행 결과에 대한 경제적 성과의 분석은 가정의 불확실성, 자료수집의 편기성, 분석 모형의 불완전성 때문에 때때로 불분명 해질 수 있다. 이러한 이유들 때문에 연구자들은 정책의 분석과정에서 나타나는 정확도에 대해서 일정한 한계를 인정해야만 하고 정책참여자들도 분석결과에 따른 정보의 내용에 대해서 주의 깊게 평가해야 한다.

셋째, 정책수단의 선택에 따른 경제적 결과를 예측하는 것으로 예측된 미래의 동향은 정책입법자와 관련 당사자에게 유용한 정보를 제공하게 된다. 예를 들어 자원이나 토양침식의 심각한 피해 및 토양손실에 대한 농지 보존계획의 결과, 또는 농산업 R&D 정책연구 성과에 대한 수익예측 등은 생산자, 납세자, 소비자에 미칠 후생적 효과들을 규명하는데 필요한 과정이며 연구자들은 그러한 분석적 결과로 유발되는 착오나 실수를 피하도록 노력해야한다.

넷째, 정책 분석의 결과를 가지고 합리적인 정책적 대안들이 제시되는 과정으로 정책대안에 평가는 다양한 가치기준에 따라 달라질 수 있다. 예를 들어 어떤 특정 농식품의 국내시장을 해외시장으로부터 분리하기 위한 정부 정책수단으로 수출 보조금 계획이 제안되었다고 하자. 하지만 이러한 정책대안에 대한 후생적 평가과정에서 무엇이 최선이냐는 문제를 풀지 못하는 한 제안된 정책대안들에 대해서 일치된 가치를 부여하기 어려울 것이다. 즉 무엇이 최선의 정책대안이냐는 것은 주어진 정치 경제적 체제하에서 조정되어지는 정치적 상황의 가치와 신념들에 따라서 결정되어 질 것이다.

다섯째, 갈등해결로서 정책집행 과정에서 나타나는 이해집단간의 갈등은 개인과 단체 간의 관심의 차이, 상황에 대한 인식의 차이에서 비롯된다. 이러한 상이한 점 모두가 정책분석을 통해서나 분석에 의해 해결될 수 있는 것은 아니고 다른 관심을 지닌 참여자와 단체들 간에는 정책목표가 다를수 있다. 따라서 농산업 정책의 결과 나타나는 다양한 갈등상황을 추정하고 개인과 집단의 관심차이를 인정하고 갈등을 최소화하거나 극복하도록 이익 그룹간에 공통 인식을 가지도록 설득하는 과정이 따라야 할 것이다.

참고문헌

김완배외(2000) 농업관련산업의 통계지표 개발, 서울대 농업개발연구소.

김적교(2001) 경제정책론, 박영사.

김철민(2004) 농업관련산업의 GDP 추계, 정책연구보고 P72, 한국농촌경제연구원.

김철민외(2008) 농림수산 관련산업의 부가가치 및 종사자수 추정, 한국농촌경제연구원.

박은우외(2010) 농학분야 경쟁력 강화를 위한 농산업 분야 학문 및 직업의 분류체계 선진화 방안, (사)전국농학계대학장협의회.

신인식(1995) 농업관련산업론, 선진문화사.

이경태(1991) 산업정책의 이론과 현실, 산업연구원.

한국농업경제학회(2010) 농업경제학, 율곡출판사.

한석태(2013) 정책학 개론, 대영문화사.

CHAPTER 02

농업의 산업화와 정책문제

제1절 농업의 산업화 개념

국가경제의 성장과정에서 나타나는 농업구조의 특징적 변화를 보면 농업생산성이 다른 산업과 비교하여 상대적으로 낮아지면서 장기적으로 산업적 비중이 축소하는 과정을 밟고 있다는 것이다. 이러한 농업의 구조적인 변환의 주요 영향 요인으로서 식품수요의 소득탄력성이 1이하로서 계속 감소하는 반면에 농업노동력의 감소와 함께 실질 생산량은 늘어난다는 점을 들 수 있다. 대부분의 나라들은 역사적으로 일인당 국민소득이 늘어나면 농업 비중이 실질적으로 줄어들면서 농업의 GDP 비중이 축소하는 것을 경험하고 있다. 농업부문의 축소는 국가 경제의 구조적인 전환에 있어서 다른 제조 및 서비스부문의 누적적이고 내발적인 성장을 위한 필요조건이라고 주장하고 있기도 한다.[1]

농업구조의 변화로 농가규모가 계속 커지면서 농가 수가 줄어들어 들게 되면 농촌지역은 지역경제, 서비스산업의 축소로 주민들의 생계수단이 줄어들면서 소득수준은 도시지역의 주민보다 낮아지게 된다. 농가의 경영규모가 커지면서 전업농들이 부업농 내지는 겸업농으로 바뀌고 농업 취업자수가 줄어들게 된다. 이같은 농업생산부문과 농촌지역에서의 변화추세를 농업의 산업화(Industrialization of agriculture) 과정이라고 개념화할 수 있다.

농업이 산업화 과정을 밟게 되면 많은 농가들은 생활수준은 높아지지만 기대소득은 낮아지는 고통스러운 변화를 경험하게 된다. 농가들이 경제생활을 향상시키고 지속적으로인 소득을 올리기 위해서 농업 생산의 기계화율을 높이는 한편 생산비용을 줄이기 위해서는 농장 경영규모를 확대하는 것이 필수적이다. 혹자는 이러한 농업의 산업화를 신기술의 수용, 농가의 규모화, 농가수의 감소과정이라고 말한다. 한편 농업의 산업화를 제조 및 서비스 산업부문에 의해서 실행되고 있는 기업적 경쟁전략이 농업부문에서도 적용되는 과정에서 수많은 농가, 농촌기업들이 몰락하고 농촌지역의 공동화, 쇠퇴현상을 가져오는 경제적 사회적 압력으로 설명하기도 한다.

농업의 산업화과정에서 국민경제 전체로는 제조업과 서비스산업 중심의 2,3차 산업의 비중이 높아지면서 1차 농업생산 부문은 쇠퇴하는 것이 일반적인 법칙이라고 할 수 있다. 우리나라의 경우도 국민총생산에

---

1 Johnston(1961) The role of Agriculture in Economic Development

서 농업이 차지하는 비중이 1970년 29.2%에서 2013년에는 불과 1.9%로 크게 줄어들어 이 같은 사실을 확인할 수 있다. 국민경제가 발전하는 과정에서 농업이 상대적으로 쇠퇴하는 현상을 두고 농업의 산업적 중요성을 도외시하는 경향이 있는 것도 사실이다.

생산농업이 상대적으로 축소하게 된 근본 원인을 살펴보면 농업기술이 발전함에 따라 농산물의 총 생산량이 늘어나고 농업생산성이 향상되면서 식량 공급능력은 확대되는 반면에 수요는 상대적으로 정체하기 때문에 나타나는 농산물 가격의 하향적 안정화에 기인하는 것이다. 즉 농업기술이 발달하여 농산물 생산과 노동생산성이 향상되면 수요를 초과하는 잉여농산물의 생산이 늘어나면서 농산물 가격의 하락 -> 농가소득의 침체 -> 농업 GDP의 감소라는 과정을 밟게 되는 것이다. 따라서 농업의 산업화 과정에서 농업의 GDP 비중이 감소하는 이유에는 농업기술의 발달이 핵심적인 요인이 작용하고 있음을 인식해야 한다.

이와 함께 제조 산업, 수송산업 부문 등 농업외부의 지원을 통한 농업생산비의 감소요인도 농업의 산업화를 촉진시키는 중요한 변수가 되고 있다. 새로운 농업기술로 농산물의 생산량이 늘어나는 한편 통신과 수송기술의 발달로 농산물의 수요 동향에 시장공급이 추가적인 비용부담 없이도 반응할 수 있기 때문이다. 예를 들어 세계화는 정보와 수송수단의 발달로 국경을 넘어 수입 농산물과 시장경쟁을 동시적으로 진행하게 하고 있다. 이에 따라 농가들은 보다 치열해진 시장경쟁 환경에서 살아남기 위해 효율적인 생산기술과 경영방법을 찾는 한편 다른 농산물과 차별화 할 수 있는 마케팅 전략을 찾아가면서 경쟁력을 높이고자 할 것이다. 농업 노동시장도 인력정보의 획득이 쉽게 되고 지역간 이동성이 커지면서 농업 고용시장의 수급구조 변화에 더 민감하게 반응하게 될 것이다.

농업의 산업화는 개별농가의 입장에서 볼 때 경영원리가 자급적 방식에서 벗어나 시장판매를 목적으로 하는 상업적 경영방식으로 전환하는 과정으로 해석할 수 있다. 농가들이 시장경쟁에서 살아남기 위해서는 농업생산과정에 농자재를 더 효율적으로 활용해야 하며 이는 비용절감과 품질향상을 통해 경쟁력을 키워나갈 수 있을 것이다. 이 과정에서 농업은 농업생산과 관련된 전후방 산업과의 연계 및 생산의 우회도가 늘어나고 새로운 부가가치를 생성해 나가게 된다. 산업적 관점에서 볼 때 생산농업의 산출액에서 차지하는 중간 수요재나 중간 투입재의 비중이 커지면서 연관 산업의 범위가 확대되고 관련 산업간의 연계성이 밀접해지면서 농산업으로 확대 재편되는 과정을 의미한다. 즉 농업부문이 최종 수요형 기초산업에서 중간 수요형 성숙단계 산업으로 구조적인 변화가 일어나면서 복합적인 종합산업으로 확대 발전하게 된다는 것이다.

한국의 2004년도 농림생산업의 부가가치는 24조4천350억 원으로 전체 GDP의 3.5%에 불과하고 종사자수는 175만명으로 총취업자의 7.8% 수준으로 발표되었다. 하지만 농림관련산업(Agribusiness)을 합친 농산업 전체의 부가가치는 76조 3천억원으로 국내 총 부가가치의 11.0%를 차지하고 있으며, 종사자수도 3,806천명으로 총 취업자의 16.9% 으로서 국민경제에서 가장 큰 비중을 차지하는 거대 산업군을 형성하고 있다. 농업관련산업(Agribusiness)은 농산물 생산과 전후방으로 관련된 산업으로 투입재, 농산물 가공 및 유통, 농업관련 서비스 및 지식산업 등을 포함하는데 이들 농업생산업외에 전후방 연관 산업의 부가가치는 51조8

천200억원(7.5%), 종사자수가 206만명(9.1%)에 달하기 때문이다.[2]

농업의 범위를 전통적인 생산부문에 국한시킬 경우 농업비중이 축소하기 때문에 사양산업이라는 인식에서 벗어나기 힘든 것이 사실이다. 그러나 농업의 범위를 생산부문에 한정하지 않고 관련산업 부문을 포함하는 농산업이라는 개념으로 확대할 경우 성장산업이 될 수도 있다.[3]

농산업 내부적으로 농업생산과 관련 산업들은 국가 경제의 성장・발전과정에서 새롭게 등장하여 성장하기도 하고 쇠퇴하거나 도태되기도 한다. 농업의 중심축인 생산부문을 지원하는 투입재, 가공, 유통, 서비스 등 관련 산업의 기술의 발달과 생산성 향상에 힘입어 농산업 전체적으로는 지속적인 성장과 발전이 일어나고 있는 것이다.

미국, 일본 등 선진국의 경우 농업정책의 대상을 농업 생산 부문만을 다루기보다는 농업관련산업(Agribusiness)과 농업생산부문(Agriculture)을 합친 개념인 농산업(Agricultural Industry)이란 포괄적인 의미로 확대하여 적용하고 있다.[4] 우리나라에서는 농업정책의 대상에서 농업생산부문만을 다루다 보니 식품과 외식산업은 별개의 음식료제조 및 서비스 산업을 보아 제외시키어 농산업을 협의의 개념으로 정의하여 왔다. 농산물도 크게 식품산업의 범주에 포함되지만 식품산업을 농업정책의 대상

2 국내의 농업관련산업 연구로는 「농업관련산업론」(신인식,1995),「농업관련산업의 통계지표 개발」(서울대 농업개발연구소,2000)등의 연구가 있다.

3 황수철 외(2009)연구에서는 푸드시스템을 식료공급과 관련된 모든 산업과 생산단계에서 소비에 이르기까지 모든 구성주체의 경제활동 및 각종 제도 및 정책을 아우르는 거시적인 개념으로 정의하고 있다.

4 미국의 경우 농업과 관련산업의 개념은 「A Concept of Agribusiness」 (John.H.Davis, Ray. A.Goldberg,1957)가 그 효시로 산업연관표를 이용하여 농업관련산업을 정의하였으며 일본에서 농업관련산업의 추정 방법을 정리한 연구는 음식관련산업의 경제분석(食おめぐる産業の經濟分析 農林統計協會,1990)으로서 산업연관표를 이용하여 농림어업과 관련산업의 GDP를 추정하고 있다.

으로 포함시키지 않다보니 최근 성장하고 있는 외식산업과 함께 식재료 가공업도 농업정책의 대상에 포함되지 않아 왔다. 농산업의 차원에서 볼 때 식품과 외식산업은 유망한 성장산업임에도 불구하고 정책적으로 생산농업과 연계 관리가 되고 있지 않았던 것이다. 식품산업은 농산물의 제조 원료로서 주요한 수요의 기반이자 농업생산부문과 밀접한 연계 관계를 지닌다는 점에서 식품산업이 배제된 농업생산중심의 정책은 한계가 있게 된다.

최근에 우리나라도 농업을 농산물을 1차 원료로 가공식품을 생산하는 2차 식품제조업과 3차 식품유통업 및 외식 등 서비스업을 포함하여 광의의 농산업 개념으로 확대하고 있다. 농업에 대한 정의와 분류체계가 재정립되면서 농산업의 범위와 대상 및 통계적 추정 방법도 달라지고 있다. 이제는 농업과 관련산업을 넓은 의미의 정책의 대상으로 끌어드려 종합적인 정책의 시너지 효과를 내려는 노력이 필요하다.

제2절 농산업의 범위와 체계

농업의 산업화 과정에 하버드 대학의 데비스(John.H.Davis)와 골드버그(Roy.A.Goldberg)가 관심을 가지면서 1957년 농업생산과 연관된 산업에 대해서 농업관련산업(Agribusiness)이란 용어를 처음 사용하였다. 이들의 정의에 따르면 농업관련산업은 농업 내의 자재 공급산업, 농산물의 저장, 가공, 판매와 관련된 모든 산업을 통합한 것이라고 했다. 농업 관련 산업이라는 용어는 농업 생산의 제 기능이 분화되면서 발생한 새로운 제조업과 서비스업과의 상호관련 기능이 증대됨에 따라 이를 적절히 표현하기 위해 등장했다고 볼 수 있다.

농업 관련산업은 광의의 개념과 협의의 개념으로 구분된다. 협의의 개념으로 농업관련 산업은 생산 부문을 제외하고 농업과 관련을 맺고 있는 투입재 산업과 관련 소비 산업 그리고 저장, 가공 및 유통 부문 즉, 농업과 관련된 비농업 부문의 산업을 총칭하는 것이다. 광의의 개념으로 농업 관련산업은 전통적인 농업 생산 부분을 포함하여 농업과 관련을 맺고 있는 자재나 생산물을 원료로 한 상품의 가공 · 저장 등 유통산업의 총체와 농업금융, 농업관련 서비스 등이다. 즉 농업생산부문이 농업 관련산업과 긴밀하게 연계되면서 농업은 생산 활동을 훨씬 뛰어넘어 소비자에게 식료품과 공업생산 원료를 조달하는 광범위하고 복잡한 산업체계로 발전하게 된 것이다.

광의의 개념에 따라 농산업을 정의할 때 농산업을 투입부문(input sector), 생산부문(farm sector), 생산물 시장부문(product sector)으로 구분할 수 있다. 투입 부문은 농민이 농산물을 생산하는 데 필요한 자재인 종자 · 사료 · 비료 · 농약 · 농기계 등의 생산 · 유통 부문을 담당하며, 농산물의 생산 효율성 증대에 결정적 역할을 수행한다. 농업생산 부문은 자재 및 생산요소를 이용한 직접적인 활동 부문을 말하며, 농업 생산 및 가축의 번식과 생산, 식물 · 임업의 육종 및 생산 부문이 이에 속한다. 생산물 시장 부문은 농산물 생산자로부터 최종 소비자에게 분배되는 과정, 즉 농산물과 부산물의 검사 · 가공 · 저장 등의 유통관련 부문이다. 농산업의 구조는 계속 새로운 형태로 전환되고 성장하고 있으며 산업별로 더 구체적으로 특화되고 있어 농산업의 개념과 포괄범위는 계속 변화하게 된다.

농산업을 어느 범위까지 정의하느냐는 전반적인 농산업 정책 분석의 대상을 명확히 하는 데 기초가 된다. 보통 농산업은 직접적 농산물 성산 부문을 중심으로, 후방연쇄효과가 큰 투입 부문과 전방연쇄효과가 큰 생산물 시장 부문까지를 포함시키는데 크게는 농산업을 생산 관련 산업 분야와 생산외 관련 분야로 구분하기도 한다.(그림 2-1)

생산관련 산업분야는 세 개 부문으로 나뉘어 지는데 첫째 부문은 농산물 생산업으로서 직접적인 농산물을 생산하는 산업을 지칭하고 주로 기존 전통적 산업 구조하에서 중시된 분야이다. 둘째 부문은 농산물 투입재 산업으로서 종자,비료,농약,농기계,배합사료 등 농업 생산에 필요한 자재를 공급하는 부문으로서 농업 생산성 증대와 관련 있는 부문으로 후방연관효과가 깊은 분야이다. 셋째 부문은 농산물 경영지원산업 분야로서 경영 컨설팅, 금융, 정보처리, 기술 개발, 수의업, 위탁 영농, 행정 지원 등 농림수산 생산과 관련된 모든 사항 등을 지원하는 부문이고 농업 생산방식의 분업화와 전문화 추세 강화로 중요성이 새롭게 대두되는 분야이다. 농업생산외 관련분야는 식품 가공 산업, 유통 · 운송업, 무역업, 외식산업 등 주로 생산된 농산물을 가공, 저장, 판매하는 기능을 맡은 부문이며 주로 전방연관효과가 매우 큰 산업들로 구성되어 있다.

그림 2-1 농산업의 범위와 분류

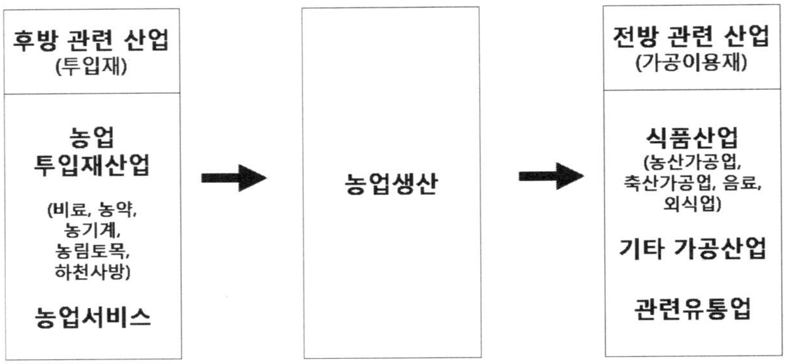

한편 산업연관표를 이용하여 농업관련 산업 부문간 상호 의존 관계가 어느 정도 나타나는지를 조사할 수 있다. 즉 관련산업 범위 내 부문들이 실제 농업을 중심으로 어떻게 유효한 상호 의존 관계를 형성하며 발전해 왔는지를 분석해 볼 수 있다. 예컨대, 생산농업을 중심으로 투입부문과의 의존 관계, 즉 후방연관효과는 열(列)방향의 투입계수를 통해서 알 수 있고, 또한 수요부문과의 의존 관계, 즉 전방연관 효과는 행(行)방향의 투입계수를 통해 확인해 볼 수 있다.

그림 2-2 농산업 체계도

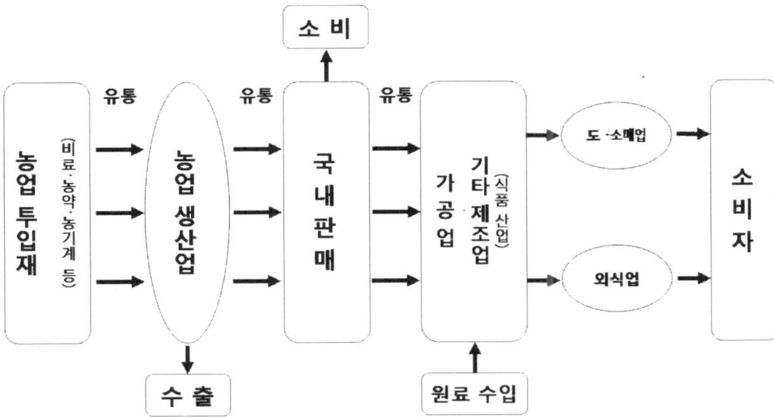

제3절 농산업의 정책적 문제

1. 농산업의 효율성 문제

농업의 산업화는 대규모 농기업의 등장, 산업체간 소유권의 병합, 협약 등 여러 경영기능들의 지속적인 통합, 공급체인망 관리의 중요성 증가, 지속적인 기술 혁신 등을 포함한다. 이 과정에서 주요 정책적인 문제는 정부가 농산업의 구조개선 및 경제주체의 행위에 어떤 가치판단을 적용하여 어느 정도까지 개입해야하는가 하는 문제로서 오랫동안 논쟁거리의 하나이었다.

먼저 산업화의 효과는 농산업의 구조와 활동 방식에 어떻게 영향을 미치게 될 것인가를 살펴보자. 첫째, IT와 BT기술을 융합한 정보 집약적인 산업간 연계시스템이 출현하게 될 것이다. 산업간 연계시스템의 특징은 농자재 업체, 생산농민, 중간바이어, 가공업체, 유통 집배업체간의 관계를 점점 더 긴밀하게 해준다는 것이다. 시스템내에서 경제주체 간 전후방적인 연계성이 긴밀해짐에 따라 다양한 형태의 비즈니스 전략을 생성하게 하고 있다. 둘째, 이윤창출의 기회가 다양하게 전개될 것이다. 산업화로 인하여 농산업체들은 규모를 확대하여 생산비를 줄이려는 전략과 함께 차별화된 농산품을 생산하여 부가가치를 높일 수 있는 기회를 찾고자 할 것이다. 예를 들어 토지 조방형 기초농산물을 재배하는 농가들은 영농의 규모화 추세에 대응하여 기업형태의 영농조직을 소유권을 공유하는 형태로 운영하느냐 또는 소규모의 영농방식을 독자적으로 선택하여야 하는 경우가 많아질 것이다.

셋째, 농산업체의 전방후 연계 산업에 대한 참여율이 높아지게 된다. 경제 주체들이 농산물 생산, 식품 가공, 배송, 유통 등 수직적 연계 시스템의 부가가치 사슬에 참여하는 추세가 늘어날 것이다. 그리고 농산물의 생산과 상품화에 대한 전문화가 진행될 것이다. 그 이유는 수요 변화의 주역인 소비자들이 저렴한 가격으로 농산물의 구입이 가능하고 영양이 풍부하고, 안전하고 맛이 좋고 먹기 편리하며 품질이 균일한 농산물을 까다롭게 요구할 것이기 때문이다. 만약 이러한 기대에 어긋나면 소비자들은 다른 대체 농산품을 찾거나 브랜드를 변경하거나 수입품을 선호하게 될 것이다. 이러한 식품에 대한 소비자들의 기대치는 농산품의 생산, 가공 유통과정에 반영될 것이고 생산자들은 차별화된 마케팅의 필요성이 커지면서 수확후 유통 가공과정에 적극적으로 참여하고자 할 것이다.

넷째, 농산업체간에 수평적 관계보다는 수직적 연계가 더 중요해 질 것이다. 산업화시대에는 농산업체들이 자기들과 연합관계가 아닌 외부 산업체에 대해서는 경쟁적 관계로 보는 반면에 장기적인 계약관계에 있는 거래기업에 대해서는 잠재적인 사업 파트너로 간주할 것이다. 수직적 계약관계에 있는 기업들은 상호 의존도가 높아지면서 새로운 정보를 얻을 기회도 많아질 것이다. 이는 필요한 정보가 공개된 시장을 통하기 보다는 네트워크 관계를 통해서 얻을 기회가 많아짐에 따라 네트워크에 참여하지 않는 농가들은 시장에서 요구하는 제품이나 서비스에 대한 정보를 제공받기 어렵게 될 것을 의미한다.

수직적 연계시스템에 참여하는 농산업체들이 시장경쟁에 대처하는 전략의 하나는 거래 상대방 업체와 계획된 스케줄에 따라 농산품의 생산량과 품질을 정하여 수년간 장기 계약을 맺는 방법이 될 것이다. 이 경우 구매의사결정은 단지 가격이나 품질에 의해서만 정해지지 않고 공급자가 얼마나 구매자의 특정 요구에 따라 공급할 수 있는지에 따라 영향을 받을 것이다. 이러한 상황은 전후방적인 계약관계에 있는 농기업체를 공동사업의 잠재적인 파트너로 간주하게 될 것이다.

다섯째, 산업화는 농가의 경영위험 정도와 범위를 다양하게 분산시킨다. 농산물 생산자와 식품 가공업자간에 농산물의 거래계약을 맺는 과정에서 서로 다른 형태의 위험을 지게 된다. 생산자는 손실여부와 상관없이 공급계약의무를 이행하여야 하는 위험을 지게 되는 반면에 생산된 농산물의 판로를 안정적으로 확보한다는 장점을 누리게 될 것이다. 이러한 위험회피 전략은 기업간 연계나 제휴를 포함하는 다양한 기업간 연합형태 예를 들어 생산자재의 공급과 생산 활동, 또는 생산과 가공활동, 분배 및 마케팅의 연계적 결합을 통하여 다양하게 추구 될 것이다.

농업의 산업화에 따른 이러한 경영환경의 변화에 대응해서 경제주체들이 새로운 사업기회를 찾아내어 참여할 수 있는 전략은 무엇이 있을까? 하나의 기업체가 원자재 구입, 농산물 생산, 가공, 분배, 마케팅까지 모든 과정을 운영하는 소위 수직적 통합형태(vertically integrated)이 산업화에 대응하는 중요한 비즈니스 전략이 된다. 또는 개별적인 독립적 경제주체들 간에 장기적인 거래 계약을 맺는 형태로서 예를 들어 배추재배농가들이(기업2)이 김치공장(기업1)의 요구에 맞추어 재배시기와 수확량, 거래형태를 계약을 맺는 방식이다. 이는 다시 배추재배농가(기업2)의 요구에 따라 배추종자 및 비료를 판매하는 농자재회사(기업3)의 생산과정의 변경으로 이어지게 된다. 이는 소위 수직적인 연합(vertically coordination)으로 정의되는데 이러한 전략적 연합에 의존하는 연계과정에서 가격은 크게 주요한 결정적 요인으로 작용하지 않게 될 것이다.

농업의 산업화 과정에서 일어나는 이러한 변화는 경제주체들이 농산물의 완전 경쟁적 시장구조에 따른 이익창출의 어려움에서 벗어나 불완전경쟁 시장구조로 이동하기 위한 전략으로 해석할 수 있다. 수요가 주도하는 치열한 시장경쟁조건하에서 생존하기 위한 농업경영전략으로서 보다 많은 이윤과 소득을 창출할 수 있기 때문이다.

정보 집약적인 시대의 경영전략은 공적 또는 사적인 수많은 데이터를 어떻게 수집하여 분석하고 어떻게 이용하는가가 중요한 전략이 된다. 경제주체들은 공개된 시장정보를 통하여 거래를 하는 전략보다는 가격 및 거래 정보들이 쉽게 알려지지 않은 차별화된 시장 환경에서 매매를 하는 마케팅 전략을 지향하게 될 것이다. 즉 농산업체들은 이익창출을 위해서 자기만의 생산방식과 정보를 필요로 하고 이를 위해서는 지속적으로 유효한 정보를 수집하고 활용할 수 있는 능력을 키워나가고자 할 것이다.

많은 경제주체들이 산업화 추세에 반대하거나 무관심한 태도를 취하고 있으나 변화가 불가피하다면 산업화에 대응하려는 전략적 노력이 필요하다 하겠다. 축산업은 산업간 연계시스템이 상당히 진행되고 있으나 곡물농업에 있어서는 아직 본격적으로 도입되지 않고 있다. 하지만 곡물농업분야에 있어서도 유전공학기술이 도입됨에 따라 식물 육종회사나 가공업자들에 의해서 농민들과 종자공급업체 및 가공업자와의 계약관계를 통한 통합적 관리단계가 시작되고 있다.

농민들과 공급업체, 가공업자, 시장중개인 간의 다양한 관계를 가능케 해주는 수직적 협약 또는 수평적 제휴 추세를 개별 경제주체들이 부가가치 창출의 기회요인으로 만들어 가고 있는 것이다, 산업별 경제주체들 간에 네트워크화를 통해 일정수준 이상의 조직을 만드는 것인데 농자재업체, 가공업체, 유통업체등에 가치사슬 단계별 참여를 통하여 추가로 이윤을 창출하는 전략이다. 농민 협동조합, 푸드체인 업체로 구성된 연합기업이 이러한 형태이다.

이러한 전략은 연합사업체의 높은 수준의 경영관리능력과 고도의 연계적 연합이 요구된다. 주로 시설채소, 과실생산자조합, 밭작물 생산자간의 연합체가 이에 해당한다. 규격화되고 품질이 균등한 농산품에 대한 선호가 증가하면서 생산과 가공과정 그리고 마케팅간의 통합이 일어나고 있고 있으며 푸드시스템의 각 가치사슬 단계마다 정보 집약적인 시스템의 운영이 가능하기 때문에 농산업의 통합화 시스템 현상이 가속화 될 것이다. 이러한 활동의 배경에는 전후방 연계 산업간의 연계성 강화, 가치사슬의 확대와 부가가치 창출을 통하여 농산업의 발전과 경쟁력 제고라는 목표를 달성하고자 가용자원의 총량을 증가시키거나 부문간 자원배분의 개선을 의도하는 정책의 효율성 과제와 연결된다.

농산업의 효율성을 높이기 위해 정부가 하는 역할은 광범위해서 생산농업의 발전을 위한 지원과 보조 기능에서부터 기술혁신, 무역진흥, 식품유통산업 육성 프로그램 등 많은 내용을 망라하고 있다. 이러한 내용의 정책은 농산업의 시장 경쟁적 구조가 갖는 결함 즉 시장실패문제를 해결하기 위하여 농산업 체계의 개선에 정부가 개입하여 산업 및 국민경제의 후생수준을 높이는 문제와도 연결되고 있다. 즉 농산업의 효율성을 높이기 위한 정책은 농산업의 성장, 기술개발, 구조개선, 생산요소의 효율적인 최적 배분 문제 등을 해결하고자 하는 산업적 차원의 정책이라고 할 수 있다.

2. 농산업의 형평성 문제

농업이 농산업으로 확대 재편되는 과정에서 농가경제 내부에서는 영농의 대규모화가 진행되지만 한편으로 소규모 생산 농가들은 시장경쟁에서 탈락되면서 그 숫자가 감소하게 된다. 미국 생산농업의 경우 산업화 과정에서 1920년대에 미국 인구의 30%가 농가인구 이었지만 1992년에는 불과 1.8%로 줄어들었다. 뒤 늦게 산업화 과정을 밟고 있는 우리나라의 생산농업의 경우도 1970년 농가인구비율이 25%에서 2015년에는 불과 5%로 줄어들어 이 같은 추세를 확인 할 수 있다.

농업의 산업화 과정에서 농업생산은 기술적 효율성과 생산성의 제고로 양적인 성장을 해 왔지만 농가경제는 지속적으로 침체해오면서 농업의 문제는 농가경제 문제와 동일시되어 왔다. 농가문제의 본질은 낮은 농산물 가격으로 인해 농가소득의 불평등문제가 발생하는데 있다고 보고 있는 것이다. 여기에다 농산물 가격의 변동성과 불안정성을 포함하여 농가경제의 문제를 더욱 증폭시키고 있는데 이들 문제는 농업의 구조적인 특징 때문에 나타난다고 보았다.

농업기술진보로 인해 단위당 생산비용이 계속 감소하면 공급곡선을 오른쪽으로 밀어내어 농산물 가격을 하락시키게 된다. 기술진보의 주요 수혜자는 조기에 기술을 수용한 농가와 농기업으로서 궁극적으로 소비자들이 보다 낮아진 가격혜택을 보게 된다. 기술을 수용하지 않은 농가들은 경쟁력을 잃고 산업에서 추출된다. 이러한 과정이 농업연자방아(agricultural treadmill)현상이라고 지칭된바 있다.

농산물 수요 또한 매우 비탄력적인데 식품을 대체하는 다른 재화가 없기 때문이다. 개개의 식품들은 보다 탄력적이지만 농가수준에서의 농산물은 비탄력적이다. 농산물의 수요가 비 농산물에 비해 상대적으로 낮아지는 수요로 인한 엥겔법칙에 따라 농업문제가 지속적으로 나타난다는 것이다. 이같이 산업화 과정에서 농가소득이 다른 경제부문의 소득보다 낮아 졌을 때 소득의 불균형문제를 해결하고자 정부가 개입하는 중요한 이유로 주장되었다.

정부가 불안정한 농산물 가격과 농가소득의 문제를 해결하기 위한 정책적으로 개입하려는 이유를 공급과 수요의 이론을 바탕으로 설명하고 있다. 농산물의 수요공급 모델이 가지고 있는 특징은 비탄력적인 수요와 공급, 수요의 점진적인 증가, 그리고 공급의 급속한 증가를 들 수 있다. 수요 공급 모델분석을 통하여 얻어진 중요한 관찰 결과는 농산물 가격이 불안정하게 하향하는 추세이고 그로 인해 농가들이 소득이 낮아지고 있다는 것을 실증적으로 확인하게 되었다는 것이다.

농업생산성이 커질수록 농산물의 수요와 공급간의 불균형은 커지고 있으며 이는 농업노동력의 유출과 농산물의 가격의 하락으로 나타나기 때문이다. 농산물의 농가수취 가격은 식품 및 다른 소비재의 가격보다 더 변동성이 큰데 이러한 변동성은 농가수준에서의 농산물 공급과 수요의 비탄력성 때문에 나타나는 현상이다. 이것은 약간의 수요와 공급의 변동으로 인해 보다 큰 농산물 가격의 변동을 가져오고 이는 보다 큰 비율로 농가소득이 변동하게 된다는 것을 의미한다.

농업의 산업화 추세에 당면한 농가들은 결코 점진적으로 적응하면서 영농상태를 지속시켜 나가는 것은 아니다. 농업구조의 변화란 세대를 이어서 농업에 종사해온 농가들이 종전의 농사방식으로는 생계를 이어가기가 점점 더 어렵게 되는 상황에 부딪치게 된다는 것을 의미한다. 농가들이 열심히 일한 노동의 대가가 경제적인 어려움으로 나타나는 것은 결코 바람직하다고 할 수 없을 것이다. 농업의 산업화의 과정에서 수많은 소규모 경영체들이 탈락하는 상황에서 효율성 기준을 적용하는 산업화 정책의 추구는 국민경제의 균형적 발전과 상충되기 때문이다. 농산업의 구조개편으로 나타나는 농가경제의 문제점이 무엇인지 형평성의 문제를 해결하기 위한 정책판단의 기준과 처방은 무엇인지를 생각해 보아야 할 것이다.

농산업 정책이 형평성 차원에서 다루어야 할 과제는 농산업 내부 및 비농업 부문과의 배분적 문제이거나 농산물 가격과 소득의 안정화 문제가 주요한 내용이 된다. 그밖에 환경보호, 식품공급의 안정성 확보, 균형 잡힌 식생활, 농민들을 위한 재정안정장치 등을 들 수 있다.

참고문헌

김미복, 박성재(2014) 농업구조의 변화와 농가경제, 정책적 시사점, 95호 KREI 농정 포커스.

서울대 농업개발연구소(2000) 농업관련산업의 통계지표 개발.

신인식(1995) 농업관련산업론, 선진문화사.

황수철(2009) 식품산업의 국내 농어업 성장유발효과 분석, 농림수산식품부, 2009.

David B. Schweikhardt,(2000) Reconsidering the Farm Problem Under an Industrializing Agricultural Sector, Dept. of Agricultural Economics, Michigan State University.

David M, Saxowsky etc (1998) Understanding Agriculture's Transition into the 21st Century: Challenges, Opportunities, Consequences and Alternatives, Dept of Agricultural Economics, North Dakota University.

Gardner. B,(1987) The Economics of Agricultural Policies, Macmillan Publishing Co.

Gardner, B., (1992), Changing economic perspectives on the farm problem, Jnl. Econ. Literature 30, March, pp. 62-101.

Gasson R et. al.(1995), The Farm as a Family Business: Review in Agricultural Economics, pp. 3-43. edited by George H. Peters, An Elgar Reference Collection.

Johnston. B.F and John W. Mellor.J.W.(1961)The Role of Agriculture in Economic Development, The American Economic Review, Vol. 51, No. 4, pp. 566-593.

John. H.Davis, Ray.A. Goldberg, (1957) A Concept of Agribusiness

Ronald D. Knutson et al.(2007) Agricultural and Food Policy, Prentice Hall Education.

Lee S. Friedman(1985) Microeconomic Policy Analysis, McGraw-Hill Co.

PART
02

농산업 정책론

농산업 정책의 이론과 분석

CHAPTER 03

정책의 경제 이론

제1절 정책분석의 의의

정책이란 다양한 동기와 서로 다른 지식과 정보를 가진 그룹들에 의해서 만들어진 일련의 의사결정과 행동의 결과물이다. 이들 다양한 그룹의 사람들은 특정 정책의 내용을 잘 알고 있다 하더라도 그 장점에 대해 찬동하지 않는다면 그것은 서로 다른 가치관 때문 일 것이다. 어떤 정책이 더 좋다 나쁘다하는 문제를 풀기 위한 정치적인 타협 자체가 문제 해결의 과정이다.

정치적인 과정은 정책 분석과정과 결과의 활용 범위에 크게 영향을 미치게 된다. 따라서 정책적인 권고를 목적으로 분석을 하고자 한다면 정치적인 정책 결정과정의 흐름에 대한 이해를 바탕으로 하여야 한다. 즉 정책분석만으로는 정치적인 가치관의 대립에 대한 근본적인 해결책을 내놓을 수 없기 때문이다. 정책의 형성과정에 대한 폭넓은 이해는 다양한 정책분석의 필요성과 그 한계도 알게 해줄 것이다.

정책의 형성 과정에서 특정집단의 이익를 옹호하거나 반대하는 갈등구조 속에서 집단 간에 정책에 대한 복합적인 가치관이 내재하고 있다는 것이다. 그럼에도 불구하고 정책 분석방법에 대한 이론적 고찰은 정책형성과 결정과정에서 중요한 역할을 하고 있다. 즉 정책 분석의 방법론에 의한 분석적 결과는 정책의 효율성과 효과성에 대한 일반적 가치기준을 제시해주면 서 특정 정책 프로그램에 대한 평가를 연결시켜주는 고리 역할을 한다고 본다.

정책분석의 결과는 모든 이해 당사자들이 전적으로 받아들여져야 한다기 보다는 서로 다른 가치관이 존재하는 정책내용에 대한 토론의 장을 만드는데 기여하고 있다고 본다. 정책분석은 최소한 보다 우월한 대안을 제시하거나 보다 열위의 방안들을 채택할 가능성을 줄이거나 제거하는데 기여하게 된다. 즉 체계적인 정책분석은 토론과정을 통하여 보다 나은 정책대안을 만들어 낼 수 있는 것이다.

정책분석은 또한 차선적인 분석방법의 필요성도 알게 해준다. 단 한 명의 분석가에 의한 해결책은 거시적으로 볼 때 최적의 해결책이 될 필요가 없다는 것이다. 정책분석에서 차선의 선택은 불가피한 선택이라고 할 수 있으며 중복적인 분석방법은 균형적인 정책을 위한 점검기회를 제공해준다. 그러나 중복 체크를 위한 과도한 분석들은 정작 중요한 정책 문제들을 소홀하게 다룰 염려가 있다. 또한 실질적으로 정책목표들을 달성하기 어려운 환경 하에서 분석결과에 너무 강조하는 경우도 피해야 할 것이다. 예를 들어 효율적인 국방문제를 규명하는 작업은 기술적인 분석으로만 해결될 사항이 아니고 정치적 사회적인 의견들 간의 조화 속에서 가능할 것이다.

정책분석가들이 다원적 정치체제에서 정책의 형성 집행과정에 기여할 수 있다는 사고는 더 발전적으로 나아갈 수 있다. 즉 정책 분석가들이 서로 대립되는 가치체계를 명확히 정의하고 이를 적절하게 해결하는데 필요한 가치관의 조정에 있어 중요한 역할을 하고 있다고 본다. 정책의 분석과정이 전문적인 분석가 없이 정치적으로만 타협된 정책결정은 지적으로 무지한 효율성과 형평성의 결핍을 초래할 수 있기 때문이다. 이는 다양한 민주적 정치적 해결과정에 정책분석이라는 매개체를 집어넣음으로써 보다 낳은 정책결과를 성취할 수 있다는 생각을 갖도록 하여주고 있다.

정부는 다른 산업체와 마찬가지로 정책이라는 공공적 상품의 질 향상을 위하여 기존의 정책에 대한 개선방안을 찾아내려는 노력을 할 것이다. 이 경우 정치적인 환경이 어떠하든 정책분석은 기존의 제약요소를 벗어나게 해주는 중요한 역할을 해주게 될 것이다. 분석과정에서 기존의 가정과 분석방법에 대한 재점검을 통하여 새로운 정책적 아이디어를 창출하는 계기를 만들어 줄수 있을 것이다.

정책이 정치적으로 결정되는 과정에서 정책 분석이 하는 역할을 보면 첫째, 정책분석은 정책형성과정에 참여하는 이해당사자들이 막연하게 이해하거나 인식했던 문제들을 명확하게 정의하는데 도움을 주며 둘째, 새로운 정책대안들을 찾아내거나 만드는데 기여하고 있으며 셋째, 제안된 정책의 결과를 확인 또는 예측케 해주고 넷째, 사회적으로 광범위하게 합의된 정책 목표달성의 관점에서 정책에 대한 규범적인 가치평가를 하게 해주는 기능을 하고 있다고 보는 것이다.

여기서 셋째 항인 정책 결과의 확인 및 예측은 정책분석가들이 하여야 할 실증적 또는 사실규명의 작업이다. 예를 들어 쌀값이 가마당 만원이 떨어지면 농가소득은 얼마나 줄어들고 생산량과 소비량은 어떻게 변할 것인가는 정책결과의 예측 작업이 된다. 이러한 질문에 대한 대답은 절대적인 확신을 가지고 대답하기 어려우나 분석을 통하여 어느 정도 적절한 추정치를 찾아낼 수 있다. 분석을 통하여 정책결과에 대한 보다 나은 추정을 할 수 있고 정책 결정자들은 정책의 집행여부에 대한 보다 올바른 판단을 내릴 수 있는 것이다.

정책의 결과들을 예측하는데 있어 강력한 기법은 모델링 작업이다. 모델이란 실제 세계의 어떤 특정한 핵심적 현상을 나타내기 위한 추상체계이다. 그리고 네 번째 항은 규범적인 판단의 작업으로서 어떤 정책을 해야 한다와 하지 말아야 한다에 대한 판단을 내리는 작업이라고 할 수 있다. 여기에는 우리가 내릴수 있는 결론은 정책을 평가함에 있어 잘 정의된 단 하나의 가치체계는 없다는 사실이다. 즉 가치판단의 기준은 상대적 차별적이라는 것이다. 그럼에도 불구하고 실제로 어떤 효율성, 형평성, 정치적인 타당성 등의 가치 기준들은 모든 사람들에게 공통적으로 적용될 수 있다는 것이다.

정치적인 타당성문제는 많은 경우 정치적인 정당성을 판단하는 문제이지만 효율성과 형평성에 의한 정책분석의 결과는 이러한 정치적인 판단에 내적인 성찰을 가져다 준다. 농산업정책의 분석이론은 불완전한 농산물 시장과 시장실패의 해결에 중점을 두고 연구되어 왔으며 수요 공급모델에 의한 소비자, 생산자 그리고 다중손실의 계산은 수요공급 모델의 정책 모의 실험에 의해서 많이 추정 되어 왔다. 관찰된 정부의 개입정책이 왜 발생하는지에 대한 정책이론적인 분석방법은 정책 목표를 달성하기 위한 중요한 과정이기도 하지만 또한 흥미롭고 학술적으로 가치가 있는 분야이다. 이하에서 농산업 정책의 분석과 관련된 방법론을 설명하는데 할애하기로 한다.

제2절 정책의 경제이론

1. 수요 공급이론(Demand and Supply Theory)

경제정책분석의 주요한 목적은 실증적인 예측과 규범적인 평가이다. 경제정책을 실증적으로 분석하기 위해서는 먼저 경쟁시장에서의 가격이론에 의한 수요공급이론이 기본적인 분석방법으로 적용되어야 할 것이다. 왜냐하면 정책의 결과 이익과 손실의 규모를 체계적으로 수량화할 수 있으며 시장가격을 왜곡하는 정책의 부정적 효과를 측정하게 해주기 때문이다. 그 다음 단계는 수요와 공급이론에 의해서 추정한 비용과 이익가치에 대해서 후생경제적인 관점에서 가중치를 부여하는 것이다.

경제정책의 결과를 실증적으로 예측 또는 추정하기 위해서 가장 잘 알려진 분석방법은 모델링 즉 모형화 작업이다. 모형이란 실제 세계의 한 특정한 상태의 핵심을 전달하도록 고안된 하나의 추상체이다. 모형은 본질적으로 비현실적이며 모형의 유용성은 모형을 통하여 정책의 에 대한 지식이나 이해력을 높이는데 있다고 할 수 있다. 모형에 의한 예측의 정확성과 범위는 모형형태를 어떻게 선택하고 가정을 어떻게 세우느냐에 따라 달라진다.

정책 모형의 설명을 위해서는 미시경제이론에서 사용하는 기본개념인 수요과 공급의 개념이 적용된다. 수요개념은 소비자들이 낮은 가격에서 보다 많은 양을 수요하게 될 것을 의미한다. 한편 공급의 개념은 보통 높은 가격 하에서 보다 많이 공급량을 늘릴 것이다라는 의미이다. 수요곡선과 공급곡선에서는 경제주체들이 스스로의 판단에 따라 자신들의 가용한 자원조건하에서 가장 최선의 선택을 한 결과가 관찰 가능한 것으로 소개된다. 또 다른 기본적인 개념은 시장균형으로서 소비자가 수요하는 양과 생산자가 공급하는 양이 같을 때를 말한다.

그림 3-1은 소비자 A의 수요곡선을 나타내며 10달러에서 1단위를 구매한다고 가정하고 있다. 이 수요곡선은 소비자 A가 구매하는 2번째 단위의 달러가치는 A가 지불하고자 하는 최대한 지불의사 가격으로서 10달러 이하이어야만 한다는 것을 의미한다. 즉 A에게 이 재화의 두 번째 단위를 얻기 위하여 12달러를 기꺼이 포기할지 여부를 물어 보았을 때 A는 2번째 단위를 얻기 위하여 단지 10달러만 포기하기를 원했다는 의미한다. 여기서 A는 2번째 단위를 구매하지 않았기 때문에 2번째 재화에 대해서 10달러 미만으로 가치를 매겼음에 틀림이 없다. 여기서 지불의사란 A에게 주어진 예산이나 부의 조건하에서 2번째 단위의 재화를 얻기 위하여 실제로 얼마만큼 다른 재화를 포기할 의사가 있는가를 의미한다.

수요곡선을 보면 A가 5달러의 가격에서 11단위를 구매하겠다는 것을 나타낸다. 이러한 논리를 확장하면 A에게 가용한 각각의 추가 단위에 대한 가치를 그 단위에서의 수요곡선의 높이로 나타낼 수 있다. 경제학

용어로 표현하면 수요곡선의 높이는 각 단위의 한계가치 또는 한계 수익으로 나타난다. 개인의 수요곡선은 그 개인의 한계수익예정표와 같다는 것이다. 수요곡선의 하향적 기울기는 한계 가치의 체감을 즉 첫 번째 구입한 재화의 가치가 가장 크고 각각 연속적인 단위는 그 전단위보다 가치가 더 낮다는 것을 나타낸다.

다음으로 공급곡선은 생산자 B가 연속적인 각각의 단위 가격별 공급 가능한 양을 나타내며 상향하는 기울기를 가진다. 공급곡선의 높이는 각각의 단위를 공급하는데 따른 한계비용을 나타낸다. 이 비용은 해당 재화의 생산 대신에 다른 최선의 용도로 사용하는데 들어간 자원의 가치로서 한계기회비용이라고도 한다. 생산자 B는 재화 1단위 추가 생산으로 들어간 비용을 초과하는 추가수입(그 자원을 다른 재화생산에 사용할 때 그 자원의 추가투입으로부터 지불받을 수 있는 최대한의 금액)이 발생하는 한 추가로 생산된 재화 1단위를 시장에 공급할 것이다. 여기서 우리들은 시장균형 즉 소비자 A가 수요하는 양과 공급자 B가 공급하는 양이 동일할 때 즉 수요곡선과 공급곡선의 교차점으로서 가격이 5달러일 때 균형량은 11단위가 된다 것을 알수 있다.

그림 3-1 수요와 공급곡선

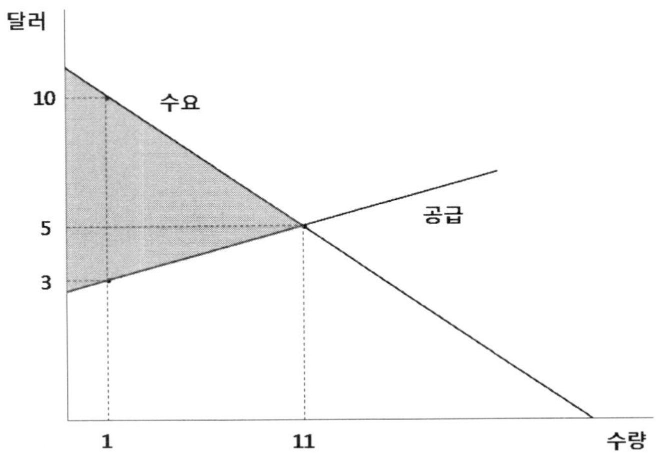

이러한 수요공급 모형은 경제주체들이 생산된 재화와 서비스의 가치를 최대화하기 위하여 경제내의 자원들을 사용하는 방식을 경제적 효율성이라는 개념으로 소개하고 있다. 즉 경제적 효율성이란 경제주체들에게 생산된 재화와 서비스의 가치를 최대화 하도록 자원을 사용하는 것으로 생각할 수 있으며 이러한 개념에 따라 시장균형은 하나의 효율적인 배분이 된다.

수요 공급모형에서 효율성은 사회의 희소자원을 사용하는 공급자에 의해 생산된 재화의 양과 소비의 크기에 따라 달라진다. 효율성은 비용보다 큰 수익을 얻게 되는 배분적 행위를 취하게 되면 증가하고 수익보다 비용이 커지게 되면 효율성이 감소한다. 시장균형에서는 수익에서 비용을 차감한 가치를 최대화하는 특정한 자원 배분상태가 되는데 이러한 시장균형상태를 경제적으로 효율적인 배분이라고 한다.

2. 파레토 효율성(Pareto Efficiency)

수요 공급 모형의 가격이론에 의해서 추정된 자원배분이 효율적이라는 추론은 어떻게 도출되어야 하는지 설명되어야 할 것이다. 효율성은 경제내의 모든 개인들의 복지수준의 관점에서 평가되며 복지는 소비자 주권의 원리에 의하여 판단된다. 즉 각 개인들은 자기 자신의 복지에 대한 최종 판단자이라는 것이다. 각각의 개인들이 어떻게 하면 풍족해지는가에 대한 관점에서 효율적인 자원배분방법은 많이 있으며 다양하게 변할 수 있을 것이다. 효율성의 일반적인 개념을 설명하면 주어진 희소자원의 배분을 변경함으로써 어떤 한 사람의 몫을 다른 사람의 몫에 손해를 입히지 않고도 좋게 할 수 있다면 현재의 배분상태는 낭비상태라고 할 수 있다. 만약 이러한 낭비상태가 없을 때까지 변경했을 경우 우리는 그러한 배분상태를 효율적이라고 볼 수 있다. 즉 효율적인 자원배분이란 어떤 다른 사람의 후생을 악화시키지 않고는 어떤 사람의 후생도 증가시킬수 없는 상태를 말한다. 이러한 효율적 배분상태가 아닌 어떤 상태도 비효율적 배분이라고 말해지는데 이때 효율적 배분상태를 이태리 경제학자 Vilfredo Pareto(1848-1923)의 이름을 따라 파레토 최적이라고 말해진다.

효율성에 대한 정의는 기본적으로 개인이 나빠졌는가 또는 좋아졌는가에 관한 기준과 관련되어 있다. 이러한 정의는 실제 문제에 직접 적용하기 어려워 어떤 한 사람의 후생수준이 나빠졌는지 좋아졌는지를 판단하기 위해서는 구체적인 방법을 개발하여야 한다. 그 중의 한 방법은 소비자 주권의 원리(principle of consumer sovereignty) 즉 각 사람들은 자기 자신의 후생수준에 대한 독자적인 판단자이다 라는 원리에 의해 평가 기법을 개발하는 것이다.

이 원리에 입각해서 많은 학자들이 여러 가지 자원배분상태에 대해서 어떤 한 사람의 후생이 좋아졌는지 나빠졌는지 생각할 수 있는지를 추론할 수 있는 기술적 분석방법을 개발하였다. 그러나 소비자 주권 원리에 의한 효율성 판정에서 있어서 소비자의 주관적 판단과 실제 소비자 행위를 구별하는 것이 중요하다. 즉 상황을 잘 알고 있는 소비자라 하더라도 그들의 주권적 행위를 통해서 비효율적 배분을 가져올 수 있다는 예를 많이 볼 수 있다. 예를 들면 국방예산의 필요성과 집행에 있어 효율적 배분원리를 잘 알고 있다 하더라도 실제 지출에 있어서는 비효율적 배분이 항상 일어날 수 있다.

여기서 1인 경제하에서의 소비자 주권의 원리에 바탕으로 두고 2 재화, 2소비자로 구성된 2인 교환경제 모형을 설정하여 효율성의 개념을 설명해보자. 효율성이란 한 재화에 대한 다른 재화의 한계대체율(MRS: marginal Rate of Substitution)이 두 재화를 소비하는 2 사람 모두에게 똑 같아질 때에 한 경제내의 자원배분은 효율적이다라는 개념을 말한다. 예를 들어 그림 3-2의 스미스와 존스로 구성된 2인 경제모델에서 고기(M)와 토마토(T)를 효율적으로 스미스와 존스에게 배분하는 방법은 $MRS^{S}_{M,T} = MRS^{J}_{M,T}$ 일때가 된다. 만약 스미스의 한계대체율 $MRS^{S}_{M,T} = 3$(고기 1파운드와 토마토 3파운드의 교환)이고 존스의 한계대체율 $MRS^{J}_{M,T} = 2$(고기 1파운드와 토마토 2파운드의 교환)라고 가정해보자. 이 경우 존스로부터 1Kg의 고기를 취하여 스미스에게 주고 그 대신 스미스로부터 3Kg의 토마토를 취하여 존스에게 2Kg의 토마토를 준다고 하자. 그러면 이러한 교환을 통하여 둘 다 종전과 같은 효용을 유지하고도 1Kg의 잉여 토마토분을 남길 수 있게 되므로 교환전의 최초 배분상태는 비효율적이다. 여기서 상호 교환을 통하여 보다 더 효율적인 배분상태로 전환할 수 있는 것이다. 즉 어떤 한사람의 MRS와 다른 사람의 MRS가 다른 때에는 아직도 교환을 통하여 적어도 어느 한사람의 후생이 다른 사람의 후생수준을 감소시키지 않고도 증가시킬수 있는 여지가 있다는 것을 의미한다.

교환을 통하여 스미스의 한계대체율은 3에서 점점 감소하게 되고 존스의 한계대채율은 2에서 점점 증가하면서 2사람은 추가적인 교환으로 더 이상 상호 합의적인 분배를 달성할수 없는 수준까지 가게 된다. 즉 교환을 통하여 한사람의 효용의 감소를 초래하지 않고는 다른 한 사람의 효용을 증가시킬 수 없는 상태가 될 때 즉 두 사람의 MRS가 같아지는 배분점에 다달을 때 이 점을 효율적인 배분점이라고 하는 것이다.

그림 3-2 에지워즈 박스

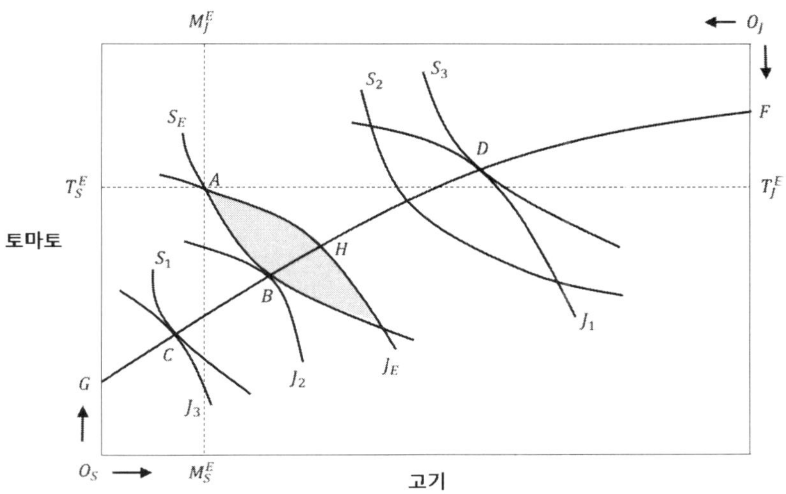

하지만 수많은 소비자와 재화들로 구성된 현실세계에서 이러한 효율적 배분원리가 어떻게 작동되는가? 현실세계에서의 효율적 배분의 조

절 메카니즘은 시장가격이 그러한 역할을 하게 된다. 모든 소비자들이 재화를 구매할 때 지불하는 단일 가격이 있으며 소비자들은 각 재화의 수량과 가격을 곱한 만큼의 제약된 예산규모를 가지고 있다고 가정하자. 소비자들은 두재화 X, Y에 대한 구입할 때 $MRS_{xy} = \frac{P_x}{P_y}$ 가 되도록 예산을 배분할 것이다. 모든 소비자들에게 주어진 가격이 동일하므로 모든 소비자들은 MRS_{MT}를 P_M/P_T에 맞추도록 노력할 것이다.

동일재화의 가격이 변화하면 소비자들은 자기들의 MRS를 변화된 가격에 맞추어 변화시킬 것이다. 이것은 정책을 만드는데 있어서 관계된 일반적인 개념을 제시하고 있다. 즉 어떤 정책으로 인해 동일재화의 소비자들에게 부과된 가격이 최소한 한 소비자에게 다르게 부과되는 결과를 가져왔다면 그 정책은 일반적으로 비효율적이라는 것이다. 그러한 예의 정책으로서 주택보조금, 식품쿠폰, 예비역에 대한 교육혜택, 의료치료, 의료비지원 등이 있다.

효율적 배분점들을 연결한 선을 계약곡선이라고 정의할 때 에지워스 박스그림 3-2에서 O_S와 O_J를 연결한 점이 된다. 만약 최초 배분점이 A점이라면 효용극대화를 추구하는 스미스와 존스는 계약곡선상의 BH 구간으로 이동하게 될 것이다. 한편 그림 3-2의 G점에서 스미스의 효용수준은 S'이고 존스의 효용수준은 J' 라고 하자. 스미스는 G 점에서 토마토만 가지고 있으며 이 점은 $MRS^S_{M,T} < MRS^J_{M,T}$이 되는데 이는 존스는 스미스가 제공하는 토마토에 비하여 고기를 스미스에게 적게 일부를 나누어 줄 것이라는 의미이다. 즉 스미스는 G 점에서 존스가 요구하는 고기가격이 너무 비싸다고 생각할 것이고 한편 존스는 스미스가 요구하는 토마토의 가격이 비싸다고 생각할 것이라는 것이다. 따라서 G점은 계약곡

선상의 다른 점과 마찬가지로 존스의 효용을 높이는 대신 스미스의 효용을 감소시키기 때문에 효율적인 점이라고 할 수 있다.

2사람으로 구성된 경제 모델을 다수의 사람과 다수의 재화로 구성된 일반모델로 확장할 때 모든 사람의 MRS 가 같아지는 점들을 지나는 직선은 또한 예산제약직선상의 고기(M)와 토마토(T)의 가격비율 즉 기울기라고 할 수 있다. 만약 시장에서 토마토와 고기의 가격이 결정되어 경제내의 모든 사람에게 $\frac{P_m}{P_t}$ 로 주어진다면 효율적인 배분이란 모든 사람들이 고기와 토마토의 MRS를 $\frac{P_m}{P_t}$ 에 맞추어서 배분할 때 달성된다.

3. 상대적 효율성(Relative Efficiency)

2인 경제하에서 파레토 효율성기준에 의한 배분원리는 단지 절대적으로 효율적인 배분이냐 또는 비효율적인 배분이냐를 관정케 해준다. 그러나 많은 경우 어느 한 배분이 다른 배분보다 효율적인가 비효율적인가를 비교하여야 하는 경우가 많이 생긴다. 즉 한 배분방식이 상대적으로 효율적인가 또는 다른 대안적인 배분이 효율성을 증대시키는가에 관심을 가지게 된다. 따라서 상대적 효율성을 측정하는 방법들을 고안하여 이를 정책분석에 많이 이용하고 있는 경우가 많다.

상대적 효율성은 어떤 한 배분이 최소한 한사람 이상의 후생을 증가시키고 다른 어느 누구의 후생도 감소시키지 않는다면 이 배분방식이 다른 배분방식보다 파레토 우위에 있다고 하는 정의의 확장으로부터 나온다. 그림 3-3에서 스미스와 존스간의 효율적인 배분점을 나타내는 효용가능곡선을 보여주고 있는데 이 선상의 점들은 그림 3-2의 계약곡선과 일치하는 점들이다. 그림 3-3의 ABH는 그림 3-2의 빗금친 면적부분과 일치하는데 이 면적은 A점의 배분 방식보다 파레토 우위라는 점들의 집합이라는 것으로서 그 자체로서 논란의 소지가 없다.

그러나 실제에 있어 이 상대적 효율성 개념을 정책분석의 규범적 기준에 적용하는데는 논란이 따른다. 예를 들어 어떤 사람이 A점을 제외한 AHB면적이 모두 파레토 우위의 정책변경이라고 주장할 경우 다수의 사람들의 후생이 좋아진 반면에 소수의 사람들의 후생은 나빠지는 효과를 가져오는 정책들의 가능성을 배제하게 되는 문제점이 있는 것이다. 실제 정책집행에 있어 이들 2가지 효과가 복합적으로 나타나게 된다.

예를 들면 정부가 두 도시간의 물류체계 개선과 여행객의 편의를 위하여 조그만 마을 통과하게 되는 고속도로를 건설한다고 하자. 고속도로 개통으로 많은 사람들이 편익을 얻는 반면에 작은 마을에 거주하는 소수의 사람들은 소음, 방문객 감소 등으로 손해를 볼 것이다. 그러나 편익을 얻는 계층의 편익크기가 소수의 손실을 만회하고도 남는다면 고속도를 건설하는 정책을 사회집단으로부터 정당성을 갖게 될 것이다.

그림 3-3 A점의 파레토우위 영역

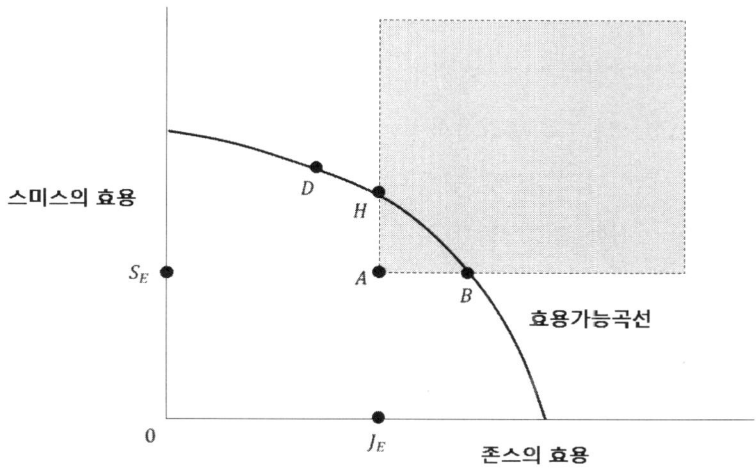

여기서 파레토 최적 또는 효율성의 기준은 어떤 한 사람의 후생이 나빠진 것의 여부에 좌우되지 않는다는 것을 염두에 두자. 즉 효율성의 기준은 어떤 한 사람의 후생도 나빠지지 않고는 어떤 사람의 후생을 증가시킬 수 있가의 여부(즉 효용가능곡선에의 근접성 여부) 좌우된다는 것이다. 그리고 난 다음 상대적으로 효율성의 개선 여지가 적다면 그러한 배분이 다른 배분보다 더 효율적이라고 할 수 있는 것이다. 파레토 우위 기준이라는 엄격한 제약성을 피할 수 있는 측정방법의 예로서 효용의 합계(총효용)의 예를 들수 있다, 상대적 효율성에 의한 배분기준을 정하기 위하여 아래 그림 3-4에서와 같이 A점을 지나는 기울기 -1의 직선을 그려보자. 이 선의 위에 있는 어떤 점도 보다 높은 총체적인 효용의 증가를 가져오고 따라서 그러한 배분정책은 상대적으로 보다 효율적이라고 할 수 있다.

예를 들어 그림 3-4에서 A점에서 D점으로 이동하는 변화를 생각해보

자. 이것은 경제가 비효율적인 배분상태에서 효율적인 배분으로 옮겨진 것으로 상대적인 효율성의 관점에서 볼 때 그러한 변화로 효율성이 개선되었다고 볼수 있다. 또한 D점이 A점보다 파레토 우위에 있을 분 아니라 A점보다 높은 총효용을 달성하므로 그러한 배분이 보다 상대적으로 효율적이라고 판단할 수 있다.

그러나 이러한 측정방법에 문제는 있다. 즉 개인간의 효용수준을 측정하거나 비교하기 어렵다는 점으로 고려할 때 실제적인 활용성이 떨어진다는 점이다. 측정할수 없는 효용크기의 측정방법으로 개인간의 후생수준을 암묵적으로 비교하는 방식은 너무 자의적인 판단에 치우칠 수 있는 비교라는 점이다. 그림 3-4에서 F점을 생각해보자. D점과 같이 F점도 파레토 최적점이다.

그림 3-4 A점과 다른 점들의 상대적 효율성 비교

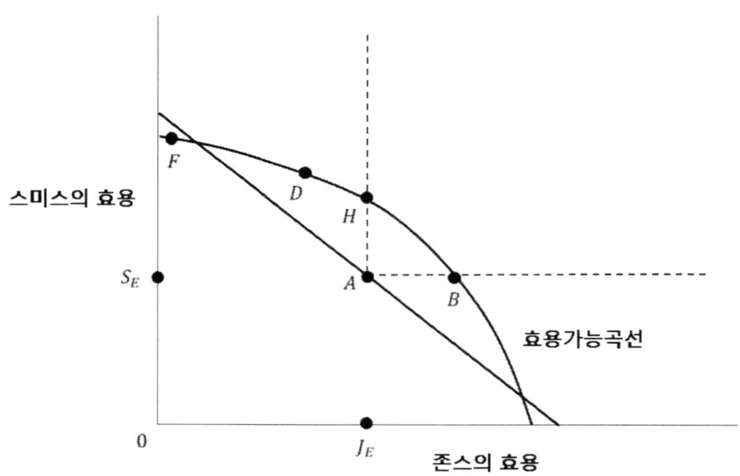

F점은 D점과 마찬가지로 파래토 최적점이지만 총 효용합계의 의한

비교방식으로는 A점보다는 비효율적이라고 할 수 있다. 그 이유는 비교 기준선(-1의 기울기선)이 효용가능곡선과는 독립적으로 정의되기 때문이다. 즉 비교선이 기하학적으로 효용가능곡선의 형태와 일치하지 않는 한 파래토 최적점이 다르면 동일한 효용을 가지고 있다고 볼 수 없게 된다. 그러므로 총 효용측정에 의한 효율성 비교는 효용가능곡선보다는 원점으로부터 얼마나 떨어져 있는가에 의해 비교하는 방법이라고 할 수 있다.

총효용에 의한 비교는 또 다른 문제를 가지고 있다. 즉 총효용크기가 일정하기 위해서는 한사람의 효용이 1만큼 줄어들 때 다른 사람의 효용이 1만큼 늘어야 한다는 것을 의미하는데 과연 우리가 개인간의 효용의 변화 크기를 숫자로 비교할수 있는가 이다. 따라서 상대적인 효율성을 규범적으로 비교하는 방법은 구성원간에 묵시적인 합의가 없는 한 논란의 여지가 있다는 것이다.

4. 형평성(Equit)

앞에서 에지워드 박스 분석에서 수많은 효율적 배분방법이 있음을 알았다. 이들 계약곡선상의 점들은 다른 가능한 배분보다 우위에 있는 점들이다. 그런데 문제는 만약 한 사회가 수많은 계약곡선상의 점들 중에서 어떤 배분점도 선택할수 있다면 어떤 배분을 선택하여야 하는가이다.

효율성은 단지 하나의 사회적 목표이며 또 다른 중요한 목표로서 사람들사이의 분배의 공정성인 형평성이 있다. 여기서 효율성 못지않게 중요한 형평성(Equity)의 개념에 대해서 알아보자. 형평성은 2가지 개념으로 구분할 수 있다.

첫째는 형평성 개념의 하나로서 결과평등의 개념이다. (equality of outcome is one concept of equity). 그림 3-5에서 계약곡선상의 모든 점들이 효율적이기는 하지만 분배상태는 다르다. 결과 평등관점에서 보면 계약곡선 상의 모든 점들이 효율적이지만 소득분배에서는 공평하다고 볼 수 없다. 그림 3-5에서 Os에서 Ot로 이동할수록 스미스는 존스보다 보다 많은 재화를 갖게 됨을 의미한다. 직관적으로 계약곡선의 가운데가 보다 평등한 분배라고 할수 있을 것이다. 하지만 이러한 물리적인 균등분배가 반드시 보이지 않는 개별적 효용간의 비교를 대표하는 것으로 보기 어렵다.

그림 3-5 형평성과 효율성

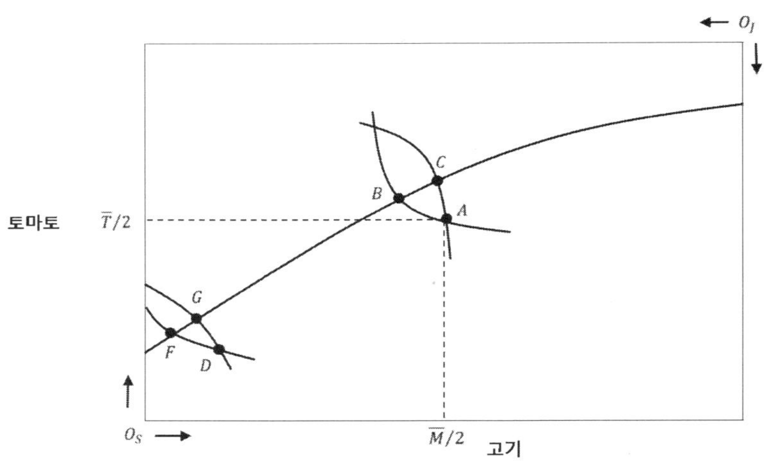

A점은 각 사람에게 토마토와 고기를 정확히 반분한 점을 나타낸다. 효율성을 비교하지 않은 상태에서의 이점은 상대적으로 균등한 배분을

나타내는 점이 될 것이다. 그러나 이 점은 고기를 별로 좋아하지 않는 스미스에게는 균등한 배분이라고 할 수 없고 그보다는 존스에게 고기를 주는 대신 토마토를 더 가지는 배분이 더 균등한 배분이 될 수도 있을 것이다. 더구나 2 사람간에 자발적인 교환을 통해서 분배점이 BC사이 구간으로 이동한다고 한다면 평등의 관점에서 볼 때 그 점이 A점과 비교하여 더 나은지를 구분할 수 없을 것이다. 이 경우 고기와 토마토의 균등성에 대한 객관적인 가중치를 부여하는 것이 필요해진다.

둘째 또 다른 형평성의 개념으로서 기회의 균등성을 들수 있다. 어떤 사람들은 결과적인 균등보다 기회의 균등이 더 중요하다고 보고 있다. 그림 3-5에서 최초 분배점이 D점이라고 가정 할 때 존스가 스미스보다 토마토와 고기분배에 있어 부자라고 할 수 있다. 그리고 우리들의 형평성 감각은 D점의 분배 상태에 있게된 이유를 생각함으로서 영향을 받게 될 것이다. 스미스와 존스는 같은 능력, 기회, 지식과 행운을 갖고 있다고 가정했는데도 D점으로 배분결과가 나왔다면 이것은 노력의 차이라고 할 수 있다. 만약 노력의 차이 때문에 이 결과가 나왔다면 D점은 균등분배라고 할 수 있고 또 서로의 교환을 통해 FG구간사이로 이동하는 것도 균등하고도 형평성을 띤 배분이라고 할 수 있을 것이다. 더 나아가 자발적인 교환으로 FG사이의 점으로 이동한 상태에서 정부가 균등분배점인 A점으로의 이동을 목표로 하는 정책을 펴는 것은 형평성이 결여된 정책이라고 할 수 있다.

반면에 당신은 최초 분배점 D점이 과거 스미스에 대한 차별적 정책 때문에 발생한 분배라고 생각할 수도 있다. 즉 존스가 특혜적인 교육을 받았거나 성, 인종차별 정책으로 인한 특혜를 받아 존스에게 유리한 분배결과를 가져왔다고 스미스가 생각하는 것이다. 따라서 D점에서 A점으로 이동시키는 정책은 형평성을 증대시킨다고 볼 수 있다. 따라서 이 경우 형평성있는 재분배에 대한 관점은 존스가 과거의 차별정책으로 혜택을 받았느냐 못받았느냐에 대한 스미스의 생각에 따라 영향을 받게 될 것이다. 이와 같은 두 가지 사례에서 보듯이 정책의 형평성에 대한 평가의 잣대가 다를 경우 서로 다른 결론을 내 놓을 수 있음을 보여주고 있다.

5. 형평성과 효율성의 통합사회후생함수(Integrating Equity-Efficiency Evaluation in a Social Welfare Function)

그림 3-5에서 우리들은 효율적인 배분점인 G에 있다고 가정하자. 그리고 효율적인 배분점인 G점에서 A점으로 가까이 가는 것이 보다 형평성있는 분배라고 가정해보자. 이 경우 효율적인 배분인 G점과 형평성을 강조한 A점 중 어떤 점이 보다 선호되어야 하는가? 이것을 결정하기 위해서는 효율성과 형평성을 종합적으로 고려한 타협이 있어야 한다.

이러한 문제를 해결하기 위하여 사회구성원 간에 효용수준의 분배와 그 분배에 의해서 달성될 전반적인 사회만족(사회후생수준)에 관한 판단 관계를 나타내는 사회적 후생함수의 개념을 도입하기로 한다. 사회후생함수는 사회구성원간의 효용수준의 배분과 그러한 배분에 의해 달성된 사회전체의 후생수준에 대한 판단간의 관계를 나타내는 개념인데 이를 수식으로 표현하면 다음과 같다.

$W=W(U^1, U^2, ...U^m)$ U^i : I번째 사람의 효용수준

여기서 스미스와 존스와 이루어진 단순경제모형으로 만들어진 사회후생함수 W=W(U^s, U^j)를 상정해보면 그림 3-6와 같이 사회적 무차별 곡선을 그릴 수 있다. 사회적 무차별 곡선이란 총효용(상대적 효용의 측정)과 분배의 평등성(형평성 척도)간의 교환방식에 관하여 서로 다른 윤리적인 선택을 할수 있는 함수로 나타낼수 있음을 의미한다. 사회무차별 곡선은 Wr, Wm, Wb의 3가지 곡선으로 나타낼수 있는데 이들 곡선들이 지나는 A점은 스미스와 존스간에 결합된 동일한 사회후생수준을 나타낸다.

그림 3-6 3가지 사회후생함수

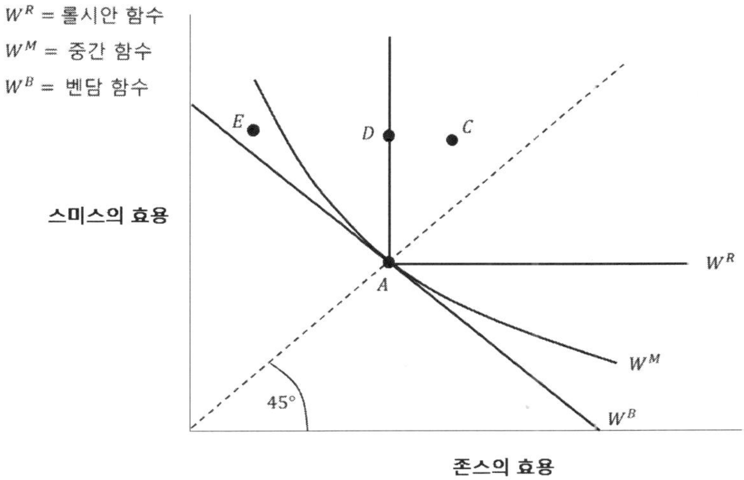

W^B 선은 무차별 곡선이 상대적 효율성의 균등성의 정도에 있어 기울기가 -1이라고 본 사회후생함수상의 점들의 집합을 나타낸다. 기울기가 -1이라는 의미는 총효용수준을 일정하게 유지하면서 스미스와 존스사이에 효용을 옮겨가는 한 분배의 이동이 분배의 균등성을 높이거나 절

어뜨리는것과 관계없이 사회후생수준에는 영향을 미치지 않는다는 것이다. 즉 총효용이 증가하기만하면 누구의 효용을 증가시키던지 동일한 척도에 의해서 사회후생이 증가한다는 것을 의미하며 이것을 제레미 벤담을 본따 벤담(Benthamite)사회후생함수라고 한다. 수학적으로는 $W=U^{s} + U^{j}$로 표시한다.

W^{R}선은 평등함수(Egalitairan)라고 하는데 그림에서 보듯이 A점에서 직각선의 형태를 가지고 있는데 사회후생수준이 어느 한사람의 후생증가로는 증가하지 않고 모든 사람들의 후생이 증가해야 후생수준이 증가하는 경우이다. W^{R}은 때로 롤시안(Rawlsian) 사회후생함수라고도 하는데 수식은 $W=\min(U^{s}, U^{j})$로 표시한다. A점에서 E점으로 이동하는 경우 벤담 사회후생함수하에서는 후생이 증가하나 롤시안 사회후생함수 기준에 의하면 감소하는 것으로 나타난다.

W^{M}선은 벤담과 롤시안함수의 중간과정의 함수로 표시되는데 이 사회무차별 곡선은 A점에서 기울기가 -1이지만 곡선을 따라 상하로 이동하면서 기울기가 변하게 된다. 이 W^{M} 형태의 곡선상에서 효용점이 A점에서 C점으로 변화하면 스미스의 효용이 존스보다 상대적으로 더 많이 증가했지만 총 효용이 커졌기 때문에 총효용은 커진 경우이다. 반면에 A점에서 E점으로 변하게되면 스미스의 효용증가가 존스의 효용감소를 보상해 줄만큼 크지 못하기 때문에 사회총 효용이 감소했다고 판정되게 된다. 그러나 벤담 형태의 사회후생함수에서는 E점도 A점보다 사회후생이 커진 것으로 판단할 수 있다.

그림 3-7 사회후생곡선과 효용가능곡선

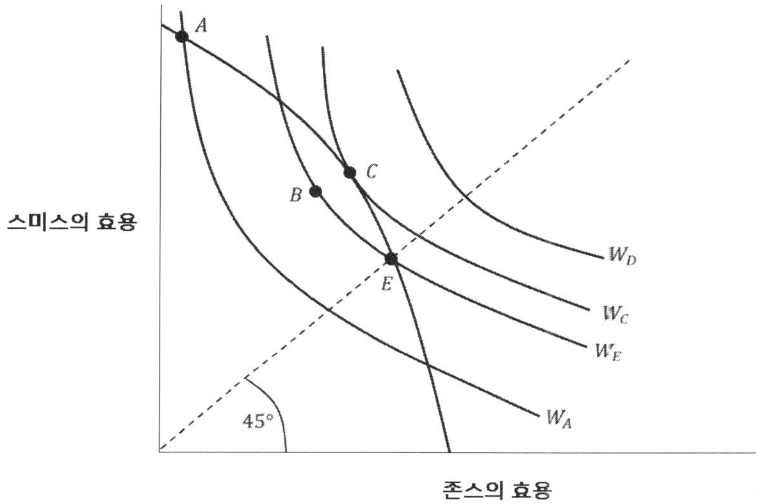

위의 그림 3-7은 W^M 형태의 사회후생함수를 표시하고 있는데 W_A, W_E, W_C, W_D 순서로 각각의 무차별곡선이 북서방향으로 갈수록 높은 수준의 사회후생을 달성하는 것을 나타낸다. 그런데 A점은 효용 가능곡선상에 위치하여 효율적이나 사회후생수준은 비효율적인 B점보다 낮다. 이는 사회구성원들이 B점이 A점보다 높은 수준의 후생수준으로 인정하고 있음을 나타낸다. 효율적이며 동시에 가장 높은 수준으로 달성 가능한 후생수준은 C점으로서 효용가능곡선과 W_C 수준의 무차별 곡선이 접하는 점이다. 여기서 알아야 할 사항은 사회적으로 달성가능한 가장 높은 수준의 후생은 동등 배분점인 E점에서 일어나지 않는다는 것인데 그 이유는 효용가능곡선의 형태에 따라 배분점이 달라질 수 있기 때문이다.

다음 그림 3-8은 동일한 효용 가능곡선하에서 그려진 3개의 다른 사회후생함수 각각에 대한 최대 사회후생수준을 나타낸 그림이다. 벤담형태의 사회후생함수 W^B에서는 D점에서 최대 사회후생수준을 달성하고 중간과정인 W^M에서는 C 점에서 그리고 롤시안 사회후생함수인 W^R에서는 E점에서 최대의 사회후생수준을 달성하고 있다.

그림 3-8 사회후생함수별 최대후생수준의 차이점 비교

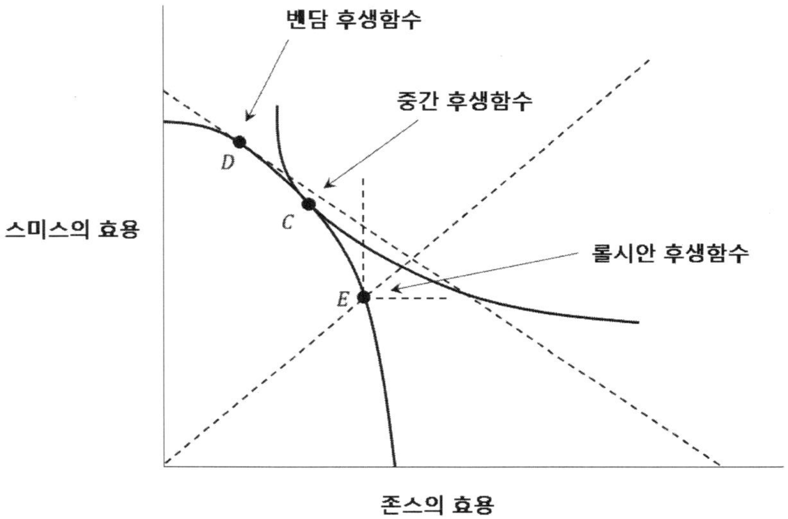

여기서 정책분석을 위하여 사회후생함수의 개념을 활용함에 있어 중요한 제한요소가 있음을 알아야 할 것이다. 첫째 효용은 측정되거나 개인 간에 비교될 수 있는 성질의 것이 아니기 때문에 실증적으로 개인의 상대적 만족수준을 알아낸다는 것은 가능하지 않다. 둘째, 구성원들이 동의하는 사회후생함수의 형태를 정의하기가 어렵다는 점이다. 위의 그림에서 보듯이 분배와 연계된 사회후생수준은 효용가능곡선의 위치(즉 사회무차별 곡선은 효용가능곡선의 최경계선과 관계없이 그려지고 있다)에 좌우되지 않는다는 것이다. 효용가능곡선은 단지 효율성 또는 파레토 최적 분배상태만을 나타내고 있을 뿐이다. 따라서 만약 우리들의 배분점이 효용가능곡선의 내부에 위치 해있다면 사회효용수준만으로는 효율성의 개선이 가능한지를 나타낼 수 없다.

셋째, 기회균등측면에서 본 형평성 개념은 사회후생함수에 반영되어 있지 않다. 이 의미는 효용수준의 최종결과에 대한 정보만으로는 형평성을 평가하기에 불충분하다는 것이다. 즉 최초 배분점이 나오게 된 과정의 공정성은 물론 배분결과에 영향을 주는 각각의 정책과 연관된 과정의 공정성도 명확하게 표시되어야 하는데 이 2가지 공정성을 사회후생함수에 모두 반영하는 것은 실질적으로 불가능하다고 할 수 있다.

예를 들어 어떤 정책의 변화가 있을 때 전혀 다른 이유로 스미스의 효용이 존스의 효용보다 더 많이 증가할 수 있을 것이다. 즉 정책으로 혜택을 보기 보다는 스미스가 존스보다 열심히 일하는 성격 때문에 존스보다 더 많은 소득을 올렸다던지 또는 정책의 미스와 시행 착오때문에 존스가 소득을 올릴 기회를 잃어버리고 그 기회가 불공정하게 스미스에 갔을 때이다.

6. 보상원리에 의한 정책평가

정책의 효율성을 비교하기 위한 원리로서 보상원리를 들 수 있다. 보상원리는 정책의 편익자가 같은 정책으로 손해를 보는 피해자에게 보상을 해주고도 남을 만큼 충분하여 그 정책을 추진할 만한 가치가 있는가를 평가하는 원리라고 할 수 있다. 이 원리는 정부에서 많이 활용하는 일반적인 분석기법인 수익비용분석(cost-benefit analysis)에 이용되는 원리이기도 하다.

정부가 정책의 시행여부를 결정하기 위하여 수익비용분석법을 적용하게 된 동기는 사기업에서 활용하는 효율성 검증분석법을 공공부문에도 적용함으로서 정부예산을 보다 효율적으로 집행하고자 함에 있다. 어떤 한 정책의 자원 분배 방법이 다른 방법보다 효율적인지를 알기 위해서는 상대적 효율성의 비교기준을 세워야 할 것이다. 대부분의 경우 정부 정책에 의하여 바뀐 분배상황에 따라 어떤 사람들은 보다 좋아진 반면에 어떤 사람들은 나빠진 경우가 발생하게 된다. 여기서는 보상원리에 의한 상대적 효율성 평가방법은 형평성의 의미를 보다 명확하게 해주는 안내역할도 한다는 것을 보여줄 것이다.

효율성 평가를 위하여 먼저 우리는 개인의 효용수준이 경제환경의 변화로 어떻게 영향을 받고 있는지 그리고 이들 효용의 변화를 화폐척도로 표시할 수 있는 방법이 있는지를 생각해 볼 것이다. 여기서 보상변화, 균등변화, 관찰된 소비자 잉여의 변화라는 유사하지만 각기 다른 효용의 3가지 측정법을 제시할 것이다. 이 3가지 효용측정의 원리는 경제환경의 변화로 인해 변화된 효용을 가상적 보상금액으로 측정하여 이 금액으로 측정된 수혜자의 이익이 손실자의 손해액보다 크다면 그 변화는 상대적으로 효율적이라고 보는데 근거를 두고 있다.

정책변화로 인해 한 개인에 미치는 후생변화를 보상변화(CV; compensation variation)와 동등변화(EV;equivalent variation) 개념으로 설명할 수 있는데 이러한 개념은 힉스가 처음으로 소개하였다. 보상변화(CV)는 한 가계가 가격하락 이전과 같은 효용수준에 머무르도록 하기 위해 감소될수 있는 소득규모를 나타낸다. 동등변화(EV)는 재화의 가격하락 후에 소비자가 달성한 효용수준을 유지하도록 소비자에게 지불되어야 하는 소득규모이다. CV와 EV는 재화가격 변동에 따른 소비자의 이득 또는 손실을 나타내는 편리한 방법이라고 할수 있다. CV 또는 EV 척도를 사용하는 데 있어서의 실제 문제는 보상수요곡선이 관찰불가능하다는 점이다. 시장에서 드러나는 것은 통상수요곡선이다. 소득이 증가하면 소유도 증가하는 정상재의 경우 3가지 소득변화크기를 측정하면 EV〈S〈CV의 대소관계가 존재한다는 것을 이하에서 분석과정을 통해 알 수있다.

정책이 미치는 후생변화의 측정 예를 소개하면 전기요금을 자유시장에서 결정되도록 하는 정책이 정부가 가격을 통제하는 정책보다 보다 높은 효율이 달성될 것이라는 주장을 들어보자. 대체로 전기요금을 자유시장에 맡길 경우 전기요금이 올라갈 것이고 전력회사는 많은 수입을 올리는 반면에 소비자들은 소득감소를 가져온다고 주장된바 이를 CV와 EV의 후생변화의 측정법으로 분석해보자.

먼저 초기 So상태에서 총 효용 Uo를 m명의 사람들사이에 분배되어 있는 경우를 가정하면 Uo[=(uo^1, uo^2, ...uo^m)]라고 수식으로 표현할 수 있다. 그리고 사람들은 주어진 예산 Bo를 사용하여 n개의 재화 Xo, 각각의 n개 재화에 대한 가격 Po, 규제적인 제한 Ro하에서 이러한 총 효용 Uo를 달성한다고 하자. 정책변화에 의하여 새로운 상태 S1로 변하고 이 상태는 U_1, B_1, P_1, R_1으로 변화되었다고 가정하자.

여기서 한 개인이 초기에 uo수준의 효용을 가지고 있었으나 정책변경으로 u_1수준으로 낮아졌다고 가정하면 이 사람의 효용변화는 uo-u_1으로 표시할 수 있다. 물론 이러한 효용을 변화를 직접 관찰할 수 없으므로 효용변화에 상응하는 화폐단위의 변경으로 측정하여 추정하게된다. 그 중한가지 방법으로서 이 사람이 S_1상태에서 종전의 효용수준 uo를 달성하도록 하는데 소요되는 예산 B_1로 만드는데 드는 최소한의 소득보조금액이 얼마인가를 물어보는 방법이다. 이 방법은 보상변화(CV)에 의한 후생변화 측정방법이다. 보상변화란 주어진 상태 S_1에서 한 개인이 실제 변화된 u_1으로부터 최초의 효용 uo수준으로 회복시키기 위하여 필요한 예산변화의 크기로 정의된다.

그림 3-9 무차별곡선을 이용한 보상변화

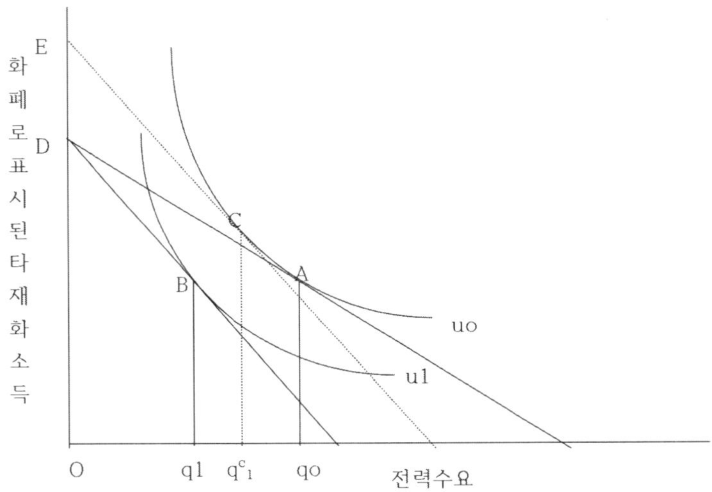

위 그림 3-9는 무차별 곡선과 예산선으로 표시하여 나타낸 것이며 최초 전기요금 po에서 소비자는 qo만큼 전력을 소비하여 uo의 효용수준을 달성하고 있음을 보여주고 있다. 여기서 전기요금이 po에서 p_1으로 올라가면 소비자는 q_1을 소비하고 효용수준은 u_1으로 떨어지게 된다.

그림 3-9에서 보상변화(CV)를 쉽게 확인할 수 있다. 즉 가격이 p_1으로 변화한 후 소비자는 u_1의 효용수준으로 떨어진 무차별곡선상의 B점으로 이동하는데 보상변화란 소비자를 초기의 uo수준으로 되돌아가도록 하는데 필요한 추가적인 보상소득은 얼마인가 이다. 이 보상소득은 가

격을 종전의 수준인 DB기울기로 고정시켜 놓고 이 기울기를 가진 예산선을 uo수준의 효용을 유지하기 위하여 점 C까지 끌어올려 uo수준의 무차별 곡선과 접하도록 점선 EC선을 이동시키는데 얼마나 돈이 들어야 하느냐를 계산하는 것과 같다. 이 금액은 q_1-q_1^c에 해당하는 만큼의 수요변화량과 올라간 가격 p_1을 곱한 소득금액이 된다.

그림 3-10 보상수요곡선과 보통수요곡선

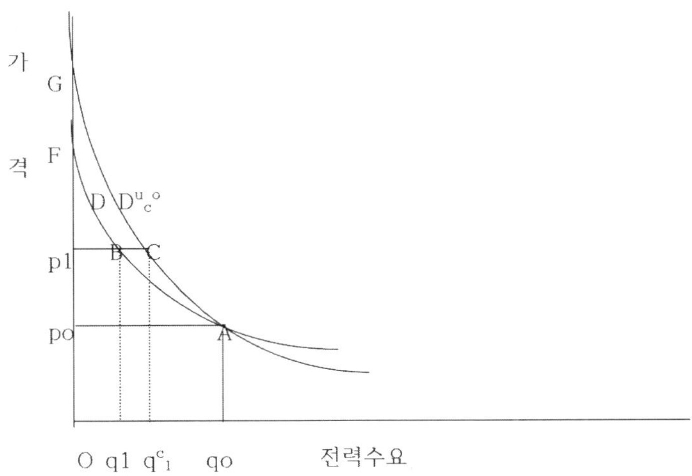

다음으로 전력수요과 가격과의 관계를 나타내는 위 그림 3-10에서 브상변화를 측정해보자. 이 그림은 한 개인의 전력에 대한 보통수요 AF를 표시하고 있다. 여기서 보상수요곡선을 그려야 하는데 이 보상수요곡선은 소득효과를 제외시킨 수요곡선 AG가 된다. 즉 보상 수요곡선은 소득수준을 항상 일정수준의 효용을 유지하도록 소득을 조정시킨 다음에 가격변화에 따른 소비자들이 구매하고자 하는 수요량을 추적한 점들의 궤적이 된다. 그림 3-10에서 A점에서 시작하여 C점까지를 연결한 곡선은 Uo 수준으로 정해진 보상수요곡선인데 이에 대응하는 그림 3-9의 점은 uo의 무차별 곡선과 새로운 가격선 p1에 접하는 C점이 되고 이때의 수요량은 q^c_1이 된다. 이러한 방법으로 대응되는 점들을 연결하면 그림 3-10 상에서 $D^{u^o}_c$ 의 수요곡선을 도출할 수 있다. 그림 3-10에서 보통재인 경우 보상수요곡선과 보통수요곡선을 비교하면 보상수요곡선의 기울기가 더 가파르다.

여기서 수요곡선의 높이는 소비자가 무차별한 상태에서 추가적인 수량의 재화를 얻기 위해서 포기할 수 있는 화폐단위로 표시된 최대한 금액이 된다. 예를 들어 qo수준에서 전력의 한계대체율(MRS: marginal Rate of Substitution)은 다른 재화를 1원이라고 했을 때 이에 대한 상대가격인 가격 po와 동일하다. 여기서 MRS는 전력을 추가적으로 한 단위 얻기 위해 효용은 일정하게 유지한 상태에서 포기해야 할 다른 재화의 최대 수량을 말한다. 따라서 그 다른 재화의 최대 포기 수량은 화폐단위로 po로 표시되므로 우리들은 qo수준에서 전력의 한계가치가 po임을 알 수 있다.

전혀 구매하지 않은 상태에서 q^c_1만큼 구매할 때까지의 각각의 한계가치를 더하면 기하학적으로 그 면적은 $OGCq^c_1$ 만큼의 총가치를 가지게 된다. 그런데 소비자는 q^c_1 만큼 구매하는데 실제 지불금액은 $Op_1Cq^c_1$ 이며 소비자가 지불하고자 하는 총 금액 $OGCq^c_1$ 에서 소비자 비용을 빼면 그 면적은 p_1GC로서 소비자 잉여가 된다. 여기서 P_0P_1CA는 보상변화로서 소비자가 가격상승으로 전력소비를 줄였을 때 보상해야할 금액을 의미하는 금액이 된다. 그러므로 가격이 상승했을때의 보상변화는 최초가격과 변화가격의 차이와 최초 효용수준에서의 보상수요곡선, 그리고 가격축으로 둘러싸인 면적이 된다.

다음에 두번째 측정법인 동등변화를 설명해보자. 동등변화란 주어진 초기 So에서 한 개인을 최초 효용수준 uo에서 실제 변화된 u1수준으로 옮기게 해주는데 필요한 예산변화의 크기를 말한다. 가격이 실제로 po에서 p_1으로 올라갔을 때 가상적인 보상은 이루어지지 않을 때 실제 소비자 행동은 새로운 효용수준 u_1에서 아래 그림 3-12에서와 같이 3점으로 움직이고 동등변화는 DK로 표시된다. 이것은 변화된 p_1 가격을 최초의 가격 수준 po로 다시 떨어뜨려 재화를 사도록 하여준다고 했을 때의 효용수준 uo와 소비자들이 실제로 올라간 가격 p_1하에서 감소된 효용수준 u1을 무차별하게 선호할수 있도록 최초 소득에서 빼내어야 할 금액을 의미한다.

동등변화를 그림 3-11에서 보면 최초가격 po에서 새로운 가격 p_1사이와 최종 효용수준 u_1하에서의 보상변화곡선, 그리고 가격축으로 구성된 면적 pop_1BJ가 동등변화가 된다.

그림 3-11 동등변화곡선과 보통수요곡선

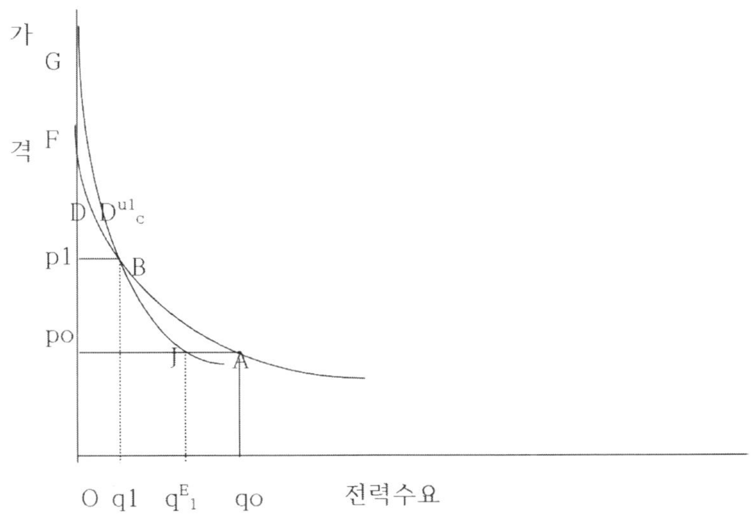

그림 3-12 무차별곡선을 이용한 동등변화

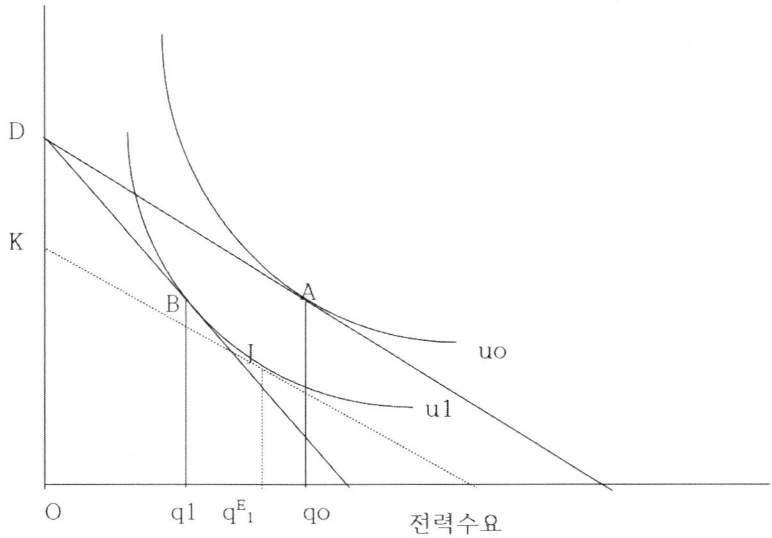

한편 그림 3-13는 보통수요곡선과 보상수요곡선, 동등수요곡선을 각기 표시한 그림이다. 보통재라면 가격이 증가할 경우 동등변화 금액이 절대액 기준으로 볼 때 보상변화금액보다 적다.

그림 3-13 보상변화, 동등변화, 보통수요곡선의 비교

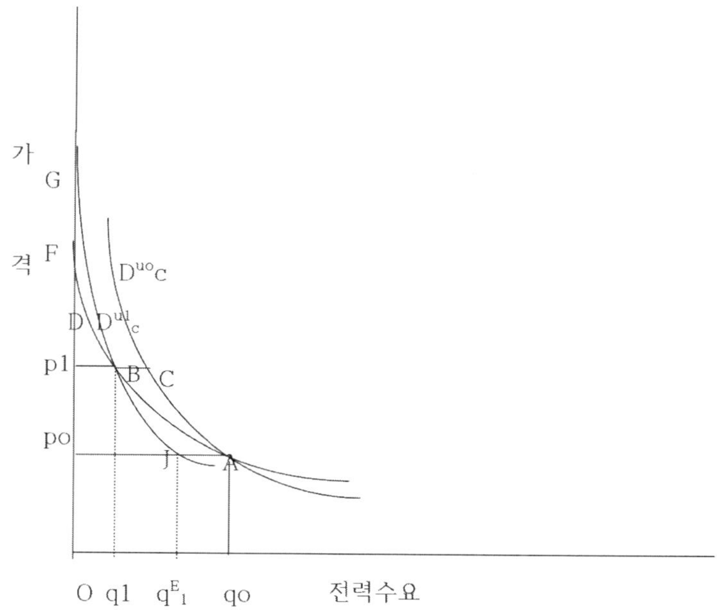

마지막으로 3번째 측정법으로 보통수요곡선으로부터 계산된 소비자 잉여의 변화로서 효율성을 측정하는 방법이 있다. 그림 3-13에서 보통 수요 곡선하에서 가격이 po에서 p1으로 올라갔다면 이때 소비자 잉여의 감소를 pop1BA라고 할수 있다. 이 면적은 동등변화(p1poBJ)보다는 크고 보상변화(p1poAC)보다는 작다. 따라서 정상재의 경우 소비자 잉여의 크기 순서는 EV〈CS〈CV가 된다. 실제 효율성 측정에서는 효용측정의 어려움과 추정의 오차 등을 고려하여 보통 수요곡선하에서 계산된 소비자잉여를 동등변화, 보상변화방식보다 자주 이용하고 있다.

참고문헌

안인찬(1995) 농업정책 선진문화사.

Per-Olov Johansson(1991), An Introduction to Modern Welfare Economics, Cambridge University Press.

Ronald D. Knutson et al.(2007) Agricultural and Food Policy, Prentice Hall Education,

Bruce L. Gardner,(1987) The Economics of Agricultural Policies, Macmillan Publishing Co.

Lee S. Friedman(1985) Microeconomic Policy Analysis, , McGraw-Hill Co.

Eugene Silberberg,(2001) The Structure of Economics, Irwin McGraw_Hill.

Harold G. Halcrow, Robert G. F. Spitze and Joyce E. Allen-Smith,(1994) Food and Agricultural Policy, McGraw-Hill Inc.

CHAPTER 04

생산농업의 분석 방법

제1절 단일 농산물 시장의 분석

경제정책을 결정하고 시행하는 과정에서 무엇이 좋은 조치인가의 평가기준으로서 후생개념을 이용하여 왔다. 정책의 시행결과 이익 그룹들간에 후생수준의 변화 문제가 야기되어 어떤 그룹이 누리는 경제적 이익은 다른 그룹의 경제적 손실로 나타날 수 있는데 정책을 평가함에 있어 어떤 기준을 적용을 해야 하는가 문제에 관하여 경제학자들은 정책을 종합적으로 평가할 수 있는 대안들을 끊임없이 연구해왔다.

농산업 정책의 분석 기준도 대부분 고전주의 경제모델의 적용과 완전경쟁시장균형의 가정하에서 소비자 잉여와 생산자 잉여의 개념에 바탕을 두고 있다. 마셜이 저술한 경제원리에서 소비자 잉여란 소비자가 그 재화없이 지내는 것보다는 그것을 얻기 위해 기꺼이 지불할 용의가 있는 가격이 실제로 지불하는 가격을 초과하는 부분의 합계 또는 어떤 상품의 일정량에 대하여 구매자가 실제로 치르는 대가와 구매자가 주관적으로 평가하는 대가사이의 차액이라고 보았다.

아래 그림 4-1은 단일 농산물 시장의 경우 정책평가 방법론을 설명하고 있다. S는 농산물의 공급함수, D는 농산물 수요함수, P는 균형가격, Q는 균형생산가격, E는 균형점, PEA에 의해 그려진 가격선 아래 부분은 이 균형점에서의 소비자 잉여부분이 된다. 만일 이용가능한 생산량이 Q1과 같이 매우 희소하다면, 소비자는 P_1의 높은 가격을 지불할 것이다. 또 Q2에서는 P_2만큼 지불하고자 할 것이다. 왜냐면 소비자들은 PEA라는 잉여가치(후생이익)의 일부를 얻을수 있는한 균형가격 P보다 높은 가격으로도 구매를 하려고 하기 때문이다.

그림 4-1 생산자 잉여외 소비자 잉여

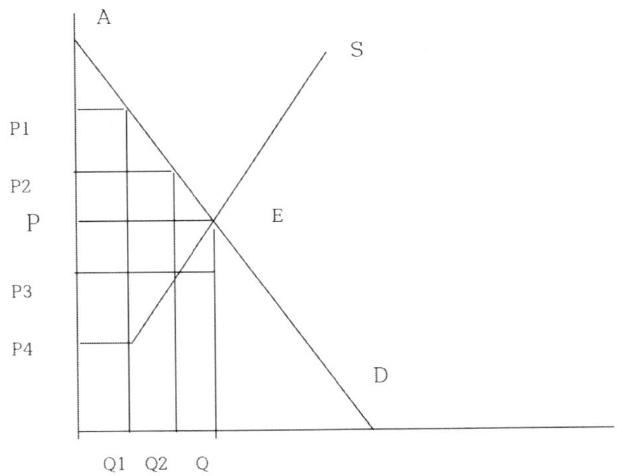

한편 생산자 잉여는 단기공급곡선과 가격선사이의 면적을 말하는데 이것은 총수입과 총비용의 차이와 같다. 그림 4-1에서 생산자 잉여는 PEP_4로 그려진 부분이고 생산자들은 P_4아래 가격에서는 생산을 하지 않을 것을 가정하고 있다. 공급량은 가격이 P_4일 때 Q1만큼 P_3일 때 Q2만큼 그리고 P에서 Q만큼 공급할 것이다.

후생이론을 단일 농산물 시장모델에 적용하여 정책을 분석 방법은 아래 그림 4-2에서 설명된다. 농가소득의 증대를 목적으로 농산물의 생산제한 정책을 시행하여 생산량이 감소했다면 공급곡선이 S에서 S1으로 이동하여 새로운 균형가격은 P1이 되고 생산량은 새로운 시장균형점 대응한 E1에서 성립하게 되고 이때 시장균형 수급량은 Q1이 된다. 이러한 생산제한정책으로 소비자잉여가 PAE에서 P1AE1로 변화되는 반면에 생산자잉여는 $PEC1P_4$에서 P_1E1C1P_4로 그려질 것이다.

그림 4-2 정책의 후생효과

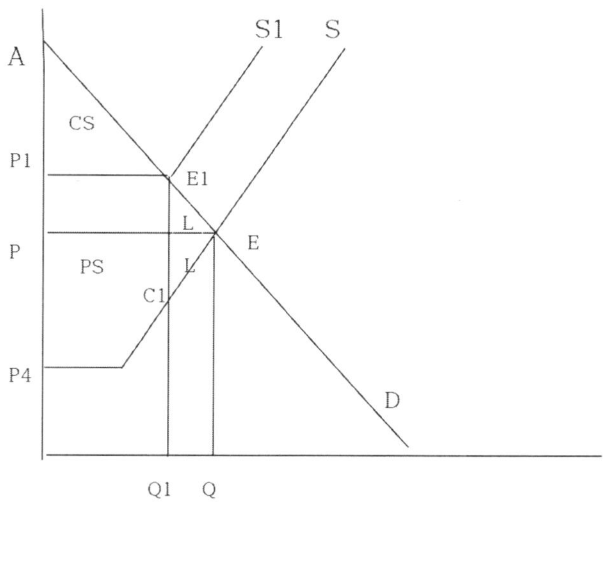

그러나 생산자잉여 뿐만 아니라 소비자잉여도 아닌 2개로 구분된 삼각형 면적 L은 농산물 생산정책으로 인해 발생한 사회적 손실로 나타나고 있다. 후생분석자들은 이것을 순수후생 혹은 중량손실(dead weight loss)이라 부른다. 이러한 개념들은 완전경쟁시장하의 시행된 농업정책으로 변화된 경제적 후생을 도출시키기 위한 정책분석의 도구로써 이용된다. 정책의 구체적인 결과들은 시장경제의 구조와 생산자와 소비자의 행동방식, 수요과 공급곡선의 이동의 크기, 그리고 이들 수요와 공급곡선의 탄력성에 의존한다. 수요와 공급 탄력성은 특히 중요하다. 예를 들어 수요의 비탄력성이 크면 클수록 주어진 가격증가에 대한 소비자의 순사회적 손실은 더욱 커질 것이다. 또한 수요가 탄력적이라면 생산자들은 주어진 가격증가율 이상으로 판매율이 감소하기 때문에 순수후생 손실을 초래하게 될 것이다.

농산물 시장에 대해서 정부가 개입하는 목적은 농산물 판매수입을 늘리거나 생산요소시장에 대한 개입으로 생산비용을 줄이는데 있다. 다음은 정부가 농산물 가격을 올려줌으로서 판매수입을 늘려주려는 정책에 대한 분석사례로서 생산 조정제를 실시하여 시장 공급량을 감소시킴으로써 농가소득을 올려주고자 하는 정부정책을 단일시장 분석에 의하여 설명하고자 한다.

생산 조정제(Production Controls)는 농산물의 시장 판매량을 규제하는 프로그램으로서 여러 경로로 분산된 유통출구를 가진 농산물의 경우 행정적으로 규제하기 어려운 정책이다. 예를 들어 자기 농장에서 재배된 사료작물을 자기 목장의 가축들에게 주는 자급형 농장에 대한 생산조정제의 실행을 불가능하다.

시장 공급량을 규제하는 정책수단은 농가별로 할당된 양의 농산물을 팔 수 있는 권리증서를 발행하는 방법으로 실시하고 있는데 그림 4-3에서와 같이 이때의 공급곡선은 제한된 최대 공급량을 가진 곡선이 되며 $\hat{Q}$ 는 생산조정제하에서의 공급량이고 Qe는 생산조정제가 없을 때의 시장 균형 공급량을 나타낸다.

그림 4-3에서 생산조정제의 실시로 나타난 생산자의 변화된 이익과 손실을 추정해보자. 생산자는 $\hat{Q}$ 수준에서 가격 P_e 가 아닌 $\hat{P}$ 으로 수취하는데 생산조정으로 인해 늘어난 수입은 빗금친 면적 A로 표시된다. 공급곡선은 한계비용으로 측정되므로 생산량을 Qe에서 $\hat{Q}$ 로 감소시킴으로서 절약된 생산비는 공급곡선 S와 $\hat{Q}$ 와 Qe 사이의 면적으로 표시되는 비용이 된다. 이 비용은 생산자가 Qe만큼 판매하지 못함으로서 잃게 되는 수입보다 적은데 그 차이는 면적 C로서 이는 생산자의 손실이 된다. 따라서 생산자에 돌아가는 순이익(net gains)은 A-C가 된다.

반면에 농산물 구매자는 $\hat{Q}$ 에서 보다 높은 가격수준으로 구매하기 때문에 추가로 입은 손실액은 면적 A가 된다. 또한 $\hat{Q}$ -Qe 만큼 구매를 할 수 없기 때문에 입게 되는 추가 손실금액은 수요곡선과 $\hat{Q}$ -Qe 사이의 면적에서 Pe($\hat{Q}$ -Qe)를 차감한 면적 B가 된다. 따라서 소비자의 순 손실액은 A+B가 된다. 따라서 생산자 순이익 (A-C)에서 소비자 순손실(A+B)를 차감하면 사회적 손실(Social loss)은 -(B+C)가 된다.

그림 4-3 생산조정제의 효과

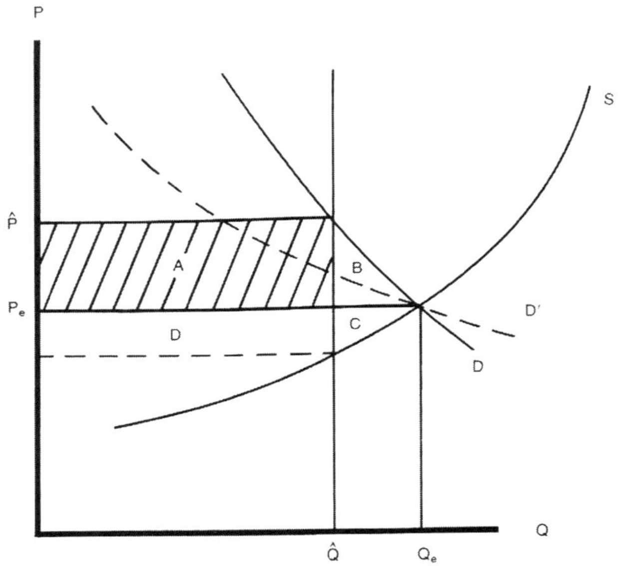

제2절 다중 농산물 시장의 분석

단일 농산물 시장 분석에 의한 정책의 평가 방법은 교차가격효과가 크지 않을 때는 타당성이 있다. 하지만 특정 농산물의 수요와 공급이 생산요소 가격 또는 다른 농산물 가격의 변화로 영향을 받을 때는 교차가격 효과가 발생하게 된다. 다중시장효과는 어떤 한 상품에 대한 정책이 간접적으로 다른 상품시장에 영향을 미치는 한편 다른 상품시장으로부터 환류효과가 일어나는 현상을 설명하는 용어이다. 이러한 현상은 분석대상 상품시장이 다른 상품 및 요소시장과 연결되어 있기 때문에 나타난다. 다중시장효과 에 대한 기본적인 생각은 다음의 한 예로서 설명할 수 있다.

그림 4-4은 옥수수와 쌀이라는 2개의 농산물이 생산과 소비측면에서 대체재로 연결되어 있는 경우를 설명하고 있다. 2상품은 한 상품의 생산(소비)가 증가할 때 다른 상품의 생산(소비)가 감소하는 생산(소비)의 대체재로 생각할 수있다. 그림 4-4에서 쌀과 옥수수 시장이 정부개입이 없는 상태에서 균형을 이루고 있다고 하고 세계시장 가격기준으로 생산자, 소비자, 국경가격은 모두 같다.

여기서 정부는 쌀 생산자 가격(소비자가격이 아닌)을 국경가격이하로 낮추기 위해서 쌀 생산자에게 세금을 부과하기로 결정했다고 가정하자. 그림 4-4에서 보듯이 2개 상품시장에 대한 정부개입의 총 효과는 (a)쌀 자체가격의 변화로 쌀 시장에 직접적으로 미치는 효과(직접 또는 자체효과) (b) 쌀 가격이 옥수수 공급에 미치는 효과(간접 또는 교차가격효과)의 합계이다. 요소가격이 변하지 않는다고 할 때 쌀 가격의 하락은 상대적으로 옥수수 생산자의 이윤을 올려주게 된다. 이윤 최대화를 추구하는 생산자는 쌀 생산에 들어가는 생산요소를 옥수수 생산으로 옮길 것이다. 옥수수 생산으로 자원을 이동하면 옥수수 공급곡선은 S_{m1} 까지 오른쪽으로 이동한다.

옥수수 가격이 공급곡선의 이동으로 변화가 생길 때 환류(feedback effect)과정은 다음과 같다. 옥수수 공급의 증가는 옥수수 가격을 하락시킬것이고 이는 다시 쌀 공급곡선의 오른쪽으로 이동시킬 것이다. 2상품의 가격이 외생적이기 때문에 모든 환류효과는 사라질 것이다.

그림 4-4 쌀과 옥수수의 대체관계

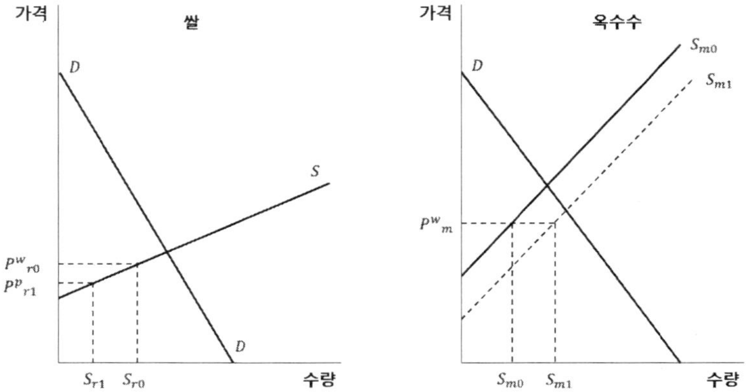

그림 4-5은 쌀과 옥수수 둘다 생산과 소비의 대체재인 경우를 기술하고 있다. 2개의 시장은 최초 균형상태이고 정부의 개입이 없다고 한다. 쌀 생산자와 소비자는 (D_o - S_o) 만큼 수입하는 외생적인 세계시장 가격하에 있다고 한다. 그러나 옥수수는 비교역재라고 가정한다. 옥수수시장의 균형점은 국내공급과 국내수요가 똑같은 (Q_e,P_e) 점에서 일어난다고 한다.

여기서 정부가 쌀 가격을 생산자와 소비자 모두에게 적용되는 P_{r1} 수준으로 인상한다고 가정하면 생산은 S_1 로 증가하고 소비는 D_1 로 줄어들게 된다. 쌀가격 정책의 변화는 옥수수시장에 간접적인 효과를 가져오게 한다. 특히 쌀 가격의 상승은 옥수수에 비해 상대적으로 생산자의 이윤가능성을 증가시킨다. 이윤 최대화를 추구하는 생산자는 옥수수 생산에 투입된 자원을 쌀 생산용으로 옮기게 되고 이는 옥수수 공급곡선을 S_{m1} 만큼 왼쪽으로 이동 시키게 된다.

비슷한 간접적인 효과로서 수요부문에서도 일어난다. 쌀 가격이 상대적으로 높아짐에 따라 소비자들은 대체재인 옥수수의 소비를 늘림으로서 효용을 극대화 할 것이다. 옥수수 소비의 증가는 옥수수 수요곡선을 D_{m1} 만큼 오른쪽으로 이동시킨다. 이와는 달리 옥수수 수급량의 변화는 순교역량 변화를 일으키지 않고 시장은 가격조정을 통해서 균형을 이루게 된다. 옥수수 수요과 공급곡선의 이동은 옥수수가격의 증가를 가져오고 수요량과 공급량은 증가하거나 줄어들거나 할 것이다. 수급량의 변화 방향은 공급과 수요곡선의 기울기 자체가격탄력성- 와 곡선의 이동크기 교차가격탄력성-에 따라 달라질 것이다.

그림 4-5 직접적인 대체효과와 간접적인 대체효과

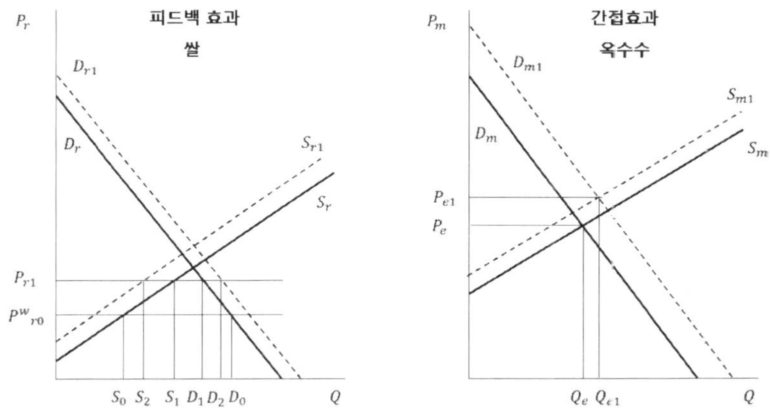

옥수수 가격의 상승은 다시 쌀 시장에 환류효과를 가져오게 한다. 더 올라간 새 옥수수가격으로 옥수수의 이윤가능성이 높아짐에 따라 생산자들은 쌀 생산으로부터 옥수수 생산으로 돌아서게 된다. 이러한 환루효과는 쌀 공급곡선을 S_r에서 S_{r1} 로 이동시키고 생산량은 S_2 로 줄어들게 된다.

2개의 농산물이 소비대체재이기도 하기 때문에 비슷한 환류효과가 소비부문에서도 일어난다. 그림 4-4에서 썰 소비곡선이 D_r 에서 D_{r1} 로 왼쪽으로 이동하고 소비량은 D_2로 증가한다. 이과정은 2개의 시장이 새로운 균형점으로 도달하기 까지 계속된다. 이러한 논의로부터 간접효과와 환류효과간의 핵심적인 차이점은 전자인 간접효과는 대안적인 옥수수상품시장에서 발생하고 후자인 환류효과는 가격의 외생적 변화가 일어나는 본래의 처음상품시장에서 일어난다는 것이다. 2개의 효과 즉 간접효과와 환류효과는 2개의 상품사이의 교차가격 연계현상로부터 나타난 결과이다.

제3절 일반균형 모델에 의한 분석

농업의 산업화로 인해 농업부문이 국내의 다른 산업과 밀접한 연관관계를 갖게 되고 또한 시장개방의 확대에 따라 국내 농업과 해외 산업간의 교역도 활발해 지는 등 농업의 교역영역이 국내외적으로 확장되는 추세이다. 농업의 대상과 범위가 넓어짐에 따라 농업 정책의 범위도 비농업부문과의 상호관계를 고려한 분석과 전망을 할 필요성이 커지고 있다. 농업을 둘러싼 거시경제 환경의 변화가 농업에 미치는 파급영향을 광범위하게 분석하는 방법으로 일반균형모형을 개발하여 시뮬레이션을 실시함으로써 농업 정책이 농업과 국민경제에 미치는 효과를 보고자 하는 분석방법이다.

여기서는 농업을 둘러싼 국내외 환경변화가 농업부문에 미치는 파급

영향을 장기적이고 거시적인 산업연관 차원에서 파악할 수 있는 일반균형모형을 설정하여 농업정책의 파급효과를 분석한 사례를 가지고 설명하고자 한다.[1] 일반균형모형의 기본 틀은 구조적, 개방경제, 최적화 모형으로서 우리나라와 그 밖의 나라로 양분하고 국민경제를 농업을 중심으로 19부문으로 분할하여 설정한 모형인데 분석과정은 모형설계, 함수식 추정, 매개변수와 외생변수의 측정 등 모형을 설정한 후 외생변수와 매개변수 또는 정책변화에 따른 파급효과를 국내외적인 여건변화를 감안하여 계량적으로 분석하게 된다.

본 분석방법은 농업과 타산업과의 연계성이 심화되고 시장개방, 대규모 농업투자정책 등의 변화를 감안하여 우리나라 경제여건을 반영한 가상적인 일반균형모형을 수립하여 정책적인 분석을 시도 하고 있다. 특히 각 산업간의 연관구조를 파악하기 위해서 산업연관표를 이용하여 수립되는 연산가능일반균형(Computable General Equilibrium) 모형방식을 채택하고 있다. 모형을 간단히 하기 위하여 405부문으로 구성된 1990년 산업연관표를 농업과 농업관련산업을 중심으로 한 19부문으로 재편성하였다. 그 결과 농업과 농업관련산업은 벼, 야채, 과일, 기타작물, 젖소 및 한우, 기타축산, 임산물, 수산물, 농림서비스, 가공식품, 배합사료, 비료 및 농약, 농업기계, 음식점의 14개 산업으로 재편하였으며 농업과 관련이 적은 산업들은 광업 및 제조업, 석유제품, 전력-가스-수도-건설, 유통업과 서비스의 5개부문으로 통합하였다.

이와같이 모형의 기본틀을 작성한 결과를 흐름도로 나타내면 그림 4-6과 같다. 그림에서 사각형은 내생적으로 결정되는 변수를 나타내며

1 이태호외, 농업시뮬레이션을 위한 일반균형모형 개발, 한국농촌경제연구원, 1996.

굵은 선으로 둘러싸인 사각형은 실물재화를 나타내고 가는 선으로 둘러싸인 사각형은 가격을 표시한다. 타원형은 외생적으로 결정되는 변수를 나타낸다. 그리고 화살표는 영향을 미치는 방향을 나타내며 양 방향으로 된 화살표는 쌍 방향으로 영향을 미치는 것을 나타내고 한 방향 화살표는 영향을 주기만 하는 관계를 나타낸다.

흐름도에 의하면 생산함수, 소비함수, 투자함수, 해외시장가격이 먼저 외생적으로 결정된 바듬 이들 외생적인 요인에 의해 노동, 토지, 자본과 같은 생산요소의 수급량과 가격, 그리고 생산된 재화의 생산, 소비, 수출입량과 가격이 결정된다. 노동, 토지, 자본, 중간재와 같은 생산요소시장의 균형량과 균형가격은 생산함수와 투자함수에 의해서 결정되고 생산된 재화의 균형가격과 균형 수급량은 소비함수에 의해서 결정된다.

수입이 가능한 재화의 국내 가격은 수입된 재화가 얼마나 국내재화와 대체성이 있는가에 따라 결정된다. 국산품과 완전대체가 가능한 외국재화가 수입된다면 그 재화의 국내가격은 국산품과 동일해야 할것이며 국산품보다 품질이 좋아서 완전대체가 불가능한 외국재화의 국내가격은 국산재화의 가격보다 높아야 할 것이다. 마찬가지로 수출되는 재화의 가격도 그 재화가 국제시장의 재화와 어느정도 대체가능한가에 따라 결정된다.

해외가격을 표시하는 타원형으로부터 나오는 화살표가 점선인 것은 이러한 불완전한 대체 즉 국산품과 해외제품의 차이가 존재하여 국산품과 해외제품의 가격이 완전히 같지 않다는 것을 나타내는 것이다. 여기서 그림에는 생략되어 있지만 정부가 존재하며 수입세, 간접세, 소득세를 부과하여 경제에 외생적으로 영향을 미칠수 있다는 점이다.

그림 4-6 일반균형모형의 흐름도

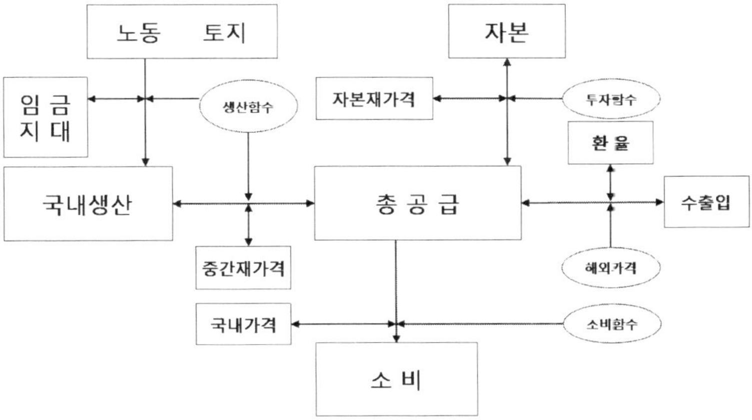

자료 : 이태호 외(1996)

본 연구의 모형에는 19개 산업부문이 존재하며 그 중 17개 산업은 교역가능한 교역부문이며 쌀과 농업서비스 산업부문은 비교역 부문으로 설정하였다. 본 모형에는 토지, 노동, 자본의 3가지 생산요소가 있으며 생산요소를 제공하는 대가로 얻는 소득은 자본소득과 비자본소득으로 구분되어 있다. 모형의 흐름도에서 설명된 모형을 식으로 표시하면 가격을 결정하는 식 7개, 생산을 결정하는 식 9개, 수요를 결정하는 식 11개, 저축, 투자를 결정하는 식 6개와 국제수지 균형조건식 1개, 수급균형조건식 1개, 목적함수식 1개로 모두 36개의 식으로 구성되어 있다.

앞에서 우리 경제와 흡사한 가성적인 경제를 가정한 일반균형모형에 의하여 정책적 실험인 시뮬레이션을 하면 정책의 변화가 농업 및 관련산업과 비농업경제에 미치는 파급효과를 추정할 수 있다. 예를 들어 R&D 투자 정책의 결과 쌀 생산에 있어서 5%의 기술진보가 일어났을 경우 농업과 관련산업에 미치는 피급효과를 분석한 결과가 표 4-1에 나타나 있다.

표 4-1 쌀의 10% 기술진보가 타 산업부문에 미치는 효과

단위: %

	총산출	수입	수출	가격지수	토지	고용
벼	5.010			-6.944	-4.505	-4.799
야채	6.741	8.219	5.347	1.350	7.438	7.107
과일	7.057	8.300	5.882	1.105	7.756	7.424
기타작물	3.320	4.483	2.267	0.540	3.802	3.483
젖소,한우	4.759	6.812	2.778	1.961		5.883
기타축산	4.626	6.702	2.631	1.842		5.719
농업서비스	5.291			3.662		10.309
임산물	0.061	1.202	-0.851	0.444		0.068
수산물	5.468	7.870	3.868	1.736		6.765
광업,제조업	-1.971	-2.430	-1.685	-0.282		-3.921
가공식품	5.045	7.172	3.130	1.750		17.517
배합사료	4.635	7.851	1.515	3.065		17.672
비료,농약	4.520	6.411	3.106	1.426		11.874
석유제품	0.384	0.558	0.247	0.111		1.713
농업기계	10.341	12.485	-8.194	-1.959		-19.695
전력,가스,수도,건설	-9.095	-12.023	-6.086	-3.207		-16.595
유통업	1.806	3.604	0.559	1.446		2.412
음식점	0.899	2.404	-0.346	1.252		1.043
서비스	2.373	3.798	1.002	1.351		3.392

자료 : 이태호 외(1996)

표 4-1에서 10%의 기술진보로 인해 쌀 산업은 총산출액이 5.01% 증가

하는 반면에 쌀 가격은 6.944%, 경작토지면적은 4.505%, 고용노동력은 4.799% 감소하는 것으로 추정되어 쌀농업의 기술진보가 장기적으로 농가소득에 부정적인 영향을 미칠 가능성이 있음을 보여주고 있다. 나머지 원예작물, 축산업, 가공식품과 비료, 농약같은 농자재 산업은 가격과 토지자원, 고용노동력의 증가를 가져오지만 농업기계의 경우는 가격과 고용지수에 부정적인 영향을 미치는 것으로 분석되었다.

참고문헌

김대근(2004), OECD 생산비연계(Decoupling) 농업정책 논의 동향과 DDA국내 보조에 대한 영향, OECD FOCUS, 2004년 11월호.

이정한외(1984) 한국의 농산물 수요분석: 모형개발과 정책분석, 연구보고 92, 한국농촌경제연구원.

이태호외(1996), 농업시뮬레이션을 위한 일반균형모형 개발, 연구보고 R345, v한국농촌경제연구원.

Alain de Janvry and Elisabeth Sadoulet(1987) Agricultural Price Policy in General Equilibrium Models: Results and Comparisons, American Journal of Agricultural Economics, Vol. 69, No. 2 (May, 1987), pp. 230-246.

Bruce L. Gardner(1987) The Economics of Agricultural Policies, Macmillan Publishing Co.

Devasdoss, S, William H. Meyers, and Dennis R. Starleaf(1987), Macrolinkages between the Farm and Nonfarm Sectors and the Impact of Monetary Policy Decisions, CARD Monograph 87-M1, Center for Agricultural and Rural Development, Iowa State University.

Lee s. Friedman(1985) Microeconomic Policy Analysis, McGraw-Hill Co.

CHAPTER 05

농산업의 가치사슬분석방법

제1절 가치사슬의 개념

가치 사슬(Value chain)의 개념은 마이클 포터(M. Porter)가 1980년대에 처음 주장한 것으로 기업 활동에서 부가가치가 생성되는 일련의 연쇄 과정에 직간접적으로 관련되는 모든 활동, 기능, 프로세스의 연관성을 의미한다. 기업에게서의 가치 사슬이란 기본 원료의 공급에서부터 소비자에게 최종적으로 공급되는 상품 또는 서비스에 이르기까지 상호 연계된 일련의 부가가치 창출 활동을 말한다. 여기서 부가가치(added value)란 생산 과정에서 새로 덧붙인 가치 내지는 추가로 더해지는 가치인데, 예를 들어, 쌀을 500원에 구입하여 900원짜리 떡을 만들어 판매하는 떡 가공업자에게는 400원의 부가가치가 발생한다.

제조 및 서비스 산업계에서는 이러한 가치의 개념을 수요자가 인식하는 상품 및 서비스에 대한 만족, 즉 편익에서 수요자가 지불한 비용을 차감한 것으로 정의하고 있다. 가치사슬은 고객만족이라는 목표와 관련하여 수요자의 편익(benefit)을 증대시키는 것과 동시에 비용(cost)을 최소화시키는 것을 추구하는 가치 극대화 개념으로 이해할 수 있다. 즉 경영체가 같은 성과를 내더라도 비용이 최소로 투입되면 가치가 증대되었다고 볼 수 있고, 수요자의 만족도가 높아지는 경우에도 가치가 증대되게 된다.

최근 농산업계에서도 규격과 품질이 균등한 농식품에 대한 소비자들의 선호도가 높아지면서 농산물의 생산과 가공식품의 제조 그리고 마케팅간의 통합시스템화에 대한 필요성과 요구가 높아지고 있다. 예를 들어 양계농장, 양돈농장 그리고 채소농가와 가공업자간의 통합적 생산을 위한 계약관계 또는 인삼작물 같은 특작농가와 인삼가공제품업체와의 계약을 통한 통합적 생산가공시스템을 도입하는 전략이다. 국내외적으로 농식품의 시장 경쟁이 치열해지는 공급과잉의 시대를 맞이하여 농업산업계도 소비자들의 편익성과 만족감을 높여나가 부가가치를 증대시킬 수 있기 위해서는 전체 농산업 시스템에 대한 가치사슬적 전략을 도입하고 이를 지원할 정책의 필요성이 커지고 있다.

축산업은 본원적 활동과 지원활동을 유기적으로 통합하여 가치창출을 위한 전략으로서 생산시스템의 수직 계열화 추세가 많이 진행되고 있으나 곡물농업에 있어서는 아직 통합적 수직 생산시스템이 본격적으로 도입되지 않고 있다. 하지만 곡물농업분야에 있어서도 첨단 유전공학기술이 도입됨에 따라 식물육종회사나 가공업자들에 의해서 농민들과 종자공급업체 및 가공업자와의 계약을 통한 통합적 관리단계가 시작되고 있다. 농민들과 공급업체, 가공업자, 시장중개인 간의 다양한 관계를 가능케 해주는 수직적 협약 또는 관리 전략은 부가가치 창출에 기여하는 농산업의 고도화 전략으로서 정부는 이러한 추세를 농산업 구조개선정책에 반영 시켜나가야 할 것이다.

그동안 농산업 정책은 단순히 농산업의 경영규모를 확대하여 비용을 줄여 나감으로서 경제적 효율성을 향상시켜나가 소득과 부가가치를 높일 수 있다고 보고 농산업 차원의 통합적인 정책적 지원보다는 개별적인 사업체 중심으로 지원하여 왔다. 농산업 기술의 발달과 높아진 소비자들의 기대수준에 따르면서 고부가가치를 실현할 수 있는 농산물의 생산, 가공, 유통시스템을 구축하기 위해서는 가치사슬 분석에 의한 농산업 지원정책의 정립이 요구되고 있는 것이다.

일반적으로 농산업 시스템에서 전후방으로 관련된 기업들 간의 부가가치 창출과 연관된 활동은 각 단계별로 크게 본원적 활동(Primary activities)과 지원 활동(Support activities)으로 구분되는데, 각 단계별 내용은 다음 그림 5-1 과 같이 체계도로 제시될 수 있다. 농산업의 가치사슬체계는 농업 및 관련 산업들이 가치사슬 단계마다 본원적 활동과 지원활동을 통하여 상호 유기적으로 영향을 주고받는 가운데, 부가가치 극대화를 위해 노력하는 시스템으로 볼 수 있다.

그림 5-1 가치사슬체계

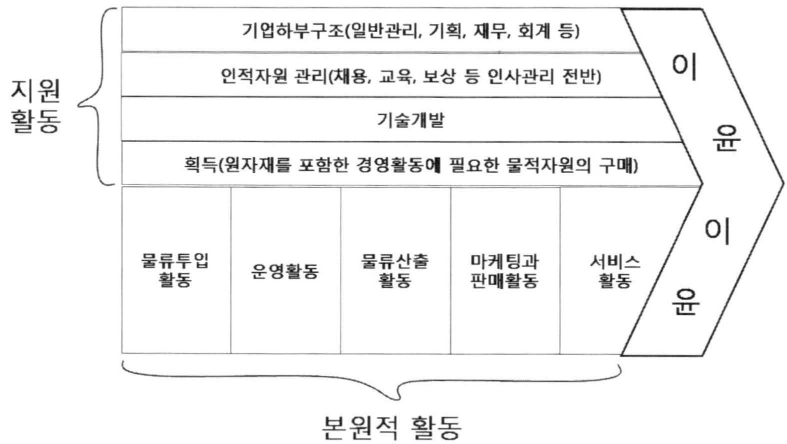

자료: 이정화 · 김철원 (2011)

표 5-1은 가치사슬활동의 세부 내용을 나타내고 있는데 본원적 활동은 부가가치를 직접적으로 창출하는 활동으로서 물류투입활동, 운영활동, 물류산출활동, 마케팅과 판매활동, 서비스 활동 등 현장 업무 활동으로 구성된다. 보조 활동은 부가가치가 창출될 수 있도록 간접적으로 도와주는 활동으로 획득활동, 기술개발활동, 인적자원 관리활동, 기업하부구조 활동 등이 이에 해당한다,

표 5-1 가치사슬활동의 내용

구분		세부내용
본원적 활동	물류 투입활동 (inbound logistics)	투입요소를 구입, 저장, 운반하는 것과 관련되는 활동으로 자재관리, 저장, 재고관리, 장비사용 계획, 공급자에 대한 반품과 같은 활동들이 포함됨.
	운영 활동 (operations)	투입요소를 최종 제품으로 만드는 활동으로서 기계작업, 포장, 조립, 설비유지, 검사, 인쇄와 설비가동 운영과 같은 활동이 포함됨.
	물류산출 활동 (outbound logistics)	제품을 구매자에게 유통시키기 위한 수집, 저장과 관련된 활동 및 구매자에게 제품이 직접 유통되는 활동인 완성품보관, 자재관리, 운송장비, 주문처리, 유통계획과 같은 활동이 포함됨.
	마케팅과 판매활동 (marketing and sales)	구매자가 제품을 구입하도록 하기 위한 활동으로서 광고, 판매촉진, 판매원 및 판매량할당, 경로선택, 경로관리와 가격설정과 같은 활동을 포함함.
	서비스활동 (service)	제품가치를 유지, 증진시키기 위한 활동으로서 제품설치, 수리, 사용방법 교육, 부품공급, 제품조정과 같은 활동이 포함함.
지원 활동	획득활동 (procurement)	구매되는 투입요소 자체에만 국한되는 것이 아니라 구매되는 투입요소와 관련된 기능을 포괄하는 활동을 말함. 구매되는 투입요소란 원재료, 비품, 소모품과 함께 기계류, 실험실 시설, 사무기기, 건물을 뜻하는 것으로 본원적 활동과 지원활동 전반에 걸쳐 사용됨.
	기술개발활동 (technology development)	모든 가치활동에는 노하우, 제반 절차, 공정기술 형태의 기술이 포함되어 있음. 대부분의 기업에 있어서 사용되는 기술의 종류는 광범위 함.
	인적자원 관리활동 (human resource management)	인적자원 관리활동에는 채용, 훈련, 교육, 보상 등 인사관리의 제반 활동이 포함됨. 인적자원 관리활동은 개별적인 본원적 활동과 지원활동에 대한 지원을 하기도 하며 전체 가치사슬에 대한 지원활동을 하기도 함.
	기업하부 구조활동 (firm infrastructure)	기업하부 구조활동에는 일반관리, 기획업무, 재무관리, 회계, 법률문제관리, 대정부관리 그리고 품질관리가 있음. 이러한 활동들은 다른 지원활동과는 달리 대체적으로 전체 가치사슬을 지원하는 것이 보통임.

자료: 김권수 (2000) 일부 수정

제2절 농산업의 가치사슬 체계 분석

농산업의 가치사슬체계는 농업 및 연관산업간의 유기적인 연계 과정에서 부가가치의 생성과 관련된 모든 직접 또는 간접 활동을 포함한다. 농식품은 일반 공산품과 달리 생산에서 가공 및 판매까지 품목별로 고려하여야 할 부분들이 매우 많은데, 농식품의 가치사슬이 효율적으로 관리되기 위해서는 농산업의 전후방 단계별 활동들이 시장 확대를 목표로 종합적으로 연계될 수 있어야 한다.

1차 농업 생산과 농식품 가공 및 판매 단계별 활동을 가치사슬적 연계 구조로 도식화한 그림 5-2를 보면, 본원적 활동으로 생산 요소 투입, 농산물 생산, 선별 · 포장 · 저장 · 가공식품제조, 유통, 판매 등이 포함되고, 보조 활동으로 산업의 조직화 및 규모화, 마케팅, R&D, 정부 정책 등이 포함되고 있는데, 이들 활동들이 유기적으로 서로 조정되고 협력되어야 함을 보여주고 있다.

그림 5-2 농산업 활동의 가치사슬 구조

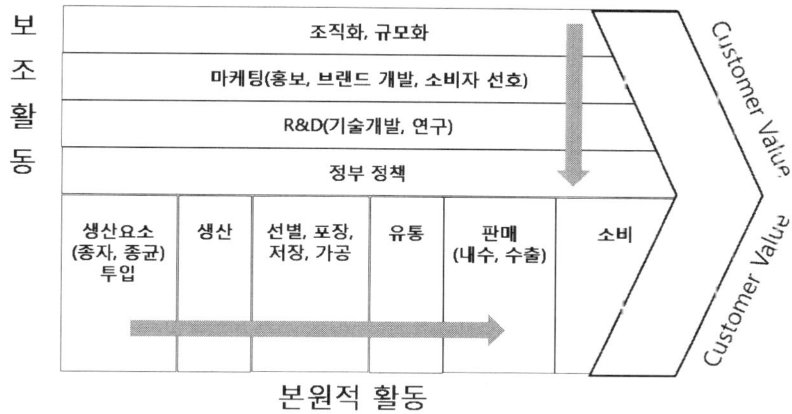

자료: 김연중 외(2010) 일부 수정

농산업의 가치사슬은 기본적으로 경영학에서 다루는 일반 제조업의 가치사슬과 큰 차이가 없다, 다만, 농산업의 주 원료가 농산물이기에 공산품을 원료로 사용하는 일반 제조업과는 차이를 가지게 되기에 농산물의 특성에 따른 세심한 분석이 필요하다. 식품제조업에서 원료로 사용하는 농산물은 일반 공산품과 달리 공급과 수요의 불확실성이 존재하여 원료 확보에 대한 위험이 발생하고 있으며 이러한 원료 확보에 대한 위험은 식품제조업의 가치사슬을 안정적으로 체계화하는데 제약조건으로 작용하게 된다.

농업생산에서부터 농식품의 가공 및 유통과정의 가치사슬체계는 생산 요소투입부터 소비자 판매에 이르기까지의 각 단계가 수직적으로 통합되어야 효율성을 높일 수 있다. 아래 그림 5-3과 같이 가치사슬의 각 단계를 생산부터 소비단계까지 수직적으로 나열하면 생산 부분이 상류(upstream)가 되고 소비 부분이 하류(downstream)가 된다.

그림 5-3 가치사슬의 수직적 통합

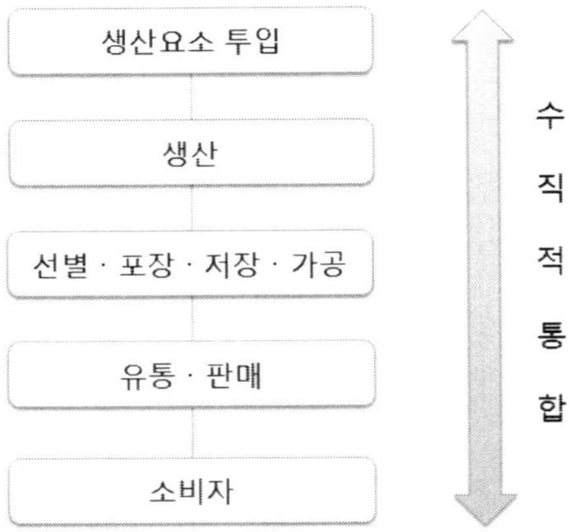

자료: 김연중 외(2010) 일부 수정

농산업의 가치사슬분석은 각각의 단계의 부가가치활동들을 상호 독립적으로 분석하는 것이 아니라, 전체 시스템의 차원에서 상호 연계를 통한 시너지 효과(synergy effect)를 창출해내기 위한 방안을 모색하는 것으로 보다 광범위한 모습을 보이고 있다. 예를 들어, 김치의 생산단계에서의 원가 절감을 위한 분석과 유통 비용을 줄이기 위한 분석을 각각 따로 진행하는 한편 전체 가치사슬에서 상호 연계를 통한 추가적인 비용 절감이나 부가가치 신규 창출을 위한 방안을 모색하는 것이 중요하다.

농산업의 가치사슬의 수직적 단계에서 특정 단계의 하류에 해당되는 부분이 전방연관산업(Forward industry)이고 상류에 해당하는 부분이 후방연관산업(backward industry)으로 정의된다. 예를 들어 농업생산단계에서의 전방 연관산업은 선별 및 포장작업, 저장사업, 농산물 가공 산업, 유통 산업 등이 해당되고, 후방 연관산업은 품종, 비료, 농약, 농기계등 생산 요소 투입 산업이 되는 것이다.

가치사슬의 수직적 통합(Vertical integration) 수준이 높은 농산업 구조일수록 전방 연관산업과 후방 연관 산업의 조정이 쉬워지게 된다. 이는 곧 시장 변화에 보다 적극적으로 대응하여 가치 증대를 효과적으로 달성할 수 있음을 의미하므로, 농산물의 가치사슬을 운영하는 주체들은 수직통합을 위해 다양한 노력을 기울이게 되는 것이다.

한편 가치사슬은 생산과 유통으로 구분하여 공급사슬(supply chain)과 분배사슬(distribution chain)로 나누기도 하는데, 공급사슬은 하청 및 공급업자 등을 포함하여 제품을 생산하거나 제조하는 과정과 관련된 모든 영역의 네트워크를 뜻하고, 분배사슬은 생산시점의 전방연관산업에서 발생하는 거래와 과정을 의미한다.

최근에는 농산업의 가치사슬 기능이 후방산업(upstream) 내 공급자, 전방산업 내 유통업자, 고객의 가치사슬을 포함하는 가치사슬시스템(value chain system)의 개념으로 확대되고 있다. 특정 산업에서의 가치 사슬은 농산업 전체의 가치시스템이라고 하는 보다 큰 활동들의 흐름 속에 포함되며, 이러한 통합적 가치시스템하에서 특정한 산업이 공급자와의 관계에서 공급사슬관리(SCM: supply chain management)를 형성하며, 또 다른 산업은 고객과의 관계에서는 고객관계관리(CRM: customer relationship management)를 적용하고 있다.

그림 5-4에서 보면 농산업의 가치사슬 구조는 크게 후방산업에 해당하는 농산물 영역과 전방산업인 가공식품 영역으로 크게 구분되어진다. 농산물 영역은 식품제조업에 투입되는 원료 농산물이 식품 제조업체에 도달되는 과정을 나타내는데, 생산자, 농협, 영농법인 등의 경영체와 유통상인들이 각각의 역할을 담당하고 있다. 식품제조업체의 원료용 농산물은 중간이하의 품질의 농산물을 대량으로 구매하는 경우가 대부분으

로 신선 농산물의 품질보다는 안정적인 공급과 구매 가격 절감 등이 목표이다.

가공식품 영역은 제조업체가 생산한 가공식품을 최종 소비자에게까지 유통하는 단계인데, 크게 외식업체가 소비하는 업무용 상품의 유통과 일반 소비자가 소비하는 가정용 상품의 유통으로 구분된다. 업무용 가공식품의 유통은 제조업체와의 직거래나 중간 유통주체를 경유하는 거래로 구분된다. 가정용 가공식품의 유통은 업무용보다 복잡한 형태를 가지는데, 대형 소매업체만 거치거나 도매와 소매를 경유하는 경우로 구분된다. 가정용 가공식품은 일반 농산물과 달리 식품제조업체와 소비자가 직거래하는 경우는 없는 데, 이는 가공식품 공급자가 농업 생산자에 비해 규모가 크기 때문이다.

그림 5-4 식품제조업의 전 · 후방 가치사슬 구조

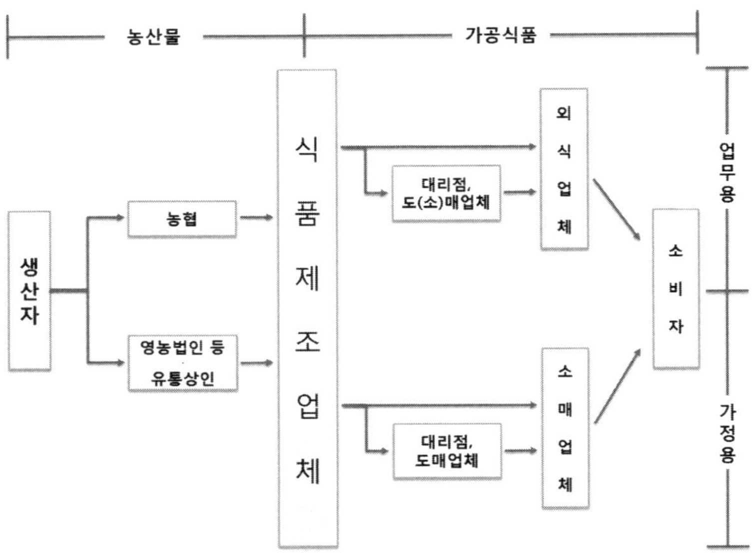

제3절 가치사슬 분석사례

1. 농업 및 식품 분야의 글로벌 가치사슬 분석[1]

농산업을 글로벌 가치사슬(Global Value Chains, GVC)차원에서 분석하여 농산물을 원료를 사용하여 최종적으로 소비하는 농식품으로 전환하는 과정에서 발행하는 전세계 농산업의 부가가치 창출 활동을 분석한 내용이다. 농산업의 가치사슬은 상품생산, 마케팅, 운송 및 서비스를 포함하며, 이런 활동이 국경을 넘어 이루어지고 있어 가치사슬을 글로벌 하게 만든다. GVC는 국가나 특정 산업이 한 국가의 영역에서 단독으로 재품을 생산하기 보다는 최종재화의 요소에 기여하는 역할이 증가함으로써 생산의 국제 분업화를 통한 가치사슬 참여전략을 야기하고 있다.

GVC 측정방법은 2단계로 구분하는데 먼저 무역을 기존의 수출입의 합계 관점에서 벗어나 부가가치의 흐름으로 살펴보기 위해 각 단계의 부가가치 요소로 분해한다. 부가가치에 따른 무역을 추정 후, 개별 국가가 GVC에 어떻게 참여하고 있는지를 추정하며, 후방적 관계와 전방적 관계(forward and backward) 두 가지로 구분한다.

그림 5-5은 GVC 분석에 따른 부가가치 추정 사례를 보여주고 있는데 전통적 방식에 따른 무역(수출입) 규모는 A국가가 B국가로 수출한 100억 달러와 B국가가 C국가로 수출한 110억 달러를 합하여 무역규모를 210 달러로 추정하고 있다. 하지만 부가가치 규모는 110억 달러로 나타나

1 OECD(2017) GVC Participation in the Agriculture and Food Sectors

고 또한 부가가치 기준으로 보면, C국가의 무역적자(수입액) 규모인 110달러는 B국가 10달러, A국가 100달러의 흑자로 계산된다. 농산제품용 중간재를 직접 생산하여 수출을 많이 하는 국가는 강한 전방참여 지수를 보이고 외국으로부터 중간재를 수입하여 완제품을 만들어 수출하는 데 집중하는 국가는 강한 후방참여를 보인다. 그림에서 보면, B국가는 중간재를 수입하여 가공 후 수출하는 국가로서 후방참여가 강하고, A국가는 중간재를 직접 수출하는 국가로서 전방참여가 강한 것으로 볼 수 있다.

그림 5-5 부가가치에 따른 무역측정예시

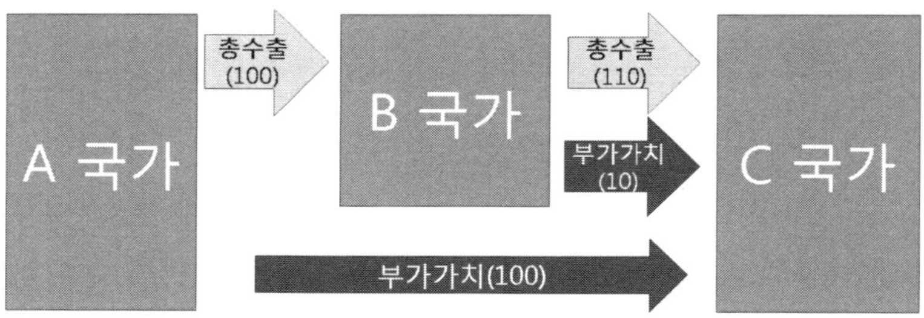

농산물 무역의 자유화가 진행되면서 농식품의 글로벌 가치 사슬체계(GVC)가 세계 각국의 농업소득 및 식품공급에 미치는 영향이 점진적으로 증가하고 있다. 농산물생산 중심의 국가는 식품산업 및 타 분야와 비교해서 다른 생산과정에 이용되는 원료의 공급자(upstream provider)로써 GVC 측면에서 강하여 전방참여가 상대적으로 높다. 반면 식품 제조산업의 비중이 높은 국가는 수입 농산물을 원료로 사용하여 후방참여 수준이 상대적으로 높은데 식품기업들이 국제적으로 원료를 확보하여 국내 시장 또는 외국소비자에게 직접 판매하는 경향이 높기 때문이다. 후방참여가 증가하는 국가는 농산업내에서 원료 농산물(예. 사료용 곡물)의 집약적 생산의 확대와 시장개방이 후방참여의 확대에 역할을 한 것으로 보인다.

농업 및 식품분야의 글로벌 가치사슬(GVC) 참여에 영향을 주는 요인으로는 지리 · 경제 · 사회 · 정치적 요인, 농업자원(토지 및 수자원) 등 구조적 요인들이 결정 요소이고 경제 발전 수준(1인당 GDP)이 높을수록 식품분야의 후방참여지수가 높고 발전 수준이 낮을수록 농산물을 투입재로 수출하는 전방참여지수가 높다. 관세 수준 및 무역 협정(양자 및 지역단위) 등이 농식품분야 GVC 참여에 큰 영향을 미치고 있으며 수출시장의 장벽은 전방참여와 부정적 관계, 자국의 관세는 후방참여와 부정적 관계를 보여준다.

수송, 저장, 물류, 커뮤니케이션 등 각종 연관서비스는 GVC의 효율적 기능, GVC내 상품 차별화에 기여하고 거버넌스, 시장효과성, 인적 · 물적 자본 등을 포함한 농산업에 우호적인 환경여건의 수준은 농산업의 제품개발, 마케팅 등을 통한 다양한 가치창출 활동에 영향을 미쳐 GVC 참여에 영향을 주게 된다. 농업 및 식품분야에서 GVC의 후방참여지수가 높은 국가는 농산가공품의 수출이 국내 총부가가치의 긍정적 변화에 중요한 영향요인으로 작용한다. 또한 GVC 참여과정에서 외국의 중간재 농산물을 식품가공산업의 원료재로 이용함으로서 생산성과 경쟁력이 증가하여 추가적인 고용 창출이 가능하다. 외국의 중간재 농산물을 이용함으로써 더 낳은 기술에 접근하게 되거나, 농산업 스스로 더 효율적으로 생산요소를 활용하게 되어 총요소 생산성(Total Factor Productivity: TFP)이 증가할 수 있고 수출역량도 증가된다.

농산업 분야에서 소수의 글로벌 구매자(다국적 기업)가 다수의 공급자에 대한 영향력(농산물 품질, 안전성, 포장 등)이 증가하면서 이들의 긍정적 및 부정적 영향에 대한 논란이 있다. 긍정적 영향은 선진 관리방법과 새로운 기술의 적용을 촉진하여 생산성을 증진시키는 측면이 있으며 부정적 영향은 영향력 있는 글로벌 구매자가 더 높은 부가가치 활동(디자인과 마케팅 등)으로 나아가려는 노력을 지지하지 않는다 것이다.

표 5-6의 글로벌 가치체인(GVC)에서 농식품의 품목군별로 18개 부류로 구분하여 전방 및 후방참여 추정을 한 결과, 원료 농산물형 식품은 전방참여지수가 기공 식품은 후방참여지수가 상대적으로 높았다. 생우유의 전방참여지수가 가장 높았고 그 다음으로 식용유 종자, 식물섬유, 쌀, 사탕수수와 무, 밀 순이었는데 이들은 최종 소비재로 사용하기 보다는 가공과정의 중간원자재로 이용하는 비율이 높은 품목들이다. 한편 후방참여지수가 가장 높은 농산품은 쌀 가공품이고 식품성 유지제품, 낙농제품, 주류와 담배, 설탕 순으로 후방참여지수가 높았다. 이들 품목을 생산하는 국가들은 원료 농산물을 해외에서 수입하여 가공 후 수출하는 비중이 높은 농산품의 제조기술 수준이 높은 국가들이다.

그림 5-6 농산품의 품목별 전후방 참여지수

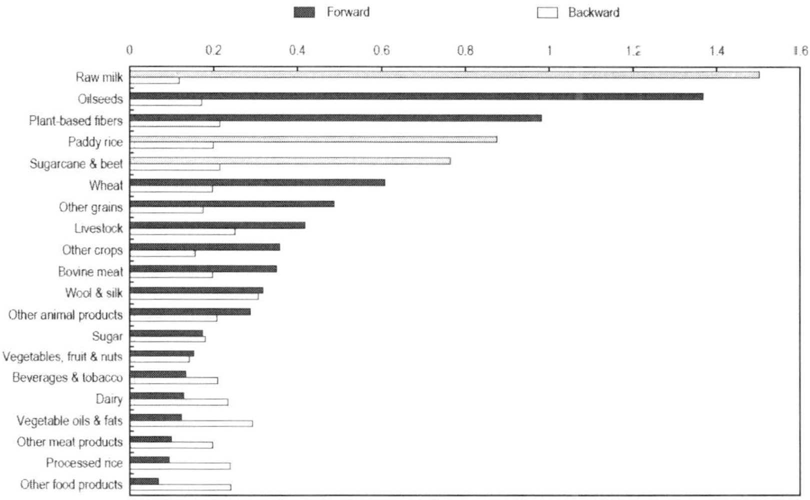

Note: Sectors with lighter shading represent those with limited trade observations. As such, while for those sectors where trade exists, forward participation is high, it is not representative of most sectors worldwide.
Source: Author estimates.

국가별로 본 농식품의 글로벌 가치 참여지수는 다양하게 나타나는데 중국의 전방참여도가 가장 높게 나타났는데 중국이 중간재용 농산물을 가장 많이 수출하고 있다는 의미로 해석할 수 있다. 유럽국가의 농식품 GVC를 보면 식품가공용으로 글로벌하게 투입재를 수입하여 조달하여 역내 국가들에게 공급하는 반면, 중국은 글로벌하게 투입재를 조달하고 전 세계에 글로벌하게 공급하며, 미국은 국내 농산물을 투입재로 활용하여 글로벌하게 공급하는 경향이다.

농식품 GVC 참여도에 영향을 미치는 부정정 요소는 관세, 동식물위생검역(SPS:Sanitary and Phytosanitory), 기술장벽(TBT:Technical Barriers to Trade)으로 국경 통과 비용을 증가시켜 농산업의 경쟁력을 줄여 GVC 참여 역량을 감소시키고 있다. 하지만, 기술장벽(TBT)이나 동식품위생검역(SPS)

가 시장에서의 신뢰를 제고하여 무역에 긍정적인 효과를 미칠 수 있으므로, 덜 복잡하고 투명하며 과학적인 기반을 통해 이루어진다면 수출에서 창출되는 부가가치를 더 높을 수 있을 것이다.

운송 인프라, 교육수준 및 농업 R&D는 GVC 참여도 증가 및 GVC참여로 인한 국내 부가가치 창출에 긍정적으로 관계하고 있는 것으로 분석된다. 이력추적, 식품안전관리 등의 중요성이 증가하면서 이와 관련된 민간 기업들의 자발적 기준이 GVC참여에 긍정적인 영향을 미치고 있다. 호당 농지의 규모가 큰 국가일수록 농식품의 GVC 전방 참여에 긍정적인 반면 후방참여에는 부정적이다. 반면에 1인당 GDP가 높은 국가일수록 농식품의 GVC 참여가 낮게 나오며 이는 시장크기와 관련되며 국내시장이 클수록 국내 생산 및 소비가 증가하는 경향을 보이기 때문이다.

그림 5-7에서 최종 소비된 농식품에 대한 분야별 부가가치 기여도를 비율로 환산하였을 때 농산물(35%), 가공식품(제조 · 가공, 29%), 관련산업(기계, 비료,연료 등, 14%), 도 · 소매(7%), 기타서비스(15%) 등의 순으로 부가가치에 기여하고 있는 것으로 나타났다. 이는 농업과 식품 분야의 경쟁력을 전반적으로 높임으로써 부가가치를 높일 수 있다는 것을 보여준다.

그림 5-7 농식품 최종소비에서의 분야별 부가가치비중

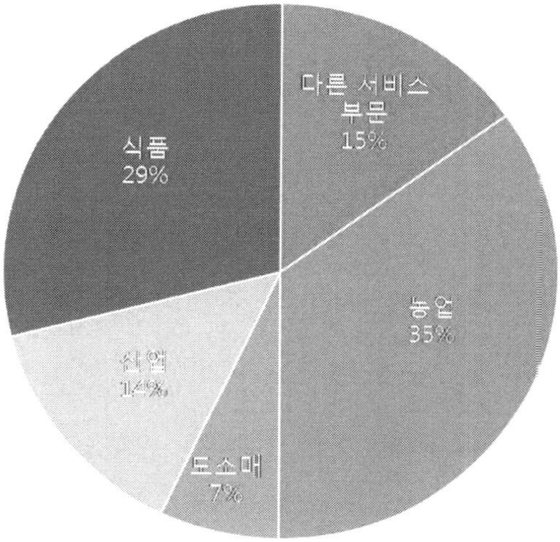

고소득 국가와 중 저소득 국가 간에 농식품의 부가가치율을 비교했을 경우, 농식품 부가가치가 분야별로 비중이 크게 차이가 나고 있었다. 고소득 국가는 가공 및 농산품의 차별화가 심한 식품산업분야의 부가가치 기여율(37%)가 가장 크고 농산물(22%)과 도 · 소매(4%) 비중이 더 줄어들었다. 반면에 가공식품의 비중이 낮은 중 · 저소득 국가는 농산물(46%)의 부가가치 기여도가 매우 크며, 유통마진서비스(도 · 소매, 8%)도 상대적으로 높은 비중을 차지한다.

전체 농식품 수출에서 농산물 생산업(1차생산)과 식품산업(2차 가공)분야가 국내 부가가치에 기여하는 정도가 비슷하기 때문에 농업수출을 증가시키는 것과 식품수출 증가로 인한 부가가치 창출기여도는 같다고 할 수 있다. 따라서 정책적으로 생산농업을 희생시켜 식품산업 수출에 인센티브를 제공하는 것 보다는 농산업 전체적인 차원에서 경쟁력을 높이고 부가가치 측면에서 관련 농산업의 상대적인 잠재적 이점을 찾아 나가는 농산업 육성전략을 세워나가도록 해야 할 것이다.

2. 국내 농산업의 가치사슬 분석 사례

농산업에 대한 국내의 가치사슬 분석연구는 농업생산부문보다는 외식 및 관광 서비스업에서 우선적으로 도입이 된 이후 농산업 전반에 대한 가치사슬 분석으로 확산되고 있다. 농산업에서의 가치사슬 연구 중 대표적인 연구로는 김권수(2000), 김진백(2003), 정소윤(2006)은 외식, 관광 등의 농업 서비스산업을 대상으로 가치사슬 분석을 진행하였고 박현태 외(2009)와 김연중 외(2010)는 농정과 농업에서의 가치사슬 모형을 제시하고 가치창출을 위한 방안을 모색하였다.

박흔동 외(2010)와 정해동 외(2011)는 각각 돈육산업과 한우산업에 대한 가치사슬 경영 사례와 파급효과를 논의하였고 장종익 · 황수철(2010)은 농산업 전반에 걸쳐 가치사슬을 통해서 분석하고 시사점을 제시하였으며 이관률(2015)은 청양군의 구기자산업을 대상으로 가치사슬의 개념을 도입하여 분석을 진행하였다.

박현태 외(2009)는 가치농정과 가치사슬의 개념을 정리하고, 주요 산업별로 가치사슬을 분석하였다. 그는 가치의 개념을 경영학적 정의에 입각하여 수요자가 인식하는 만족에서 수요자가 지불하는 비용을 차감한 것으로 규정하여 가치를 수요자의 만족도에 대한 지표로 주장하였다. 이에 따라 가치농정을 소비자 또는 정책 수요자가 체감하는 가치를 극대화시키는 농정 전략으로 정의하였으며 가치농정은 수요자에게 가치가 전달되는 가치사슬의 제반 단계(생산, 유통, 가공 등)들이 각각 효율화되는 것은 물론, 가치가 창출되는 전 과정이 효과적으로 배치되도록 하는 것이라고 규정하였다.

박현태 외(2009)는 주요 산업(과수산업, 과채산업, 노지채소 산업, 화훼산업, 특작산업)별 가치사슬 분석을 진행하였으며 해당산업의 단계별로 본원적 활동과 보조활동의 문제점을 제기하고, 이에 대한 해결 방안을 각각 제시하였다. 표 5-2는 과수산업에 대한 가치사슬분석인데 종자 · 종묘 · 농자재, 생산, 선별 · 포장 · 가공, 마케팅의 각 단계별로 본원적 활동과 보조활동의 문제점을 제기하였는데, 이의 해결을 위해서는 품종 개발, 생산 기술 개발 및 보급, 농가 경영 규모 최적화, 조직화 및 전문화, 가공상품 개발, 마케팅 개선 등의 개선 방안 시행이 필요함을 주장하였다. 그 외의 과채산업, 노지채소 산업, 화훼산업, 특작산업별로 단계별 문제제기 및 개선 방안들을 각각 제시하였다.

표 5-2 과수산업의 가치사슬의 문제점 및 개선 방안

구분	〉종자 종묘 · 농자재〉	〉생산〉	〉선별 · 포장 · 가공〉	〉마케팅
본원적 활동	· 과수 묘목 생산과 공급방식이 낙후되어 생산성과 품질 저하	· 연도별 기후 여건에 따라 품질 변동 폭이 큼 · 생산 투입비가 높고 경영규모의 영세성으로 가격경쟁력이 낮음	· 출하규모의 영세성으로 소비자 만족도 높이는 선별, 포장 등 상품화 미흡 · 소비자 수요가 높은 가공제품 개발 미흡	· 국내외 시장에서 한국산과실의 수요창출 · 유지할 수 있는 홍보, 판매촉진 활동이 부족하거나 비체계적으로 수행
보조 활동	· 소비자의 수요가 높은 품종개발과 보급 미흡 -과실 소비가 많은 추석을 겨냥한 환숙과 공급가능한 품종개발과 보급미흡(배, 단감 등)	· 연도별 기후영향을 덜 받는 생산기술 개발과 보급 미흡 · 생산성 높이는 과원 조성, 생산시설 미흡	· 출하단계에서 품질과 안전성을 높이는 기술개발 미흡 · 소비자 수요가 높은 가공제품 기술개발 미흡	· 출하 및 수출, 마케팅업무 담당자의 전문성 부족 · 국내외 시장의 소비자선호 정보 제공 미흡
개선 방안	· 빠른 추석을 겨냥한 품종개발 · 노후 과원 및 품종 대체 가능한 품종 개발	· 기후영향 덜 받는 생산기술 개발과 보급 · 키낮은 과원으로 갱신, 농가 경영규모 최적화	· 출하단계의 조직화, 규모화로 전문성 제고 · 소비자 선호, 수요 높은 가공제품 개발 및 보급	· 마케팅 업무의 지속성과 전문성 제고 · 품목단체별, 조직별 지속적인 마케팅 수행
기대 효과	· 무병묘목 생산 및 공급으로 품질향상 기대	· 연도별 일정 수준 이상 품질 과실 생산	· 상품화, 가공의 전문성 제고로 소비수요 증대	· 소비자 인지도 및 선호도 제고

자료: 박현태 외(2009) 일부 수정

김연중 외(2010)는 농업 부문 가치사슬의 개념과 가치사슬 분석 방법을 정리한 다음, 농업 부문의 가치 창출의 요인들을 제시하였는데, 농산물의 생산 원가 절감, 농산물의 차별화, 본원적 활동과 보조활 동의 상호 연계성 강화 등이 해당된다. 구체적으로 주요 농산물(쌀, 토마토, 느타리버섯)에 대한 가치사슬 실태를 본원적 활동과 보조활동으로 구분하여 분석하였는데, 본원적 활동에서의 가치사슬은 생산(종자, 종묘, 농산물) 단계, 유통(선별, 가공, 포장) 단계, 소비 및 수출 단계별로 분석하였고, 보조활동에서의 가치사슬은 홍보활동, 브랜드 및 신제품 개발, R&D, 정부 정책별로 분석을 진행하였다.

표 5-3에서 쌀 산업의 가치사슬 분석 결과, 본원적 활등과 보조활동에서 다양한 가치 증대 효과가 계측되었다. 먼저 쌀 산업의 본원적 활동에서는 생산 단계에서의 재배기술과 품종개발을 통한 단수 증가와 기계화 및 규모화 등을 통한 생산 비용 절감 등을 통해 가치 증대가 실현되었고, 보조 활동에서는 R&D와 브랜드화 등을 통한 가치 증대도 나타났다.

표 5-3 쌀에 대한 가치사슬 총 효과

		내용	가치증대
본원적 활동	종자	종묘비 절감	14.8%
	생산	비료비 절감 농약비 절감 기타 재료비 절감 노동비 절감 농기계 관련비	20.3% 18.8% 20.1% 38.8% 40.3%
보조 활동	정부 정책	벼품종 개발(최고품질 품종 수 증대) 생산이력 관리제도	4개 → 15개로 증대 기대 쌀 상품성 증대 기대
	R&D	농기계 개발 신품종 개발 재배기술보급을 통한 노력시간 절감 품종 혼입률 감소	6,899억 원 가치창출 1조 3,787억 원 가치 창출. 29.1% 감소 19.5% 감소
	브랜드	소비자 인지도 1위 브랜드 판매	연간 218억 6,000만 원 부가가치 창출

자료: 김연중 외(2010) 일부 수정

박흔동 외(2010)는 덴마크 대니쉬 크라운(Danish crown)의 돈육산업의 가치사슬 경영 사례를 분석하였다. 구체적으로 본원적 활동으로 구매 물류, 운영 및 생산, 출하 물류, 마케팅 및 판매, 서비스를 선정하고, 지원 활동으로 원료 조달, 기술 개발, 인적 자원 관리, 기업 인프라 관리로 선정한 다음, 각 단계별로 덴마크 돈육 산업이 어떻게 가치를 극대화하고 있는지를 구체적으로 제시하였다.

그림 5-8 덴마크 돈육산업의 가치사슬 분석

지원 활동 (DS및 DS의 산하기관 중심)	
기업 인프라 관리	**덴마크 베이컨&돈육 위원회(DS)**는 양돈산업 전반에 걸쳐 법,제도적 조율 및 지원조직을 운영하며, **덴마크 농업회의소(DAC)**는 국가 차원의 지원 정책 마련
인적 자원 관리	**덴마크식육산업대학(DMTC)** 은 도축/가공 공장 직무교육 및 직업훈련을 지원하며, **덴마크농업자문서비스(DAAS)**는 생산 농가들에 기술 및 경영 관련 컨설팅 지원
기술 개발	**덴마크식육산업연구소(DMRI)**는 도축/가공 공장의 위생/품질/자동화 관련 기술을 연구·개발하며, **덴마크종돈사업소(DPP)**는 대학 및 국가 연구소와 협동 연구를 통해 생산농가에 신기술 공급
원료 조달	**덴마크종돈사업소(DPP)**는 유전형질 개량과 육종기술 개발로 우수한 품질의 번식돈과 정액을 양돈농가에 공급하며, 종돈 및 육종기술 수출조직인 SEA와 정액 관리 및 공급회사 Hatting-KS를 운영하여 부가가치 강화

구매물류	운영·생산	출하물류	마케팅·판매	서비스
▪양돈농가와 계약관계에 의한 안정적 수급 ▪이동거리 단축을 위해 도축장 주변에 위치한 돈사 ▪생돈 전문 운송회사 운영	▪규모화, 자동화를 통해 비용절감 및 효율성을 높인 도축/가공 공장 ▪모든 도축/가공 공정에서의 엄격한 위생기준 준수	▪RFID기반의 유통이력추적시스템 적용 ▪가공식품 기업 및 유통 전문 기업을 자회사화로 두어 물류비 절감	▪정육유통 전문 회사 ESS-FOOD와 가공식품유통 전문 회사 Tulip Food의 운영으로 다양한 브랜드 제품별 특화 마케팅	▪해외시장에 맞는 Recipe 개발 및 홍보 ▪푸드서비스 ▪사업 운영
본원적 활동 (DC및 DC의 자회사 중심)				

자료: 박흔동 외(2010)

정해동 외(2011)는 우리나라 한우 산업, 쇠고기 가공산업, 쇠고기 유통 산업의 가치사슬을 산업연관표, 농림수산식품 주요통계, 통계청의 산업

분류별 출하액, 생산액, 부가가치 및 주요생산비 자료에 기초하여 분석하였다. 특히 한우산업의 경제적 파급 효과를 이어서 계측하여, 국내의 가치사슬 연구 중에서 산업연관표에 기반한 파급효과 계측에 초점을 둔 특성을 지녔다.

표 5-4 쇠고기 가공산업의 가치사슬 및 비용구조

구성		금액(억 원)	인원(명)
	세부 부문	투입액	취업유발(직접)
중간투입	1차 산업	2,496	5,941
	한우	1,593	3,053
	축산가공업	1,680	435
	음식료품	566	177
	종이제품 및 인쇄	129	51
	석탄 · 석유 · 화학제품	244	37
	기타 제조업	413	209
	전력 · 가스 · 수도	42	5
	도소매	576	1,366
	운수 및 보관	142	126
	금융 및 사업서비스	142	106
	기타 서비스업	101	148
	합계	8,124	11,654
부가가치	피용자보수	403	-
	영업잉여	-18	-
	고정자본소모	87	-
	생산세	384	-
	합계	856	-
총투입계		8,980	-

자료: 정해동 외(2011)

참고 문헌

김관수외 17인(2015) 식품제조업의 가치사슬분석, 한국농수산식품유통공사.

김권수(2000), "호텔정보시스템의 전략적 적용에 관한 연구", 관광경영학연구 제9호, pp. 24-41.

김길선외 (2003), "가치사슬 성과측정 모형 개발에 관한 연구", 경영논총 제14권 제2호, pp. 23-27.

김연중외 (2010), "주요 농산물의 가치사슬 분석과 성과제고 방안", 한국농촌경제연구원.

김진백(2003), "가치사슬 모형을 이용한 자원별 어촌관광 활성화 방안에 관한 연구", 수산경영론집 제34권 제1호, pp. 87-114.

박현태외 5인 (2009), "가치농정의 개념과 원예작물의 가치 창출 방안", 한국농촌경제연구원.

박흔동외 2인 2010), "덴마크 돈육산업의 가치사슬경영 사례 연구", 식품유통연구 제27권 제4호, pp. 1-31.

서동혁외 6인 (2014), "가치사슬 재편과 융합화를 통한 제조업의 신성장전략", 산업연구원.

송남근(2017), GVC Participation in the Agriculture and Food Sectors 보고서의 번역자료.

이관률(2015), "청양 구기자산업의 가치사슬 분석", 한국지역개발학회지 제27권 제1호, pp. 253-270.

이정화 · 김철원(2001), "여행업의 글로벌가치사슬 모형 구축에 관한 연구", 관광연구저널 제25권 제4호, pp. 329-344.

장종익 · 황수철(2010), "밸류체인적 접근을 통한 농식품산업분석의 의의와 방법", 식품유통연구 제27권 제 1호, pp. 63-88.

정소윤(2006), "VCA(value chain analysis)를 통한 외식기업의 전략적 원가관리", 외식경영연구 제9권 제 4호, pp. 293-306.

정해동외 4인(2011), "한우산업의 가치사슬 및 경제파급효과", 농업경영 · 정책연구 제38권 제4호, pp. 867-887.

Porter, M.E. (1980) Competitive Strategy, Free Press, New York.

OECD (2017) GVC Participation in the Agriculture and Food Sectors.

CHAPTER 06

농산업의 산업연관분석

제1절 산업연관분석 방법

산업연관분석은 1930년대 W. Leontief에 의해 개발되었는데, 기본적으로 국민경제의 순환과정에서 각 산업부문간의 상호의존관계를 분석하는 것을 목적으로 하고 있다. 산업연관표는 일정 기간중 생산된 모든 재화와 용역의 각 산업간 거래, 최종수요부문과 산업간의 거래, 원초적 투입요소 부문과 산업간의 거래를 일정한 기록원칙에 따라 행렬 형식으로 기록 분석한 투입산출표(input-output table)를 말한다. 투입산출표내의 각 행렬의 횡은 각 생산물의 판로 또는 산출의 배분구성을 나타내고 중간수요와 최종수요로 대별된다. 중간수요란 원재료로서 사용되기위하여 중간생산물로서 판매되는 부문을 말하며 최종수요란 최종생산물로서 판매되는 부문이며 소비, 투자, 수출을 말하며 수입은 마이너스 최종생산물로 표시한다.

한편 행렬의 종은 각 부문이 그 제품의 생산에 소요되는 비용또는 투입으로 구성되고 있으며 중간투입과 부가가치로 대별된다. 산업간 거래를 기록한 투입산출표는 최종수요의 생산, 부가가치, 수입유발효과 계측, 정부, 서비스 활동의 파급효과분석, 수요와 공급등 경제예측, 산업부문별 성장요인분석, 중요 산업별 분석 및 전략산업의 추출 등에 활용되고 있다. 이 표를 이용하여 산업간 투입산출관계를 파악할 수 있고, 한 산업 활동의 변화에 의한 영향을 예측해 볼 수 있다.

한 산업과 다른 산업의 연관관계를 분석하기 위한 산업연관표는 표 6-1과 같이 기본적인 형태의 투입산출관계표로 나타낼 수 있다. 산업의 투입산출관계는 일정 기간 동안(보통 1년) 경제내의 산업간 거래를 일정한 원칙에 입각하여 정리한 표로서 행과 열의 방향에 따라 식으로 표현될 수 있으며 내생부문인 n개의 산업간 거래와 부가가치 및 최종수요 등 외생부문으로 구성된다. 여기서 n은 산업부문의 수, Z_{ij}는 j산업 생산을 위한 i산업의 중간투입액, Y_i는 i산업의 최종수요액, M_i는 i산업의 수입거래액을 의미한다. a_{ij}는 Z_{ij} 를 j산업의 총생산액 X_j로 나눈 투입산출계수($a_{ij} = \frac{Z_{ij}}{X_j}$)로서 j산업 한 단위 생산을 위해 투입된 i산업 중간재 투입액이다. V_j는 j산업 부문의 부가가치로서 산업의 피용자보수, 영업잉여, 고정자본소모, 생산세, 보조금(공제 항목)으로 구성되어 있다.

그림 6-1 산업의 투입산출구조

구분		내생부문					중간수요계	외생부문			최종수요계	수입(공제)	총산출액
		1	…	j	…	n		소비	투자	수출			
내생부문	1	Z_{11}	…	Z_{1j}	…	Z_{1n}	W_1	C_1	I_1	E_1	Y_1	M_1	X_1
	⋮	⋮		⋮		⋮	⋮	⋮	⋮	⋮	⋮	⋮	⋮
	i	Z_{i1}	…	Z_{ij}	…	Z_{in}	W_i	C_i	I_i	E_i	Y_i	M_i	X_i
	⋮	⋮		⋮		⋮	⋮	⋮	⋮	⋮	⋮	⋮	⋮
	n	Z_{n1}	…	Z_{nj}	…	Z_{nn}	W_n	C_n	I_n	E_n	Y_n	M_n	X_n
	중간투입계	U_1	…	U_j	…	U_n							
외생부문	피용자보수	R_1	…	R_j	…	R_n							
	영업잉여	S_1	…	S_j	…	S_n							
	고정자본소모	D_1	…	D_j	…	D_n							
	순생산세	T_1	…	T_j	…	T_n							
	부가가치계	V_1	…	V_j	…	V_n							
총투입액		X_1	…	X_j	…	X_n							

식 6-1의 총산출액(X_j)은 중간수요(Z_{ij}) 최종수요(Y_i)의 합인 총수요에서 수입(M_i)를 차감한 것이며, 식 6-2의 총투입(X_j)은 중간 투입(Z_{ij})과 부가가치액(V_j)의 합으로 정의된다.

$$X_i = \sum_{j=1}^{n} Z_{ij} + Y_i - M_i = a_{ij}X_j + Y_i - M_i \qquad \text{식 6-1}$$

$$X_j = \sum_{i=1}^{n} Z_{ij} + V_j = \sum_{i=1}^{n} a_{ij}X_j + V_j \qquad \text{식 6-2}$$

일반적으로 식 6-1은 수요측면의 투입산출모형으로서 행렬을 이용하여 식 6-3과 식 6-4같이 간단하게 나타낼 수 있다. 여기서 A는 투입계수

(a_{ij})를 원소로 하는 n × n 투입계수 행렬이며, X는 총산출 벡터(n × 1) Y는 총수요 벡터(n × 1), I 는 항등행렬(n × n)을 의미한다. 각 산업부문의 중간투입액을 총산출액으로 나눈 값인 투입계수(a_{ij})를 투입계수 행렬 A를 이용해 식 6-3과 식 6-4로 표현할 수 있다.

$X = AX + Y$ 식 6-3

$(I\text{-}A)^{-1}\, Y = X$ 식 6-4

한 산업이 국가경제에 미치는 영향을 분석하기 위해 이러한 투입산출표를 기본으로 하여 산업간 연관관계, 생산유발계수, 부가가치유발계수($(I\text{-}A)^{-1}\hat{V}$), 고용 및 취업유발계수($\hat{L}\,(\mathrm{I\text{-}A})^{-1}$), 영향력계수, 감응도계수를 산출할 수 있다.

각 산업의 연관관계를 산업연관표의 중간투입비와 중간 수요비에 의하여 파악할 수 있는데 총생산액에서 중간투입이 차지는 비율을 중간투입비라 하고 총수요액에 대한 중간수요의 비율을 중간 수요비라 한다. 타 산업으로 부터 구매를 통한 연관관계를 나타내는 후방연쇄효과(backward linkage effect)는 중간 투입비에 의하여 파악하고 타산업에 대한 판매를 통한 연관관계를 나타내는 전방연쇄효과(forward linkage effect)는 중간 수요비에 의하여 측정될수 있다.

후방연쇄효과란 어떤 특정산업이 타산업으로 부터 얼마만큼 생산요소로서 구입하느냐와 관련되는 것으로 중간투입비가 높을수록 후방연쇄효과가 큰 산업으로서 중간재를 이 산업에 판매하는 산업에 대한 파급효과가 크게 된다. 대개 제조업의 중간투입비가 농산업보다 커서 제조업의 후방연쇄효과가 크다고 할 수 있다. 전방연쇄효과란 이와 반대로 어떤 특정산업이 타 산업에게 얼마만큼 판매하고 있느냐를 나타내며 중간수요비가 클수록 전방연쇄효과 큰 산업으로서 이들 제품을 중간재로 수요하는 산업의 발전에 미치는 영향이 크다. 타이어산업을 중심으로 볼 때 자동차생산업체는 전방연쇄효과를 일으키는 산업이고 타이어 원료인 나프타는 후방연쇄효과를 가져오는 산업이라고 할수 있다.

생산유발효과는 생산유발계수행렬표로서 각 산업부문의 최종수요 1단위의 변화가 각 산업부문에 유발하는 산출변화를 나타낸다. 따라서 각 산업부문의 최종수요 1단위 변화에 의해 유발되는 생산파급효과의 크기를 나타내는 승수(multiplier)는 역행렬 계수표상의 행렬의 열의 합으로 정의될 수 있다. 역행렬 계수표란 특정 산업부문별 생산물 1단위를 만드는데 직접간접으로 필요로 하는 최종 제 산업부문의 산출량 수준을 계산한 표인데 투입계수표인 A를 이용하여 작성한다. 최종수요 Y와 마이너스 최종수요 M이 외생적으로 주어진다면 산업의 유발적 산출량은 위 식 6-3 $X=AX+Y-M$에서 $(I-A)X=Y-M$ 와 $X=(I-A)^{-1}(Y-M)$로 변형할 수 있다. 여기서 $(I-A)^{-1}$는 역행렬계수표로서 그 의미는 각각 부문에의 수입을 포함한 한 산업에 대한 최종수요 1단위의 증가가 직접, 간접으로 얼마만큼 다른 산업의 산출량의 증가를 발생시키는가를 보여주게 된다. 한편 부가가치유발효과는 한 산업에 대한 최종수요 1단위가 창출해내는 부가가치의 크기를 나타내며 역행렬 계수표에 부가가치계수를 곱해 추정한다.

영향력계수는 한 산업의 후방연쇄효과를 측정하기 위한 것으로, 어떤 산업부문의 생산물에 대한 최종수요 한 단위 증가가 그 산업의 투입재 산업 부문에 미치는 영향의 정도를 전 산업 평균에 대한 상대적 크기로 나타낸 것이다. 영향력계수는 당해 산업의 생산유발계수의 열합계를 전

산업의 평균 생산유발계수로 나눈 것이며, 일반적으로 생산유발효과가 클수록 영향력계수도 커지는 경향이 있다.

감응도계수는 모든 산업의 최종수요가 한단위 씩 증가할 때 해당 산업의 생산증가 효과, 즉 전방연쇄효과의 상대적 크기를 나타내는 것으로 해당산업의 생산물이 다른 산업의 중간투입재로 많이 이용되는 경우 감응도계수가 높게 나타난다. 감응도계수는 각 산업의 생산유발계수의 행합계를 전 산업의 평균으로 나눈 비율로서, 전 산업의 최종수요를 모두 한 단위씩 증가시키기 위해 필요한 어떤 산업의 생산액 증가의 상대적 크기를 나타내는 지표이다.

제2절 농산업의 산업연관분석 사례

농산업의 연관분석이란 산업연관표를 이용하여 농산업의 내부 또는 다른 산업간의 상호의존관계를 파악하고 농산업의 활동의 변화가 다른 산업부문에 미치는 영향을 규명하는 분석기법이다. 산업연관분석을 이용할 경우 농산업 제품에 대한 외부수요뿐만 아니라 중간수요의 증가에 따른 효과를 모두 고려하여 분석할 수 있으며, 또한 산업간 및 농산업내의 연관관계를 파악할 수 있는 유용한 분석도구이기 때문이다. 이러한 분석방법에 의하여 농산업간의 재화와 용역의 흐름을 파악하고 소득, 고용, 투자, 성장정책이 농산업에 미치는 효과를 분석할 수 있다.

예를 들어 식품산업이나 농자재 산업은 생산농업의 주요한 전후방 연관산업으로서 농산품의 안정적인 수급을 위해서 중요하며, 대부분의 국가들은 생산농업과 전후방 연관산업의 연계강화를 통해 농산품의 수급 안정과 농가소득 증대를 위해서 정책적으로 지원하고 있다. 농산업과 이러한 전후방 산업 간의 연관분석은 농산업의 성장과 관련 산업의 성장을 효과적으로 이끌 수 있는 정책방안을 마련하는데 필요한 분석도구가 된다. 여기서는 식품산업의 산업연관분석 사례를 정리하여 소개하기로 한다.[1]

1. 전후방 연쇄효과분석

한국은행의 2013년 산업연관표 자료를 이용하여 식품산업이 국가경제에서 차지하는 산업적 지위를 살펴보고, 식품가공 산업과 기타 산업과의 전후방 연쇄효과를 분석하고자 한다. 먼저 농식품 산업에 대한 정의와 범위에 따라 관련된 산업부문을 선정하고, 이후 선정한 산업에 대한 전후방 연계구조를 살펴보기로 한다. 이를 위해 식품산업에 대한 분석 목적에 맞추어 산업연관표를 재구성하여 활용한다. 여기서 식품산업이라 함은 농수산물을 원료로 사용하여 가공식품을 생산하는 음식료품 제조업과 식품의 유통 및 외식산업 전반을 아우르는 개념을 말한다.

한국은행 산업연관표는 384개 기본부문으로 구성되어 있으며, 식품산업은 식용농수산물을 생산하는 농림수산업과 음식료품 제조업, 그리고 음식업을 포함하고 있다. 산업연관표에서 농수산업 부문은 총 25개 기본 부문으로 구성되어 있으며, 이 중 8개의 비식용작물 생산부문(잎담

1 식품산업연계구조분석 사례는 한국농수산식품유통공사가 작성한 2016년 식품산업 연계구조 분석이 있으며 농자재 산업과 관련된 연관분석은 박현태외(2012)의 농자재산업의 산업연관분석과 가격변화 영향 보고서가 있다,

배, 화훼작물,천연고무, 종자 및 묘목, 기타 비식용작물, 영림, 원목, 기타임산물)과 농림어업서비스 등 9개 부문을 제외한 16개 기본부문이 식품산업에 포함된다. 음식료품 제조업은 26개의 기본부문으로 구성되어 있으며, 육류를 공급하는 도축육 및 가금육 그리고 사료와 담배 산업을 포함하고 있다. 마지막으로 음식점 및 주점에 포함된 3개의 기본부문을 식품산업에 포함시켜 식품 원재료 흐름을 분석하고자 하였다.

표 6-1과 같이 2013년도 국내 농림수산업, 식품가공산업, 외식산업의 총산출 규모는 각각 52.3조 원, 88.3조 원, 89.1조 원으로 2010년 이후 꾸준히 증가하고 있다. 농산물 수입을 포함한 총 공급은 농림수산업이 61.3조 원, 식품가공산업이 108.5조 원, 그리고 외식산업이 93.7조 원에 달하는 것으로 추정되어, 가공식품의 수입 규모가 약 20조원 수준으로 전체 농식품 수입의 60%를 차지하는 것으로 나타나고 있다. 식품산업의 최종소비액을 보면 외식부문이 53.7조 원으로 가장 크고, 다음으로 식품가공산업 49.1조 원, 그리고 농림수산업이 16.3조 원 수준으로 나타나고 있다.

2010년의 자료와 비교하여 농림수산업의 산출액은 3.5조원이 증가했으며 식품산업은 13.8조원 외식산업은 13.3조원이 늘어 각각 7.2%, 18.5%, 17.5% 늘어났다. 수출의 변화추세를 보면 농림수산업은 2011년도에 비하여 2013년도에 9.1% 늘어난 6, 256억원을 수출하였고 식품산업은 동기간에 30.9% 7,098억 원을 수출했고 외식산업은 21.8% 늘어난 3,345억원을 수출하여 식품산업의 수출증가율이 더 높았다. 수입개방화로 식품 산업의 수입액이 크게 늘어나고 있는데 농림수산업은 동기간에 28.1% 늘어난 9,014억 원에 달했으며 식품가공산업은 25.7% 늘어난 2조 77억원을 외식산업은 3.6%증가에 그쳐 4,668억원 어치를 수입하였다.

표 6-1 식품산업의 총공급, 총산출, 최종수요, 수입 및 수출현황

단위:십억원

연도	분류	총공급	총산출	소비지출	투자및재고	수입	수출
2010	농림수산업	55,865	48,831	14,250	7,033	1,400	573
	식품가공산업	90,536	74,489	39,406	2,598	15,970	5,423
	외식산업	80,349	75,843	47,950	-	4,505	2,746
2011	농림수산업	59,510	50,751	15,221	1,250	8,758	580
	식품가공산업	101,073	80,518	43,749	3,209	20,479	6,659
	외식산업	86,216	81,243	50,795	-	4,972	3,136
2012	농림수산업	61,481	52,276	15,851	682	9,205	674
	식품가공산업	103,629	83,567	45,130	287	19,988	7,197
	외식산업	90,313	85,586	53,221	-	4,726	3,256
2013	농림수산업	61,343	52,329	16,328	717	9,014	625
	식품가공산업	108,539	88,327	49,092	-419	20,077	7,098
	외식산업	93,753	89,085	53,701	-	4,668	3,345

자료: 한국농수산식품유통공사, 식품산업연계구조 분석, 2016

식품산업과 타산업간 그리고 식품산업 상호간의 연계관계는 표 6-2의 산업간 중간재 투입구조를 통해 파악할 수 있다. 산업간의 중간재 투입구조는 산업간의 연계구조를 나타내며, 이는 산업연관표의 산업간 거래표에 나타나 있다. 농림수산업은 2013년 기준 52.3조 원을 생산하였으며, 이 중 60.6% 인 31.7조 원이 식품산업의 중간재로 투입되었다. 그 중 29.0조 원은 식품소재산업의 투입재로 이용되었고, 가공식품 생산에 직접 투입된 규모는 5.1%인 2.7조 원 수준에 불과하여, 농림수산업은 식품가공산업 중에서도 식품소재산업과의 전방연계가 두드러진 것으로 확인되고 있다.

식품소재산업의 경우 총 산출액은 농림수산업의 산출액보다 크지만, 식품산업의 중간재로 투입되는 규모는 2013년 기준 약 14.5조 원으로 농림수산업에 비해 중간재 투입 규모는 작은 것으로 나타났다. 특히 산업연관표 상에서 도축육, 가금육 및 정곡은 식품산업으로 분류되어 있으나 실제 대부분이 최종소비로 이어지는 쌀과 육류의 특성을 고려하면 이 세 부문이 실제 식품소재로 활용되는 규모는 크지 않다고 볼 수 있다. 한편 식품소재산업의 산출물은 또 다른 식품소재 생산을 위한 중간재로 투입되는 비중 역시 높은 것으로 나타났으며, 이에 식품소재산업 내 산업 부문의 연계도 중요한 것으로 나타났다.

표 6-2 식품산업의 중간투입구조

단위: 백만 원

년도	구분	식품소재산업(A)	가공식품산업(B)	식품산업(A+B)	총공급
2010	농림수산업	26,126,396	2,070,597	28,196,993	55,865,095
	(국산)	(25,632,992)	(1,678,760)	(25,632,992)	(48,831,701)
	식품소재산업	7,591,862	4,486,503	12,078,365	67,672,027
	(국산)	(5,011,839)	(3,190,319)	(8,202,158)	(54,466,695)
	가공식품산업	525,638	507,483	1,033,121	22,863,983
	(국산)	(417,126)	(159,612)	(576,738)	(20,099,186)
2011	농림수산업	27,249,998	2,702,886	29,952,884	59,510,572
	(국산)	(24,703,300)	(2,074,168)	(26,777,468)	(50,751,574)
	식품소재산업	8,052,293	5,348,108	13,400,401	73,578,212
	(국산)	(4,897,854)	(3,621,668)	(8,519,522)	(56,324,011)
	가공식품산업	592,530	703,031	1,295,561	27,495,710
	(국산)	(473,913)	(237,494)	(711,407)	(24,270,624)
2012	농림수산업	28,387,931	2,686,923	31,074,854	61,481,919
	(국산)	(25,568,386)	(2,101,990)	(27,670,376)	(52,276,212)
	식품소재산업	8,563,838	5,807,938	14,371,776	75,149,576
	(국산)	(5,379,034)	(3,794,059)	(9,173,093)	(58,543,523)
	가공식품산업	639,473	761,859	1,401,332	28,480,104
	(국산)	(507,164)	(245,937)	(753,101)	(25,097,433)
2013	농림수산업	29,036,341	2,651,814	31,688,155	61,343,906
	(국산)	(26,414,968)	(2,100,184)	(28,515,152)	(52,329,343)
	식품소재산업	8,677,724	5,848,634	14,526,358	78,637,641
	(국산)	(5,747,807)	(4,161,260)	(9,909,067)	(62,058,588)
	가공식품산업	829,194	767,837	1,597,031	29,901,881
	(국산)	(704,626)	(302,118)	(1,006,744)	(26,403,862)

자료: 한국농수산식품유통공사, 식품산업연계구조 분석, 2016

국민소득이 증대하면서 맛, 편리성, 즐거움, 건강 등 식품 관련 지출 요인도 다양해지고 있으며 건강과 환경에 이로운 원료에 대한 선호도 및 신선식품보관, 가공식품, 외식 소비지출이 증가함에 따라 농림수산업, 식품산업, 외식산업의 연관성이 확대되고 있다. 산업연관분석 결과 우리나라 식품산업의 경제구조상 특징은 다음과 같다.

첫째, 식품산업의 전후방 관련 산업간 연계 부족으로 경제적 시너지 효과가 부족하고, 둘째, 수입식품 증가, 수입원재료 가격 상승 및 높은 수입 기자재 의존율 등으로 인해 무역수지 적자가 확대되고 있으며, 셋째, 후방연쇄효과가 약화되고 있다는 특징을 보였다. 넷째, 이에 따라 식품기업의 낮은 수익성을 보이며, 부가가치율은 전산업 평균보다 낮고 하락 추세인 것으로 나타났다. 다섯째, 전방연쇄효과를 나타내는 감응도계수는 증가추세였는데, 이는 소비재산업으로 불리우는 식품산업이 중간재로 사용되는 비율이 증가되고 있는 구조적 변화가 시작되었다는 점을 시사한다고 볼 수 있다. 그러나 식품산업과 농업은 산업의 구조에 차이가 있고 원료 농림수산물의 가격 경쟁력 등의 문제점으로 그동안 양자 간의 연계가 쉽지 않은것이 현실이다. 농림부가 농림수산식품부로 개편되면서 농업과 식품산업의 연계 문제가 화두로 떠올랐으나 아직까지 별다른 성과가 보이지 않고 있는데 이는 농업과 식품산업과의 연계가 그만큼 쉽지 않음을 반증하는 것이다.

2. 생산유발효과

표 6-3에서 2013년 기준 식품산업의 생산유발효과는 가금육(3.0206)과 도축육(2.9420)이 가장 크게 나타났고, 원당(1.0000), 정제당(1.2848) 및 제

분(1.3836)은 생산유발계수가 가장 작은 산업으로 나타났다. 식품산업의 세부산업 중 도축육, 가금육, 정곡부문은 농림수산업에 대해 생산유발이 가장 큰 산업으로, 특히 정곡의 생산유발계수는 전 산업대비 가장 크게 나타나고 있다. 이는 벼를 도정하거나 가축을 도축하여 가공 또는 소비할 수 있는 형태로 1차 가공하는 이들 산업의 특성 때문에 1차 원료농산물의 투입비중이 매우 높기 때문이다. 식품산업에 대한 생산유발효과가 큰 산업은 도축육과 가금육 외에 육가공품과 낙농품, 기타식료품으로 나타났다.

외식산업(일반음식점, 주점, 기타음식점)의 농림수산업과 식품가공산업에 대한 생산유발효과는 이들 산업의 외식산업에 대한 생산유발효과에 비해 상당히 높은 수준이다. 식품산업 최종수요 1단위 증가는 외식부문에 대해 0.02내외의 파급효과를 가져오지만, 외식산업의 최종수요 1단위 증가는 농림수산업과 식품산업에 각각 0.1-0.4 수준의 생산유발효과를 가져오는 것으로 나타났다.

2010년에서 2013년 사이의 전체산업에 대한 식품산업의 생산유발계수는 육가공품이 6.98% 감소하며 하락폭이 가장 큰 산업으로 나타났고, 커피 및 차류가 7.54% 증가하여 상승폭이 가장 큰 산업으로 확인되었다. 농림수산업과 식품산업, 외식산업에 대한 식품산업의 생산유발계수가 가장 크게 하락한 산업은 육가공품(각각 28.98%, -3.37%,-1.49%)이었다. 반대로 해당기간 식품가공산업에 대한 생산유발효과가 가장 크게 증가한 산업은 우유(9.60%), 그리고 농림수산업과외식업에 대한 생산유발효과가 가장 크게 증가한 산업은 정제당(각각 33.33%, 43.24%)으로 나타났다. 하지만 정제당 산업은 전적으로 수입 원료에 의존하는 산업으로서 국내 농림수산업 및 외식산업에 대한 생산유발효과의 규모는 미미하다.

농림수산업과 외식산업의 생산유발계수의 변동은 식품산업에 비해 상대적으로 크게 나타남. 특히 2010년 이후 2013년 사이의 도축육, 정제당, 전분 및 당류 등에 대한 농림수산업과 외식업의 생산유발계수의 변동 폭이 큰 것으로 분석된다.

표 6-3 식품산업의 생산유발효과(2013년도)

산 업		전체	농림수산업	식품가공업	외식
식품 가공 산업	도축육	2.9420	0.8098	1.4859	0.0164
	가금육	3.0206	0.7298	1.5739	0.0153
	육가공품	2.3368	0.1343	1.3651	0.0132
	우유	2.5614	0.5696	1.3124	0.0134
	낙농품	2.3663	0.2325	1.3077	0.0141
	수산물가공품	2.3177	0.3073	1.1012	0.0159
	수산동물저장품	2.5624	0.3981	1.1880	0.0167
	정곡	2.3826	0.9802	1.0056	0.0073
	제분	1.3836	0.0258	1.0168	0.0099
	원당	1.0000	0.0000	1.0000	0.0000
	정제당	1.2848	0.0012	1.0099	0.0053
	전분 및 당류	1.8480	0.0602	1.2499	0.0149
	떡	2.2843	0.1514	1.3303	0.0138
	면류	2.0978	0.0666	1.3420	0.0118
	조미료 및 첨가식품	2.2623	0.1963	1.2988	0.0144
	유지	1.8375	0.1129	1.1784	0.0099
	과일 및 채소	2.2511	0.4823	1.0833	0.0112
	커피 및 차류	2.0416	0.1056	1.0989	0.0136
	인삼 및 건강보조식품	2.2179	0.3546	1.1474	0.0102
	기타식료품	2.3689	0.2343	1.4269	0.0121
	주정	1.9098	0.1876	1.2554	0.0096
	소주	2.4048	0.0593	1.3719	0.0213
	맥주	2.0583	0.0252	1.0442	0.0291
	기타주류	1.9973	0.0637	1.0495	0.0222
	비알콜음료	2.1753	0.0700	1.1522	0.0141

외식 산업	일반음식점	2.1284	0.1850	0.2933	1.0[illegible]50
	주점	1.9318	0.1160	0.2590	1.0[illegible]19
	기타음식점	2.3138	0.1759	0.4687	1.0[illegible]41

자료: 한국농수산식품유통공사, 식품산업연계구조 분석, 2016

한편 표 6-4에서 보면 식품산업을 제조업과 외식산업으로 구분할 때 2013년 기준 식품제조업이 10억원 성장하면 모든 산업에서 직·간접적으로 23억1000만원, 농림어업 부문에는 3억6000만원의 생산유발효과가 발생하는 것으로 나타났다. 2013년 기준으로 외식산업이 10억원 성장하면 모든 산업에서 직·간접적으로 20억8000만원, 농림어업 부문에는 1억5000만원의 생산유발효과 발생하는 것으로 나타났다.

표 6-4 식품산업 생산유발계수

구분	2011년 생산유발계수	농림어업	2013년 생산유발계수	농림어업
식품제조업	2.263	0.367	2.313	0.358
외식업	2.048	0.156	2.082	0.148
*농림어업	1.814	1.125	1.855	1.125

자료 : 한국은행 '11 산업연관표, '13 산업연관표(2010년 기준 투입산출표)주) 한국은행 부문분류표상 식품제조업은 음식료품, 외식업은 음식점 및 숙박서비스, 농림어업은 농림수산품 기준

3. 부가가치유발효과

2013년도 식품산업과 외식산업 중 부가가치 유발효과가 가장 큰 산업은 소주(1.0955)이며, 다음으로 비알콜음료(1.0642)와 기타주류(1.0631), 맥주(1.0584) 등의 순으로 높은 부가가치 유발효과를 보였다. 이와 같이 식

품가공산업 중 부가가치유발효과가 높은 산업은 주류를 포함한 음료 산업으로 나타났다. 나머지 식품산업 중에서 부가가치유발효과가 높은 산업으로는 수산물가공품(1.0303), 육가공품(1.0238), 수산동물 저장품(1.0237)등으로 나타났다.

산업별 효과를 보면 식품산업이 농림수산품과 외식산업에 미치는 부가가치유발효과는 2012년 대비 각각 평균 15.07%, 18.12% 증가한 반면, 자체산업(식품산업)에 대한 부가가치유발효과 증가는 비교적 미미한 것으로 나타났다. 이는 식품산업과 농림수산업 및 외식산업간의 연계관계가 강화된 반면 식품산업간 연계관계에는 큰 변화가 없음을 의미한다. 세부 산업별 부가가치유발효과의 변화를 비교해보면, 맥주의 부가가치유발효과가 가장 크게 감소(2.47%)하였으며, 과일 및 채소가공품의 부가가치유발계수는 42.62% 증가하여 상승폭이 가장 큰 산업으로 나타났다.

농림수산업과 식품산업, 외식업에 대한 식품산업의 부가가치유발계수가 비교적 많이 감소한 산업은 각각 수산 동물 저장품(-14.06%), 커피 및 차류(-27.54%), 도축육(-1.19%)이다. 반면에 과일 및 채소의 부가가치유발효과는 농림수산업과 외식산업에서 각각 155.16%, 55.00%의 높은 증가율을 보였으며, 식품산업에 대한 부가가치유발효과가 가장 크게 증가한 산업은 육가공품(23.72%) 산업이었다.

표 6-5 식품산업의 부가가치 유발계수(2013년도)

산 업		전체	농림수산업	식품가공업	외식
식품 가공 산업	도축육	0.9880	0.4221	0.0942	0.0083
	가금육	0.9823	0.2871	0.1633	0.0082
	육가공품	1.0238	0.1462	0.2462	0.0084
	우유	0.9891	0.3117	0.1940	0.0072
	낙농품	1.0034	0.1651	0.2437	0.0081
	수산물가공품	1.0303	0.1747	0.1904	0.0095
	수산동물저장품	1.0237	0.1925	0.1558	0.0095
	정곡	1.0108	0.6921	0.0438	0.0040
	제분	1.0052	0.4604	0.1492	0.0072
	원당	0.0000	0.0000	0.0000	0.0000
	정제당	0.2429	0.0019	0.0660	0.0026
	전분 및 당류	1.0168	0.3447	0.1870	0.0089
	떡	1.0139	0.1737	0.2732	0.0078
	면류	1.0168	0.1797	0.2920	0.0076
	조미료 및 첨가식품	1.0177	0.1944	0.2483	0.0083
	유지	1.0050	0.3501	0.2053	0.0064
	과일 및 채소	1.0170	0.3386	0.2156	0.0062
	커피 및 차류	1.0179	0.2308	0.1747	0.0080
	인삼 및 건강보조식품	1.0165	0.2774	0.2955	0.0054
	기타식료품	1.0182	0.2456	0.2703	0.0069
	주정	1.0042	0.2524	0.2590	0.0072
	소주	1.0955	0.0817	0.3340	0.0112
	맥주	1.0584	0.0403	0.3432	0.0139
	기타주류	1.0631	0.0591	0.3968	0.0112
	비알콜음료	1.0642	0.0989	0.2853	0.0086

외식산업	일반음식점	0.9907	0.1357	0.0456	0.3551
	주점	0.9436	0.0845	0.0656	0.4191
	기타음식점	1.0035	0.1214	0.0802	0.3476

자료: 한국농수산식품유통공사, 식품산업연계구조 분석, 2016

4. 고용유발효과

표 6-6에서 2013년 식품산업의 취업유발계수는 음식점 및 숙박서비스 부문이 26.6으로 가장 크고, 다음으로 식료품 20.0, 음료품 10.9의 순으로 나타났다. 농림수산업 중에서는 농산물의 취업유발계수가 43.7명으로 가장 크고, 다음으로 축산물 25.5명, 수산물 11.4명으로 나타났다. 이와 같이 식품산업 중에서 농림업의 취업유발효과가 가장 크고 다음으로 외식산업, 그리고 식품가공산업 등의 순으로 취업유발효과가 큰 것으로 나타났다. 다음으로 고용유발계수 역시 음식점 및 숙박서비스 부문이 13.1명으로 가장 크고 다음으로 식료품 7.5명, 음료품 6.6명의 순으로 나타났다. 취업유발효과와 달리 고용유발효과의 경우 농림수산업이 상대적으로 식품산업에 비해서 낮게 나타난 것은 자가노동력 위주의 농림수산업의 특성을 반영한 것이다.

표 6-6 식품산업의 고용 및 취업유발효과 (2013)

단위: 명/ 10억 원

구분	2013	
	취업유발계수	고용유발계수
작물	43.7	4.1
축산물	25.5	5.8
수산물	11.4	4.8
식료품	20.0	7.5
음료품	10.9	6.6
음식점 및 숙박서비스	26.6	13.1

자료 : 한국농수산식품유통공사(2016)

표 6-7 식품산업의 취업 및 고용유발계수추이(2010-2012)

단위: 명/ 10억 원

구분	2010		2011		2012	
	취업유발 계수	고용유발 계수	취업유발 계수	고용유발 계수	취업유발 계수	고용유발 계수
육류 및 낙농품	21.2	7.6	19.0	7.2	18.8	7.1
수산가공품	16.6	10.7	14.7	9.8	14.6	9.7
정곡 및 제분	65.7	6.8	57.1	6.2	53.2	5.6
제당 및 전분	7.1	3.3	5.4	2.6	5.5	2.5
떡, 과자 및 면류	25.6	10.0	22.7	9.3	21.8	8.7
조미료 및 유지	18.4	7.7	16.9	7.3	16.3	7.0
기타 식료품	26.3	10.8	23.9	9.8	23.5	9.5
주류	14.0	8.1	11.2	6.4	9.8	5.7
비알콜음료 및 얼음	13.6	8.5	12.3	7.6	11.7	7.2
음식점 및 주점	30.1	13.0	28.9	13.3	28.9	13.3

자료: 한국농수산식품유통공사(2016)

5. 감응도계수

감응도계수는 식품가공산업의 전방연쇄효과를 측정한 것으로, 모든 산업의 최종수요가 한 단위씩 증가할 때 해당산업의 생산물이 다른 산업의 중간투입재로 많이 이용되는 경우 감응도계수가 높게 나타난다. 식품산업 중 전방연쇄효과가 가장 큰 산업은 일반음식점(3.3283)이며, 다음으로 유지, 도축육, 전분 및 당류 등의 순으로 높은 전방연쇄효과를 보인다.

외식산업은 서비스산업으로서 모든 산업부문으로의 중간투입이 많은 산업이다. 유지, 도축육, 전분 및 당류 산업은 식품소재 산업으로서 다른 식품산업의 원재료로 많이 이용되므로 감응도계수가 높게 나타나는 것으로 볼 수 있다. 한편, 감응도계수가 가장 낮은 산업은 원당, 기타주류, 소주 순으로 나타나는데, 원당의 경우 국내 생산이 없이 전량 수입되며 설탕산업의 원재료로만 투입되며 주류의 경우 주로 최종소비되는 식품으로써 다른 산업의 중간투입재로서 이용되는 정도가 낮기 때문에 전방연쇄효과가 낮게 나타난다.

표 6-8 식품산업의 감응도 계수

산 업		2010년	2011년	2012년	2013년
식품 가공 산업	도축육	0.9929	0.8936	0.9283	0.8731
	가금육	0.6228	0.6183	0.6193	0.6695
	육가공품	0.6201	0.6318	0.6344	0.6082
	우유	0.5716	0.5656	0.5727	0.5573
	낙농품	0.6344	0.6188	0.6316	0.6074
	수산물가공품	0.5625	0.5709	0.5782	0.6114
	수산동물저장품	0.7276	0.6738	0.6896	0.6937
	정곡	0.7776	0.7817	0.8067	0.7998
	제분	0.7521	0.7193	0.7321	0.7843
	원당	0.5046	0.5053	0.5081	0.5079
	정제당	0.5981	0.5899	0.5909	0.5806
	전분 및 당류	0.8503	0.8378	0.8513	0.8547
	떡	0.6560	0.6789	0.6810	0.6937
	면류	0.5451	0.5466	0.5503	0.5690
	조미료 및 첨가식품	0.7829	0.7800	0.7916	0.8324
	유지	0.8853	0.8615	0.8615	0.9033
	과일 및 채소	0.7563	0.7456	0.7547	0.8305
	커피 및 차류	0.5935	0.6044	0.6083	0.6427
	인삼 및 건강보조식품	0.5971	0.6081	0.6167	0.6340
	기타식료품	0.5654	0.5576	0.5768	0.6379
	주정	0.6727	0.6433	0.6616	0.6597
	소주	0.5382	0.5312	0.5409	0.5404
	맥주	0.5630	0.5783	0.6027	0.6063
	기타주류	0.5357	0.5258	0.5256	0.5117
	비알콜음료	0.7044	0.7184	0.7373	0.6831

외식 산업	일반음식점	3.2171	3.0732	3.1177	3.3283
	주점	0.8284	0.8461	0.8113	0.7735
	기타음식점	0.6129	0.6588	0.6875	0.7511

자료: 한국농수산식품유통공사, 식품산업연계구조 분석, 2016

6. 영향력계수

영향력계수는 식품가공산업의 후방연쇄효과를 측정하기 위한 것으로, 산업별 생산유발계수를 열(row)기준으로 합산한 후 전산업의 평균 생산유발계수로 나누어 계산한다. 일반적으로 생산유발계수가 클수록 영향력계수도 커지는 경향이 있다. 식품산업 중 가장 영향력계수가 큰 산업은 가금육(1.559), 도축육(1.5110), 우유(1.3337), 수산동물 저장품(1.3241) 등으로서, 농림수산품의 중간투입 비중이 매우 높은 산업이다. 이러한 산업부문의 1단위 생산을 위해서는 많은 농림수산품 원료가 투입되므로 이와 같이 후방연쇄효과가 크게 나타난다.

표 6-9 식품산업의 영향력 계수

산 업		2010년	2011년	2012년	2013년
식품 가공 산업	도축육	1.5738	1.5122	1.4955	1.5110
	가금육	1.5699	1.5791	1.5547	1.5598
	육가공품	1.2926	1.2513	1.2838	1.2069
	우유	1.2461	1.2671	12895	1.3337
	낙농품	1.2043	1.1881	1.1980	1.2427
	수산물가공품	1.1776	1.1854	1.1887	1.2051
	수산동물저장품	1.3249	1.3002	1.3138	1.3241
	정곡	1.1899	1.1935	1.2080	1.2064
	제분	0.7193	0.6850	0.6716	0.7134
	원당	0.5046	0.5053	0.5081	0.5079
	정제당	0.6158	0.5618	0.5653	0.6578
	전분 및 당류	0.9546	0.8899	0.8855	0.9523
	떡	1.1706	1.1667	1.1575	1.1847
	면류	1.0727	1.0650	1.0540	1.0940
	조미료 및 첨가식품	1.1488	1,1261	1,1205	1.1679
	유지	0.9974	0.9395	0.9470	0.9444
	과일 및 채소	1.1010	1.0926	1.1052	1.1581
	커피 및 차류	0.9754	0.9634	1.0088	1.0486
	인삼 및 건강보조식품	1.1154	1.1343	1.1493	1.1354
	기타식료품	1.1934	1.1654	1.1778	1.2220
	주정	0.9032	0.9236	0.9283	0.9693
	소주	1.1738	1.1188	1.1134	1.2256
	맥주	1.0409	1.0237	0.9832	1.0602
	기타주류	1.0011	0.9908	0.9620	1.0292
	비알콜음료	1.1305	1.1247	1.1137	1.1298
외식 산업	일반음식점	1.0844	1.0638	1.0632	1.0893
	주점	0.9862	0.9871	0.9753	0.9933
	기타음식점	1.1804	1.1694	1.1575	1.1946

자료: 한국농수산식품유통공사, 식품산업연계구조 분석, 2016

참고문헌

강광하(2000) 산업연관분석론, 연암사.

강창용외(2012), 농림업 후방연관산업의 전략적 발전방안 연구, 연구보고 R665, 한국농촌경제연구원.

박현태외(2012) 농자재산업의 산업연관분석과 가격변화 영향, 연구보고서 R665-1.

정도영외(2010), 농림어업의 총투입 및 총수요 구조변화 추이분석 - 투입산출 요인분해를 중심으로, 한국경제학보 제17권 제2호.

장영주외(2012) 식품산업연관분석과 정책방향, 국회입법조사처.

한국농수산식품유통공사(2016) 2016년 식품산업연계구조분석, 식품정보 심층분석 및 활용화사업 기획분석보고서(2).

한국은행(2013) 산업연관표.

PART
03

농산업 정책론

농산업 부문별 정책

CHAPTER 07

생산농업 정책

제1절 생산농업정책의 개념

농업의 의미를 국어학 사전에서 찾아보면 땅을 이용하여 유용한 식물을 재배하거나 유용한 동식물을 기르는 유기적인 생산업이라고 정의하고 있다. 또한 영어 Agriculture라는 어원은 Ager(흙)과 Cultura(경작, 가꿈)의 라틴어의 합성어로서 흙의 성분을 이용하여 농작물의 재배 또는 가축을 사육하는 활동을 의미한다. 이렇게 볼 때 농업은 트지라는 자연자원을 대상으로 인간의 지식과 노동을 결합하여 동물성 및 식물성 물질을 생산, 가공하는 행동양식으로 개념화 할 수 있다. 농업은 토지를 이용하여 인간에게 유용한 동식물을 재배 사육하여 식량을 획득하는 과정으로서 가장 오랜 역사를 갖고 있는 산업이다. 농업은 작물이나 가축이 자라고 증식하는 생명력을 활용하여 유기물을 만들어 내는 활동이기 때문에 다른 산업의 생산방식과는 다르다.

농업은 인간이 필요한 에너지의 원천인 식량을 획득하게 해주는 방법적 수단이지만 산업으로서의 생산농업은 먹거리를 공급하고 소비하는 경제적 활동의 과정을 의미하기도 한다. 인류는 증가하는 인구를 부양하기 위하여 다양한 농업기술을 발달시키는 과정에서 품종, 비료, 농약 및 농기구 같은 농자재와 농산물의 가공, 저장 및 유통 등의 기능이 전문화 분화되면서 다양한 연계산업들이 발전해왔다. 생산농업의 발달과정에서 비료 및 농약 산업과 종묘산업, 농기계 산업, 식품제조 산업, 저장업, 운송업, 농산물의 도 · 소매업, 금융업 등이 분화되면서 관련 산업들인 이른바 애그리비즈니스(agribusiness)가 발달하게 되었다. 이같이 생산농업을 중심으로 관련 산업들이 상호 연계적으로 발전하면서 전통적 농업의 영역이 농산업으로 확대되고 있지만 그 중심에는 식량을 생산 공급하는 생산농업이 핵심적인 역할을 하고 있다고 할 수 있다.

인구가 증가하는 한 식량수요도 계속 증가할 것이기 때문에 생산농업 정책은 식량을 안정적으로 공급하는 것을 가장 중요한 1차적인 목적이 된다. 역사적으로 세계 각국의 정부는 식량증산효과를 극대화하고자 농경지 정비, 관개수 개발, 품종갱신, 비료와 농약의 지원 등 다양한 지원 정책을 펼쳐 왔다. 식량이 부족한 자급적 생계농업 단계에서는 무엇보다도 농산물의 양적 생산능력을 확대하는데 정책의 초점을 맞출 필요가 있었기 때문이다. 하지만 농산물의 생산이 수요를 초과하여 안정적인 수급관리가 중요한 상업농 단계에 들어서면 농업생산정책은 단순히 양적증가보다는 화폐적 가치 증대와 관련하여 경제적 효율성 원리를 적용하는 방향으로 바뀌어 나가게 된다.

국가경제의 구조가 복잡해지고 시장경제가 발달하게 되면 생산농업 부문도 생산자와 소비자 간의 자유로운 의사결정 및 행동원리에 의해서 조절되는 시장체제를 통하여 농업문제를 해결하는 것이 바람직하다고 본다. 자본주의 시장경제하에서는 농산물의 공급과 수요문제를 시장적 가치의 원리를 적용하여 해결하는 것이 농업의 사회적 후생수준을 극대화 시키는 데 있어 가장 효율적인 방법이기 때문이다.

하지만 국민들의 생존에 필수적인 식량 문제를 다루는 농업 생산부문을 시장 기구에 만 맡겨 둘 수 없다는 공공적 중요성 때문에 각국 정부는 생산농업에 여러 다양한 수단을 통하여 개입하고 있다. 정부의 정책들은 여러 경로를 통해서 농업생산시스템과 농업인의 의사결정에 영향을 미치고 그 결과는 농산물의 공급과 소비시장에 반영되어 경제적 가치의 변동을 가져오게 한다. 예를 들어 농기계, 비료, 농약 등에 대한 보조금 정책은 농업인들의 증산의욕과 투자역량을 높여 단기적으로 생산증가와 농업소득의 증대를 가져오겠지만 장기적으로 농산물의 가격하락을 부추기고 생산구조의 조정을 더디게 하거나 지속가능하지 못하게 할 수 있을 것이다.

농산물 시장이 완전경쟁적인 전제조건을 충족하는 구조라면 생산농업에 종사하는 농가들의 경제적 효율성이 높아지고 사회적 후생수준도 극대화 될 것이다. 시장 기구를 통하여 공급과 수요의 원리가 잘 작동한다면 식량자원의 효율적 배분이 가능하기 때문에 정부가 정책실패의 위험을 감수하고 개입할 필요성이 없을 것이다. 여기서 전제조건이란 완전경쟁의 조건, 외부효과가 없다는 조건, 확실성 조건, 사유재의 속성 등을 충족시킬 수 있는 조건을 말한다. 완전경쟁의 조건은 수요자와 공급자가 다수 존재하며, 시장참여자는 모두 자신의 수요량이나 공급량을 증감하여도 시장가격에 영향을 끼칠 수 없는 상태를 의미한다. 또한 시장 참여자는 그 시장과 상품에 관하여 완전한 정보를 가지고 있으며 공급자에 의해 제공되는 상품은 동질적이어서 수요자는 어느 공급자로부터 상품을 구입해도 차이가 없고 시장 참여나 퇴출, 그리고 자원의 이동이 자유로운 상태를 말한다.

외부효과가 없다는 조건은 누구의 경제행위든 시장을 통하지 않고서는 다른 사람의 후생에 영향을 주지 않는 것을 말한다. 확실성의 가정은 시장을 통해 경제 주체는 서로 확실한 정보를 가지고 행동한다는 것을 말한다. 사유재의 속성은 소비의 배제성과 경합성이 존재함을 의미한다.

이러한 전제조건이 충족되는 시장이 있고 그러한 시장이 작동하는 상황에서 정부가 농산물 시장에 개입한다면 오히려 자원배분의 효율성이 저하되고 사회적 후생은 감소할 것이다. 그런데 현실적으로 이러한 시장이 존재하는가? 농업생산과정에서 발생하는 문제들은 농산물 시장이 이러한 전제조건을 충족하지 못하는 상황을 가져오는 경우가 많기 때문이고 이럴 경우 정부의 개입이 필요하게 된다. 이를 구체적으로 살펴보면 다음과 같다.

첫째, 식량의 안정적 조달문제이다. 인간의 기본생활에 필요한 의식주 중에서 가장 먼저 필요한 기초적인 재화가 식량이다. 역사를 보면 사람들에게 충분한 식량을 공급하지 못한 정부가 붕괴된 사례로 채워져 있다. 구소련은 식량생산에 충분한 토지자원을 가지고 있지만 사회주의적 정책 때문에 식량을 안정적으로 공급하는데 있어 곤경을 겪어 오다가 결국 국가체제가 붕괴한 경험을 가지고 있다. EU가 공동농업정책을 만든 것도 식량자급율에 대한 우려가 그 밑바닥에 깔려 있는 요인이다. 충분한 식량공급은 국가체제의 유지와 사회적 안정을 이루기 위한 기본 질서이자 핵심적 정책과제이다.

둘째, 농산물 가격과 소득의 불안정성 문제이다, 전통적으로 생산농업이 당면한 주요한 문제는 농산물 가격과 소득이 불안정하다는 것이다. 생산농업에 있어서 가격의 변동성은 본래부터 내재한 문제라고 할 수 있다. 농산물 수요과 공급 탄력성이 매우 비탄력적이다. 단기적으로 소비자와 생산자들이 가격변화에 대한 대응속도가 떨어지기 때문이다. 그 결과 수요와 공급의 변동에 대해서 가격이 동시적으로 변동하거나 같은 크기로 변화하지 않는 한 가격이 더 큰 폭으로 변동한다. 더욱이 공급은 증가하는데 수요가 따라가지 못할 경우 생산비용은 단기적으로 고정되어 있기 때문에 농산물 판매수입보다 농업생산비가 더 커져서 농가소득이 오히려 감소할 가능성이 높아진다.

셋째, 외부효과의 문제이다. 농업을 둘러싼 외부효과는 농산물의 생산비용이 시장기구를 통하여 저대로 반영하지 못할 때 발생한다. 예를 들면 농민들이 토양보전적 경작방법을 포기하고 높은 토양 침식율을 일으키는 영농방식으로 농사를 짓기로 했다면 그 결과는 과도한 농업용수의 배출과 하천의 오염으로 나타날 것이다. 그러한 오염은 낚시를 하는 사람, 지표수를 사용하는 도시, 깨끗한 시내를 즐기는 사람들에게 외부불경제 효과를 가져 올 것이다.

이렇듯 외부 효과는 자원을 사회적 이익에 따라 분배하는 시장의 실패를 가져오게 되므로 이를 내부화하기 위해서는 정부가 규제를 가할 필요가 있게 된다. 식량안보와 같이 국민들에게 필요한 식량을 안정적으로 공급하는 것이 중요하나 시장을 통하여 가치가 반영이 안되는 경우 공급의 사회적 한계비용이 사적 한계비용보다 높게 나타난다. 이 경우는 정부는 식량생산의 사회적 비용과 사적비용의 차이만큼을 보조해주는 정책을 취함으로서 최적의 식량 생산량을 유지시키는 역할을 하게 된다.

넷째, 농산물의 안정성문제이다. 농산물의 안전기준에 대한 소비자들의 개념이 바뀌면서 소비에서 농장의 생산단계까지 안전문제를 관리하는 시스템에 대한 관심이 늘어나고 있다. 정부는 식품 소매업체와 제조업체에게 위해요소중점관리제도(Hazard Analysis Critical Control Point; HACCP)와 이력추적제(Traceability)같은 위험관리수단을 통해 식품의 안정성 정책을 추진하고 있다. 안전한 식품공급은 더 나아가 동물의 건강관리문제, 수자원과 공기오염문제, 멸종위기의 동식물 문제에 대해서까지 다루는 주제로 나아가고 있다. 즉 식품안전과 환경분야에서 정보의 비대칭성으로 인한 문제를 해소하기 위하여 농업정책의 과제로 다루는 현상이 증가하고 있다.

대부분의 국가는 농업정책을 생산중심주의에 기초해 다양한 수단을 동원하여 시장개입 및 지원사업을 실시하고 있다. 이에는 직접적인 규제활동이나 재정지원으로부터 국제가격과 국내가격의 차이를 야기하는 관세, 수입제한 정책 등이 있다. 일반적으로 농업정책이 집행되면 다양한 변수들이 여러 가지 경로를 통해 누적적으로 농업생산부문에 영향을 미치게 된다. 먼저 농산물 가격정책의 경우 상대가격효과에 의해서 정책의 결과가 생산자가격이나 생산요소가격에 변화를 초래하여 생산과 소비에 영향을 주게 되고, 시장의 수급구조와 농가소득의 변화를 초래한다.

예를 들어 생산자 지지추정치(Producer Support Estimate: PSE)[1]에 관계된 농업정책으로서 정부수매를 통한 가격보장, 높은 수입관세 등과 같은 보호정책이나 생산에 기초한 보조금 지불과 같은 정책은 생산자 판매가격을 상승시켜 농민으로 하여금 생산증가를 유발시키므로 시장수급구조의 변화를 유발하게 된다. 또한 농업생산에 사용되는 생산요소에 대한 보조금 등 투입재 보조정책은 투입재의 상대적 비용을 감소시켜 농산물생산의 증가를 유발하게 된다는 것이다.

농가들은 일반적으로 기상여건, 시장수급 등 여러 가지 변수에 따른 불확실한 상황하에서 의사결정과 생산 활동을 해야 하는 경우가 많다. 농가들은 대부분 위험회피적인 행위를 하므로 정부의 정책이 생산자가 부담하는 위험수준을 경감시켜 줄 경우 이러한 정책의 변화가 농업 생산 활동에 영향을 주고 소득에도 영향을 준다는 것이다. 생산자는 가격안정화, 소득보조와 같은 농업정책으로 소득변동성이 낮아지는 경우, 즉 경영위험이 감소하는 경우 생산을 증대시킬 것이다.

농가들은 농지와 농기계 등 자본 투입재를 다른 곳에 쉽게 대체 사용할 수 없기 때문에 미래의 정책변화가 영향을 미칠 것으로 기대할 경우에 현재의 농업생산구조를 변화시킬 가능성이 있다. 예를 들어 정부가 경지면적기준 직접지불을 실시함에 있어 기준연도 면적과 수확량을 고려하여 지원규모를 결정한 경우 미래 언젠가는 현재의 기준면적과 수확량이 지불기준이 될 것이라는 기대를 형성하게 되어 현재 수준의 농산물 생산량을 더 많이 변화시킨다는 것이다.

1 PSE는 정부 정책으로 인해 소비자와 납세자로부터 농업인에게 이전된 연간 금전적 가치를 추정하는 지표로서 총 금액으로 표현될 수도 있으나 통상적으로 총농가수취액(Gross Farm Receipts)에 대한 백분율로 설명된다

이와 같이 정부는 재정 및 조세지원 등 다양한 농업생산 정책수단을 통해 식량수급, 농업생산성, 농가소득, 농산물 무역수지 등 농업생산 활동의 여러 부문에 영향을 미치고 있는 것이다. 이하에서 생산농업과 관련하여 주요 정책의 전개과정을 부문별로 살펴보기로 한다.

제2절 생산농업정책의 변천과정

한국 농업은 인구의 크기에 비하여 필요한 식량 확보용 경지자원은 한정되어 있기 때문에 오래전부터 농지를 집약적으로 이용하는 농법이 발전하여 왔다. 한정된 토지자원을 집약적으로 이용하여 농업생산성을 향상시키기 위해서는 품종개발과 농약, 비료 등 생물화학적 농자재 기술의 발전이 중요하다. 정부는 경지자원을 집약적으로 이용하는데 있어 비료와 농약산업의 중요성을 인식하고 이들 산업체를 식량증산의 중점지원정책 대상으로 정하고 1960년대부터 지원 육성하였다. 또한 부족한 식량을 증산하고자 농업기술의 개발보급과 농촌지도사업, 농지조성과 경지정리 농업용수개발, 종자 개량 등의 시책이 적극적으로 추진되었다.

1967년부터 시작된 제 2차 경제개발계획에서는 수리시설의 확충, 주산단지의 조성, 농산물 가격지지정책, 축산진흥, 농산물 수출증대 등을 농정의 주요 사업으로 추진하는 한편 1969년부터는 추곡수매가격을 전년보다 크게 올리면서 고미가정책을 실시하여 농민들에게 쌀 증산의 의욕을 고취시켰다. 그밖에 농협과 농업은행을 통합한 농협법, 농촌진흥법, 농지담보법, 농업재해 대책법, 농지조성법, 낙농진흥법, 토지개량사업법, 비료단속법, 농업창고업법, 농산종묘법, 농가대여 양곡법을 제정하는 등 의욕적으로 농정개혁을 추진하였다.

경제발전에 따라 도시화 산업화로 농촌인구의 도시집중으로 농지면적과 경지이용률이 감소하자 1972년 12월에 농지의 절대량 확보를 위하여 농지의 전용을 억제하기 위하여 농지의 보전 및 이용에 관한 법률을 제정 하였다. 1967년부터 다수확 벼 신품종 개발을 추진하여 개발된 통일벼의 보급으로 녹색혁명을 추진한 결과 1977년에는 41,706천석의 미곡생산으로 주곡자급을 최초로 달성하였다. 하지만 1980년대 들어 비교우위론에 의한 이중곡가제의 폐지, 양곡수매가격의 동결로 도농간 소득격차는 더욱 확대되었으며 1980년대 초부터 추진한 복합영농 사업의 실패 후 1986년에 농어촌종합대책이 수립되기도 하였으며 농림수산업구조개선, 농산물가격안정, 농외소득원 개발, 농어촌 정주권 개발, 농수산물 수입자유화 보완대책 등이 주요 사업으로 추진되었다.

1986년부터 UR협상이 시작됨으로서 시장개방에 대응할 농업구조개선과 농업경쟁력을 강화하기 위하여 1989년에 농어촌발전 종합대책를 수립하고, 이를 뒷받침하기 위한 구조개선 기본법으로 1990년 4월 농어촌발전특별조치법 제정하였다. 1995년에 농어촌특별세를 신설하여 농업구조개선을 위한 42조원의 구조조정기금을 설치하고 영농규모 확대를 지원하기 위해 농어촌진흥공사설립 및 농지관리기금을 설치했다.

농업투자의 분산과 소규모영농의 어려움을 극복하기 위한 농지임대차제도의 적극 활용을 위해 1986년도에 농지임대차관리법, 농업진흥지역 및 위탁영농회사와 영농조합 법인제도를 도입하고 가격 안정대, 자조금제도 도입으로 농산물 가격의 안정을 도모했다. 농어촌구조 개선사업을 위하여 1992년부터 2001년까지 10년동안 42조원 투자계획을 마련(1992~2001)하였고 이와 병행하여 1995년부터는 15조원 농어촌특별세 사업(1995~2004)을 추가로 신설하였다.

집단화된 우량농지의 확보와 투자집중을 위해 1,008천ha의 농지를 농업진흥 지역을 지정하고, 농지를 타목적으로 전용할 경우 농지전용부담금을 내도록 하는 제도를 신설했다. 농업구조조정에 따른 보완대책과 농어촌 활력증대를 위하여 이농인력의 재촌 취업과 고령 · 무의탁 농어민에 대한 사회정책적 지원대책을 강구하고 농어촌생활환경과 교육여건의 획기적 정비, 농공단지 확대조성 등 농어촌의 다양한 소득원 개발하고자 하였다. 이시기 농산물 무역자유화가 확대되면서 1989년 10월 GATT 국제수지(Balance of Payment: BOP)조항을 졸업하면서 단계적 수입자유화 확대 및 보완대책을 추진하였으며 1992 1994년 기간 중 131개 농산품에 대한 수입자유화를 예시하여 1994년에는 농산물의 수입 자유화율이 92.4%에 달하게 되었다.

1986년 9월 우루과이 푼타델 에스테에서 시작하여 1994년 4월 모로코 마라케쉬 각료회의에서 종료된 UR협상은 우리나라 농업전반에 심대한 영향을 주게 되었다. UR 협상타결의 주요내용을 보면 첫째, 농산물 시장접근분야로서 예외 없는 관세화를 원칙으로 수입 쿼타 등 수입을 제한하는 각종 비관세장벽을 없애는 대신 외국 농산물과의 가격차이만큼 관세로 부과하기로 하였다. 각국 간에 관세를 단계적으로 평균 24~36%를 감축하기로 하고 최소시장접근 및 현행 시장접근에 의한 수입기회 보장하기로 했다.

둘째, 국내보조금 분야는 연구사업 · 병충해방제 등 정부의 일반서비스, 생산감축과 소득안정 목적의 보조금, 지역개발 및 환경보전 보조금

등은 허용보조금으로 인정하되 기타 국내보조금은 20% ~ 13.3%를 감축하기로 하였다. 셋째, 수출보조금 분야에서는 선진국은 5년 동안에 금액기준으로 36%, 물량기준으로 21%를 감축하되, 개도국은 10년간 각각 25%, 14%를 감축하기로 하였다.

우리나라는 쌀에 대해서 2004년까지는 관세화 유예를 받았으나 이 기간 동안 최소시장접근물량은 도입하기로 하였다. 최소시장 접근물량은 1995년 국내 쌀 소비량의 1%(51천톤, 35만석)에서 1999년 2%(102천톤,71만석), 2000년 2%(102천톤, 71만석), 2004년 4%(205천톤, 142만석)으로 점차 늘려가기로 했다. 한편 우리나라는 농업분야에 대한 개도국 지위를 확보하여 농산물 관세 및 보조금의 감축율과 이행기간 적용에 있어 우대를 받을 수 있게 되었다. 국내 보조금감축 이행계획 내용을 보면 쌀, 보리, 콩, 옥수수, 유채 등 5개 품목에 대한 보조금을 10년간 총 2,286억원 감축하기로 했다.

UR 협상결과 1994년부터 농산물 시장의 전면 개방에 직면하게 됨에 따라 우리나라 농정은 생산기반정비, 구조조정, 소득정책중심으로 전환하게 되었다. 농어촌구조개선을 위한 42조원 투자계획도 당초 2001년까지에서 1998년까지로 3년 앞당기고, 투자우선순위를 조정했다. 양정제도의 과감한 개혁으로 민간유통 활성화, 정부미 방출방식의 전환하였으며 정부 직접관리방식을 대폭 민간주도방식으로 전환했다. 양곡관리기금의 운용방식을 전면 개편하여 양곡관리기금을 폐지하고 정부양곡관리에 필요한 모든 비용은 전액 일반재정에서 부담하기로 했다. 수매한 쌀의 관리도 민간으로 이관하고 정부미 방출방식을 농협을 통한 자율관매 방식으로 전환하여 농협을 통한 조곡공매 실시를 했다. 양곡유통의 규제완화로 양곡매매업을 허가제에서 신고제로 전환, 도정업 제분업 등의 양곡가공업을 허가제에서 등록제로 전환, 신고없이 양곡매매를 허용하기로 했다.

한편 1949년 농지개혁법 제정이후 영세 생계농 보호위주로 운용 되어온 농지제도를 개편하여 1994년 농지에 관한 종합적인 법률인 농지법을 제정하였다. 농지소유제도를 확립하여 원칙적으로 농업인 또는 농업법인만이 농지를 소유하도록 하고 농지확보 및 보전을 위해 권역별 보전 체계를 확립하여 우량농지를 농업진흥지역으로 전체농지의 50.9%인 1,050천ha를 지정하고 농업진흥지역 밖의 농지는 다양한 토지수요에 부응할 수 있도록 이용규제를 완화했다.

그 결과 농업생산과 유통을 위한 물적 자본이 크게 확대되고, 전문성과 규모를 갖춘 농업경영체가 출현하고, 농산물공급의 양적, 질적 개선도 달성하는 성과가 있었다. 그러나 식량자급률의 저하가 계속되고, 농산물 생산량의 증가에도 불구하고 수입농산물이 늘어나면서 만성적인 공급과잉기조와 농산물가격의 하락으로 농업소득이 정체하면서 농가경제의 불안정성이 여전히 남아있는 문제점을 안게 되었다.

2000년 GDP 대비 4.6%였던 우리나라의 농업 비중은 2005년 3.3%, 2010년 2.6%로 낮아졌으며 2010년 전체 농가 중 무려 67.8%가 연 매출액이 1,000만원에도 미치지 못한 영세농이고 농어촌 인구 3명당 1명가량이 고령자로 나타났다. 이는 UR이후 시장개방화로 인한 농산물가격의 하락과 농가소득의 감소결과 농업의 저성장과 농촌 삶의 질이 저하되었음을 보여주는 지표라고 할 수 있다. 낙후되는 농업과 농촌을 개발하기 위하여 정부는 2004년 2월 농업 농촌종합대책을 수립하고 10년 동안 추진할 9대 농정과제를 선정하였는데 이는 다음과 같다

첫째, 전업농 육성으로 영농규모화사업 2배로 확대, 경영이양 직불제

확대, 쌀 전업농 7만호 육성, 농지규제 완화와 농지은행제도 도입으로 농지 유동화를 촉진한다. 둘째, 젊고 유능한 창업농 매년 1천명 선발 집중 육성, 농업인 기술지도와 경영컨설팅을 강화한다. 셋째, 농가소득 안정을 위한 직접지불제를 대폭 확충하고 친환경축산직불제, 조건불리지역직불제 등 다양한 직불제 도입, 농작물 재해보험 대상품목 확대, 국가재보험제도 도입, 경영회생지원자금을 지원한다. 넷째, 안전한 먹거리 제공을 위하여 GAP 도입, 축산물 HACCP를 확대 적용한다.

다섯째, 친환경농업 확산으로 안전한 농산물 생산과 국토환경 보전으로 농약과 화학비료 사용량 40% 감축, 가축분뇨 자원화, 친환경 인증제도를 정비한다. 여섯째, 신기술 과학영농으로 농업의 성장산업화로 신품종 육성, 재배기술 개발 보급, 무균복제돼지 이용 인간장기 생산 등 생명공학 이용한 신농업기술개발을 한다, 일곱째, 농산물 품질고급화로 수출 50억불 달성을 위하여 수출전문 생산단지 정예화, 물류센터 활용한다. 여덟째, 농촌복지인프라 대폭 확충으로 농업인의 삶의 질 향상시키고 농업인연금보험료 지원 연차적 확대, 건강보험료 경감률 확대, 농가자녀 영유아 보육비 및 고교생학비 보조지원, 농촌출신 대학생 등록금 무이자 지원한다.

아홉째, 살기 좋은 농촌 조성으로 1천개 농촌마을종합개발, 농촌관광마을 1천개, 1사1촌 운동, 청소년 학습체험 등을 추진한다. 정부는 농업, 농촌종합대책을 통해 2004년부터 2013년 동안 10년간 총119조 2,900억 원을 투입하기로 계획하였고 이 중에서 42.3%인 50조 5,100억 원을 전반기 5년 동안인 2004 2008년에 투입하고 나머지 68조 7,800억 원을 5년 동안인 2008~2013년에 투입하기로 하였다.

이같이 정부는 개방화에 대응해 생산농업의 효율성과 경쟁력을 높이기 위한 다양한 농정 수단을 동원 시행했지만 전체 경지면적은 1986년 132만 8,529 ha에서 2013년에는 96만 3,876 ha로 감소하여 농업 생산기반이 크게 위축되고 있다. 농업 종사자수가 감소함에 따라 2014년 말 현재 농가 수도 112.1만 가구로 전체 가구대비 비율이 1990년 15.7%에서 2013년 6.1% 수준으로 감소하고 있으며 이에 따른 농가소득 및 국내총생산에 대한 기여도 또한 계속 감소하는 추세이다.

제3절 생산농업의 부문별 정책

1. 농업구조 개선 정책

농업이 성장 발전하는 과정에서 농산물의 생산량이 증가하지만 농산물 가격이 하락하면서 농가소득은 비농가 소득보다 상대적으로 낮아지는 소위 농업연자방아(agricultural treadmill)현상이 구조적으로 나타나게 된다. 한국 농업의 경우도 1995~2012년 사이 실질 농업총생산은 연평균 1.1% 증가하였으나 실질 총 농업소득은 시장개방이 시작된 1989년부터 감소하기 시작하여 연평균 2.6%나 감소하는 등 성장과 소득의 괴리현상을 경험하고 있는 중이다. 이는 1990년대 농업 총생산과 소득이 같이 증가하였던 농업의 산업수준이 낮은 산업화 이전 시대와는 대조적인 현상이다.

국민경제의 발전과 함께 농업구조가 자급적 농업단계에서 상업농의 비중이 증가하는 산업화 단계에 들어서면 생산농업이 상대적으로 축소하면서 농업내부의 구조적인 변화가 일어나는 것이 일반적인 현상이다. 농업생산의 양적 성장에도 불구하고 농업 총생산액의 비중이 상대적으로 축소하는 원인은 농업생산성의 향상으로 식량 공급능력은 확대되는 반면에 수요는 상대적으로 정체하면서 나타나는 농산물가격의 하향적 안정화에 기인하는 것이다. 즉 농업생산성의 향상으로 농산물의 생산능력이 확대되면 수요를 초과하는 잉여농산물의 공급이 늘어나면서 농산물 가격의 하락 -〉 농가소득의 침체 -〉 농업 GDP의 감소라는 과정을 밟게 되는 것이다.

농업의 발전과 성장과정에서 생산농업은 경제적 효율성저하, 농산물 가격의 불안정 문제가 발생하고 가족농의 해체, 농촌에서의 삶의 질이 악화되면서 농업구조 개선정책의 필요성이 제기된다. 일반적으로 농업구조는 광의와 협의의 개념으로 구분된다. 농업구조를 좁은 개념으로 보면 농업노동력과 토지의 결합방식에 관한 문제로서 토지소유구조와 농업경영구조를 의미한다. 반면에 광의의 농업구조는 농산물의 생산과 유통. 그리고 최종소비에 이르는 농업 및 관련산업의 산업적 구조, 나아가서는 농업과 타산업의 관련성까지 포함하며 토지소유구조, 농업경영구조 외에 농업생산구조, 농업소득구조를 포함하여 지칭한다.

농업구조정책이란 미시적 관점에서 산업화에 대응한 개별경영 내부의 구조조정문제이고 거시적인 관점에서는 노동력과 토지의 결합비율 및 분포상태를 대상으로 하며 특히 농업경영 규모의 확대가 정책대상이 된다. 정치적 관점에서의 농업구조정책은 농업내부의 정치적인 세력약화, 사회적 안정을 위한 농업의 역할에 대한 견해의 대립 문제를 해결하고자 하는 정책을 농업구조정책으로 보고 있다.

농업구조는 토지소유, 농업경영, 농업생산, 농업소득의 4가지 부문에 대한 구조를 의미하지만 농업구조정책의 개념과 범위는 구체적으로 정립되지 않고 학자에 따라 다양하게 서술하고 있다. 이영기(2006)는 농업구조정책의 내용으로서 농업인력과 농업경영체 육성, 적정농지면적의 확보, 노령농가 은퇴대책 등을 제시하였고 임형백. 조중구는(2004)는 농업생산기반정비, 농지유동화 촉진, 탈농가를 위한 직업교육과 농촌공업화, 중심 농업생산 담당자 대책을 들고 있다. 여기서는 농업구조정책을 농지유동화를 통한 대규모 경영으로 토지생산성을 높이고 농업생산기반 정비를 통해 기계화를 촉진시킴으로서 노동생산성을 높이는 수단으로 정의하고자 한다. 2000년에 제정된 농업 · 농촌기본법은 1990년대 들어 식량자급률 저하, 농업노동력의 고령화, 농촌인구의 감소 등과 같은 농업 농촌문제가 심각해지자, 농업구조 개선을 위한 관련법의 필요성이 대두되면서 제정된 법이다. 농업 · 농촌기본법이 제정된 이후 몇 차례 개정되었다가 2008년 농업 · 농촌 및 식품 기본법으로 변경하고 2012년 1월에 농어업 · 농어촌 및 식품산업 기본법으로 변경하였는데 농업구조정책을 제도적으로 지원하는 중요한 법이 되고 있다. 아래에서는 광의의 농업구조와 연관되어 시행하고 있는 정책의 동향을 살펴보기로 한다.

1) 농업경영체 육성

농업 인력의 노령화와 부녀화 추세에 대응하여 1981년부터 농업어업인 후계자 및 전업농 육성사업을 추진해 오고 있다. 일정한 자격을 갖춘 농민들을 대상으로 기술.자금 및 판로를 지원함으로서 농업인력의 질을 높혀 농업경영의 생산성을 향상시키려는 정책이다. 정부는 규모화된 자본 기술집약적 전업농을 육성하기 위해서 1994년부터 품목별 전업농을 선정하여 지원하다가 2002년부터 쌀 전업농 육성사업을 중점적으로 추진하고 있다. 전업농육성사업은 전문화 · 규모화 · 현대화된 가족경영체 확보, 타산업부문 종사가구와 소득균형을 이루며, 일정수준의 농산물을 안정적으로 생산 · 공급할 가족단위의 전업경영체를 육성하고자 하는데 있다.

농업인후계자 육성사업은 농업에 종사할 의욕이 있는 청소년들을 적극 지도하여 농업에 대한 적성과 능력을 높이고, 영농 사업기반 조성자금을 지원함으로써 자립영농 정착을 촉진시켜 유능한 농업 전문인력의 체계적 확보 · 유지 도모하는 사업이다. 추진방향을 보면 정규 농업계 학교출신자 및 농업관련 국가기술자격증 소지자의 조기 영농 정착 유도, 품목별 경영지도 및 사후관리 강화, 미혼여성의 농촌 정착유도이다. 1997년에 설립된 한국농수산 대학도 정예농업인력 육성사업의 일환이고 그 밖에 여성농업인 육성, 벤처농업인, 농업인턴제, 대학생 창업연수제 등이 운영되고 있다.

일정규모 이상의 집단 경영체로 육성하는 정책도 중요한 농업경영구조 정책의 하나이다. 1963년부터 전국 각지에 설립된 협업농장, 1970년대에 나타난 작목반, 그리고 1981년부터 지원된 기계화영농단사업(당시에는 새마을 기계화영농단) 등이 규모화를 목적으로 설립된 단체적 경영체들이었는데 경영구조의 개선이라는 성과를 내지는 못하였다. 단체 경영체 육성은 1990년 제정된 농어촌발전특별조치법에서 영농조합법인과 위탁영농회사를 법제화하면서 출발하였다. 1993년 농어촌발전특별조치법 개정으로 영농조합법인의 규모확대를 지원하고 1994년에는 위탁영농조합회사를 농업회사법인이라는 명칭으로 변경하고 사업영역도 농업경영, 농산물 유통 · 가공 · 판매, 농작업 대행 등으로 확대하고 부대사업도 농기계 장비의 임대 · 수리 등만 아니라 영농자재 생산공급, 종묘생산, 종균배양 등으로 크게 확대하였다.

2) 영농규모화

농가소득 향상과 농업경쟁력 증대를 위하여 영농 규모화는 핵심적인 농업경영구조 정책이다. 영농규모화사업이란 농지매매와 장기임대차를 통하여 농가의 영농규모를 확대하고, 농지교환 분합을 통해 농지의 집단화를 도모하는 사업이다. 정부는 경영규모의 영세성을 극복하기 위하여 계속 증가되고 있는 비농가 소유 농지가 자경농가에게 이전되도록 촉진함과 동시에 농업경영만으로 가계유지가 어려운 영세농은 농지를 장기임대하거나 처분하고 다른 직업으로 전업할 수 있는 여건을 조성하는 등을 목적으로 1990년 4월 농어촌진흥공사 및 농지관리기금법을 제정하였다.

이후 1994년 6월의 농어촌발전대책을 통해 쌀 전업농 10만호 육성 방침이 발표되었으며, 2002년 4월의 쌀 산업 종합대책에서 3ha 이상 쌀 전업농의 육성을 위한 지원 강화 방침이 발표되었다. 이어 2004년 8월에 발표된 쌀 전업농 육성 종합대책의 세부추진계획에서 2013년까지 호당 평균 6ha 수준의 쌀 전업농 7만호를 육성하여 벼 재배면적의 50% 수준(43만ha)을 담당하도록 함으로서 쌀 산업의 경쟁력 제고 및 주곡의 안정적 생산기반 확보와 전업농가의 자립여건을 조성하는데 목표를 두고 있다. 농지은행을 2005년에 설립하여 농지매매, 과원 규모화, 농지매입비축, 경영회생자금지원, 경영이양직불금, 임대수탁사업, 농지연금 사업 등으로 농지 규모화 사업을 체계적으로 추진하고 있다.

영농규모화사업의 성과로는 첫째, 쌀 전업농의 평균 경영규모가 지원

전의 2.5ha에서 지원 후 2016년에 6.2ha로 증가하였으며, 둘째, 3ha 이상 벼 재배농가 호수가 1988년의 1만호에서 2015년 5만 7천호로 급증하였고, 셋째, 쌀전업농 경영면적 비중은 지난 2005년도 30%(전체 벼재면적 98만ha 중 29만7000ha)에서 2016년도에 벼 재배면적 779천ha의 약 54%인 421천ha로 상승했다는 것이다. 넷째, 재배규모가 큰 농가일수록 규모의 경제에 의한 직접생산비 절감 효과가 뚜렷하여 0.5ha미만 농가의 10a당 직접생산비가 596천원인데 비하여 5.0~7.0ha 농가는 384천원으로 낮아지고 있다는 점이다.

3) 생산기반의 정비

토지이용형 농업의 생산성 향상을 위하여 경지정리사업, 대구획 경지재정리사업, 밭기반정비사업, 기계화 경작로 확포장사업 등이 실시되었다. 용배수개선과 관련하여 농업용수개발사업과 배수개선사업이 지속적으로 추진되었다. 대단위 농업개발사업과 농지확장을 위한 개간사업과 간척사업은 1970년대 이후 1990년대까지 활발하게 추진되어 왔다. 농어촌 정비법에 의해 생산기반시설이 취약한 밭을 대상으로 암반관정 등의 수원공, 농로, 용수이용시설, 밭경지정리 등의 기반을 정비하여 밭작물의 생산성향상과 품질개선 등으로 소득증대 도모하였다. 경지정리가 완료된 농지의 주요농로를 확포장하여 기계화 영농기반을 구축하고 불규칙한 농지의 논배미, 용배수로, 농로도 영농기계화에 알맞도록 정비하여 농업생산성을 향상시키고자 하였다. 또한 농지개량조합에서 관리하고 있는 수리시설 중 노후되었거나, 재해에 취약한 시설을 개보수.정비하여 용수를 절약하고, 재해의 사전 예방과 시설관리를 개선하였다. 하천수계를 중심으로 한 대단위지역을 개발권으로 하여 농업용

수 확보와 우량농지의 창출을 목적으로 대단위 농업종합개발사업을 시행하였다.

4) 농업시설 및 기계의 현대화

시설 농업의 현대화를 통하여 자본.기술 집약적인 농업으로 고품질 농산물을 생산하여 노동생산성과 소득향상을 기하는 생산구조개선정책을 추진하고 있다. 농어업 시설현대화 지원은 주로 축산, 과수, 채소 시설 원예분야에서 이루어지고 있는데 축산분야는 축사 신축 개보수, 급이 폐사축 처리시설 같은 생산성 향상과 방역 관련 시설에 중점을 두고 2013년까지 양돈농가 등 2,000가구를 대상으로 지원하였다. 과수는 과실생산 기반조성, 생력농기계 및 산지유통시설의 현대화를 지원하였으며 채소 시설원예는 비가림 재배시설, 온실자동화, 에너지 절감시설 등을 지원하였다.

농업기계화사업은 1980년대 중소형 농기계중심 수도작 기계화 1990년대 벼농사 대형 기계화 및 전작 기계화 2000년대 들어 농기계구입자금 융자지원 및 이용율 제고를 위한 임대사업 등으로 변하고 있다. 농업기계의 공동이용도를 제고하고 대형농기계 중심의 규모화 영농으로 농업생산성 향상과 농업구조개선을 촉진하고자 하였다. 농업기계화의 정의는 농업기계화촉진법에 따라 농산물생산단계까지 투입되는 기구 · 기계 · 장비에서 수확후관리, 식품가공기계까지 포함토록 그 범주를 크게 확대하고 있다.

정부는 제7차 5개년 농업기계화 기본계획(2012~2016년)에서 첫째, 저비용 고효율의 농작업 기계화로 농업경쟁력 강화 둘째, 친환경 고품질 농산물의 생산 및 유통 기계화 촉진 셋째, 안전하고 사용하기 쉬운 농기계의 개발보급 촉진 넷째, 안전하고 경쟁력 있는 농업기계화 촉진 다섯째, 농기계산업을 수출산업화로 육성 여섯째, 농업환경변화에 대응한 기계화 인프라 구축 등을 정책목표로 제시하고 있다.

2. 농지정책

토지자원은 시장기구 아래서는 사적 용도로의 이용을 위한 수요는 많으나 공공재의 이용을 위한 용도는 적게 나타날 가능성이 있다. 이러한 토지의 공공재적 특성으로 인한 불완전 경쟁적인 구조, 시장의 실패는 정부가 토지이용에 대하여 정책적으로 개입하는 이유가 된다.

토지의 공공재적 특성은 농지정책에서 뚜렷하게 나타나고 있다. 농정의 기본목표를 자국민의 기초식량을 안정적으로 값싸게 공급하는데 있다면 농정이 가장 역점을 두어야 할 것은 국민식량의 생산 · 공급에 필요한 농지자원을 확보하는 것이다. 농지의 소유 · 이용을 시장기능에 맡겨 둘 경우 농지는 지가와 지대지불 능력이 높은 비농업용으로 무차별 · 무계획적으로 전용되어 농정목표의 달성이 불가능하게 된다. 정부는 경지의 이용계획을 세우고 농업적으로만 사용하여야 할 토지를 획정하고, 그 소유와 이용에 관한 규정을 정하게 되는데 이것이 일반적으로 농지제도로 일컬어지고 한나라의 농지정책을 규정하는 핵심이 된다.

1996년에 제정된 우리나라 농지법 제3조는 농지의 기본이념을 다음과 같이 명시하고 있다. 농지는 국민의 식량공급과 국토환경 보전의 기반이고 농업과 국민경제의 균형있는 발전에 영향을 미치는 한정된 귀중한 자원이므로 소중히 보전되어야함은 물론 공공복리에 적합하게 관리되어야 하며 그에 관한 권리의 행사에는 필요한 제한과 의무가 따른다.

농지는 농업의 생산성을 높이는 방향으로 소유·이용되어야 하며 투기의 대상이 되어서는 아니된다. 또한 농지법 제4조와 제5조에서 농지에 대한 국가의 의무와 국민의 의무도 제시하고 있다.

이러한 농지제도의 기본이념은 다음 두가지로 집약된다. 첫째, 비농업부문의 농지 수요에 대해 국민식량의 확보에 필요 농지를 어떻게 보전할 것인가하는 문제이고 둘째, 농업 내부적으로 농지를 생산적·효율적으로 이용하여 농업에 종사하는자의 소득을 증대시키고 국민들의 경제적 후생증진에 기여하는 농산물의 가격을 어떻게 낮출 것인가 하는 문제이다.

2010년 현재 우리나라 전체 국토면적 10,003천ha 중 농지는 1,715 천ha (17.1%), 산림 6,369천ha (63.7%), 기타 (하천, 도로, 주택등 도시적 용지)은 1,919 천ha (19.2%)가 된다. 우리나라 경지면적은 1968년 232만ha를 정점으로 계속 감소하고 있으며 2000년 이후의 연평균 약 1.0%로 감소하고 있는데 경지면적 감소의 주된 요인은 농지전용이다. 농지면적 1,715ha 중에서 논은 984 천ha, 밭은 731 천ha 으로 구성되어 있다. 농가호당 경지면적은 1.46ha이고 국민 일인당 경지면적은 3.51a(약 105평)에 불과하다.

2010년의 농지 1,715천 ha 중 농업진흥지역안 농지는 1,027천ha (59.8%)으로 우량농지가 집단화된 지역, 행위제한이 강한 지역이며 농업진흥지역밖 면적은 688천ha (40.2%)으로 준농림지역, 도시지역 등으로 구성된다. 농업진흥지역 농지비율 59.8%는 과거 절대농지비율 65%보다 낮은 수준으로 진흥지역 비율이 낮은 이유는 농업진흥지역안과 밖의 농지 가격차가 커서 진흥지역 지정에 반대가 심했기 때문이다.

우리나라의 농지정책은 법률과 관행, 농지행정을 집행하는 행정기관에서 세운 령 등의 제도를 통하여 시행되고 있는데 그동안 1949년 농지

개혁법과 1973년도에 제정된 농지의 보전 및 이용에 관한 법률에 의해서 농지정책이 추진되어 오다가 1994년 12월에 각종 농지관련 법령을 통합 정비한 농지법에 근거를 두고 정책을 시행하고 있다. 법체계의 대강을 보면 농지소유자격, 농지소유상한, 농지임대차 제도, 농지매매와 농지구입 자금지원, 농지보전과 전용제도로 구성되어 있다.

농지법의 기본방향을 보면 첫째, 농업구조개선의 촉진을 위한 농지의 소유 및 이용제도 정립으로서 건전한 농업경영과 자본의 농업참여를 유도하여 규모화되고 경쟁력 있는 농업 경영체 육성하고자 하고 있다. 둘째, 농업기반을 유지하기 위한 적정면적의 농지확보 및 보전으로서 집단화된 우량농지를 국민식량의 안정공급과 국토환경보전등 공익적 기능 수행을 위해 최대한 보전하고자 하고 있다. 셋째, 농업과 농어촌의 활성화를 위한 농지의 체계적 활용으로서 건전한 2, 3차 산업의 농촌입지를 유도하여 농촌을 사람이 모여 살 수 있는 복합산업 공간으로 육성하고자 하고 있다.

농지법의 주요내용을 보면 농지의 소유 및 거래제도에서 경자유전의 원칙을 지켜 나가면서 영농규모 확대를 유도하고 의욕과 능력있는 농업경영주체가 신규영농 참여하도록하기 위해 농업회사법인의 농지소유를 허용하며 농지소유자는 반드시 농업을 경영하도록 하고 그렇지 않은 경우에는 농지를 처분하도록 하였다. 소유농지의 경작에 상시 종사하는 경우와 소유농지의 농업생산과정의 1/2이상을 자기노동력에 의해 경작하는 경우에 자경으로 인정하여 자경증명서를 발급하고 농업인이 자기노동력이 부족한 경우 농작업의 일부위탁이 가능하며 작목별 주요 농작업의 1/3이상 또는 1년중 30일이상 직접 영농에 종사하면 나머지 농작업은 다른 사람에게 위탁할 수 있게 했다.

농지의 이용증진을 위하여 장기적이고 종합적인 농지이용계획을 수립하여 농지의 효율적인 이용과 체계적인 보전 도모하는데 농지의 지대별 · 용도별 이용계획, 농업경영규모확대계획, 농지의 타용도 이용계획 등을 수립한다. 농업경영규모의 확대, 농지의 집단화, 공동작업의 확대 등을 통하여 농업경영의개선 도모하기 위하여 농지의 매매, 교환 · 분합, 장기임대차사업 등 농지이용증진사업을 추진한다. 농지의 보전을 효율적으로 하기 위하여 농업진흥지역제도를 도입하고 농지를 농업진흥지역과 농업진흥지역 밖으로 구분하여 농업진흥지역 밖의 농지는 이용규제를 완화하며 농업진흥지역은 우량농지로 보전해나가도록 한다.

우리나라의 농지제도는 규제법 위주로 되어 있다. 예를 들어 농지가 농업진흥지역으로 지정되면 정부가 농업생산기반 정비, 세금경감, 추곡수매 우선, 농업자금지원 우선 등의 혜택을 주고 있다. 하지만 이러한 유인이 농업진흥지역 지정에 따른 지가상승억제를 상회할 만큼 강력하지 못하므로 소유농지가 농업진흥지역으로 지정된 농지 소유자는 농업진흥지역밖의 농지소유자에 비해 재산가치 형성측면에서 심한 불이익을 받고 있다고 느끼는 것이 현실이다.

도시의 녹지공간을 확보하기 위한 그린벨트를 소유하고 있는 농민은 토지이용규제로 인한 재산상의 손실을 감수해야만 하는 하므로 언제나 공평하지 못하다는 생각을 하는 것도 현실이다. 그린벨트는 토지가격이 높은 도시에서의 권역설정이므로 그린벨트냐 아니냐에 따라 토지가격의 차이가 심하므로, 공익과 사익의 충돌이 가장 첨예하게 나타나는 분야이기도 하다. 농업진흥지역중에서도 도시근교에 있는 우량농지 소유자들은 농업진흥지역으로 소유농지가 지정되면, 대체로 그린벨트와 같은 정도의 재산상 손실이 발생했다고 생각한다. 이러한 농지소유자들이 느끼는 형평의 상실문제를 보완하는 정책개발이 농지정책은 물론 토지정책이 해결해야 할 과제라고 본다.

3. 농산물 가격정책

시장경제체제하에서 가격은 적재적소에 상품과 자원을 배분하는 역할을 하고, 희소한 자원을 최적화하여 효율적으로 공급과 수요가 균형을 이루게 해주는 기능을 하고 있다. 하지만 현실의 농산물 시장에서 이러한 가격의 기능은 자원배분의 효율성을 저해하는 여러 요인들에 의해 제한을 받고 있다. 시장제도가 여러 요인들에 의해 비효율적인 경제현상이 나타나게 되고, 자원배분에 실패할 경우에는 이를 시장실패라 부른다. 농산물 시장의 경우 시장실패로 자원배분의 비효율성이 나타날 가능성이 크므로 이를 교정하여 자원배분의 효율성을 높이고 사회적 후생수준을 증진시키고자 하는 것이 가격정책의 중요한 과제이다.

궁극적으로 농산물 가격정책의 목적은 시장기능을 통한 농산물 가격형성과정에서 오는 농민의 손실을 방지하고 나아가서는 소득을 증대시켜 타 산업부문과의 소득불균형을 조절하고 생산을 조절하고 물가수준을 안정시켜 소비자를 보호하는데 있다. 하지만 가격정책 상호간에는 서로 상충되어 정책의 목적을 동시에 달성하기 어려운 경우가 많다. 예를 들어 농가소득 증대를 위해서는 농산물가격을 올려주는 정책을 유지하여야 하나 물가안정을 위해서는 가급적 농산물 가격을 낮추어야 할 것이다. 과잉생산 조절책으로 생산 조정제를 채택하면서 높은 농산물가격을 유지하게 되면 물가안정, 소비자 후생증진, 정부 재정안정을 포기해야 하는 경우가 발생하게 된다.

농산물 가격정책의 종류를 보면 다음과 같다. 첫째, 농산물가격 지지정책으로서 농산물가격이 일정한 하한선 이하로 하락하는 것을 방지하고자 하는 것으로서, 가격지지하에서는 지지가격의 수준이 높을 경우 소비자의 가계에 부담을 주고 인플레이션의 원인이 되기도 하며 과잉생산을 유발시키기도 한다. 농산물 지지가격제의 수단은 정부매입, 담보융자, 계약재배, 특정 농산물에 대한 보조금 지급, 소비자에 대한 보조금 지급 등 여러 가지가 있다. 지지가격의 산정방법은 생산비가격, 패리티가격, 소득패리티가격, 율세가격 등을 들 수 있다.

둘째, 이중 곡가정책으로서 생산자 가격은 높게 책정하여 증산을 자극하여 농가소득 증대를 꾀하고 소비자가격은 상대적으로 낮은 수준에 유지함으로서 소비자 가계부담의 경감 및 물가안정을 목적으로 실시하고 있다. 이중 곡가제로서 정부매입가격과 판매가격간의 격차의 크기에 따라 광의와 협의로 구성된다. 정부의 판매가격이 매입가격보다 높을 경우 판매차액이 발생하는데 이 차액이 보관, 수송, 가공에 드는 중간경비보다 낮게 되면 정부가 중간경비의 일부를 부담하게 되는데 이런 경우는 광의의 이중곡가제가 성립하게 된다. 한편 판매가격을 구입가격보다 낮게 또는 동일하게 책정하면 중간경비와 가격의 역차를 합한 비용을 정부가 부담하게되는데 이런 경우는 협의의 이중가격제라 한다. 우리나라의 미곡가격정책을 보면 1970년 이전에는 광의의 이중 곡가제를 채택했으나 1971년에는 협의의 이중 곡가제를 실시한후 1973년부터 본격적인 이중곡가제를 실시한바 있다.

셋째, 예시가격제 및 계약재배이다. 예시 가격제는 사전에 어떠한 작목에 대한 가격을 예시하여 생산자로 하여금 스스로 생산에 대한 의사결정, 영농계획수립 혹은 소득예측이 가능하도록 하는 가격제이다. 수확기의 수매가격을 파종 전에 예시하는데 정부는 재정 부담을 줄이기 위해 사전에 생산축소를 유도하기도 한다. 계약재배는 실수요자인 정부, 농협, 백화점 등과 생산자가 생산 후 직접 수매량과 수매가격에 대한 계약을 체결하는 제도이다. 셋째, 보상가격제로서 정부가 농산물의 최저 보상가격을 약정하고 시장가격이 보상가격수준 이하로 떨어질 경우, 시장가격과 보상가격과의 차액 즉 부족액을 보상하는 제도로서 부족불 보상제도(deficiency payments)라고도 한다.

넷째, 공급조절정책으로서 농산물 공급이 부족하여 가격이 불안정하게 되면 수입 등의 방법으로 가격을 안정시키고 생산이 과잉될 경우 작부면적할당 등의 방법으로 공급을 조절하는 정책을 말한다. 공급조절정책은 시장공급물량의 조절을 통하여 간접적으로 가격공급조절정책으로서 가격지지를 위하여 식부면적제한 또는 시장출하물량 할당, 생산조정 등의 방법으로 공급을 조정하고 공급이 부족할 시는 수입을 통해서 가격을 안정화시키는 정책이다. 그밖에 최고가격제는 일정한 수준의 최고가격수준을 정해 놓고 농산물가격이 그 이상 오르지 않도록 억제코자 하는 목적으로 시행한다. 이 제도는 대부분 식량부족국가에서 저농산물가격 유지정책의 일환으로 식량수급의 불균형에 따른 가격폭등을 일시적으로 억제하기 위해 사용한다. 농산물비축제도도 가격변동의 등락 폭이 심한 농산물가격을 적정수준에 안정시킴으로써 생산농가의 소득보장과 도시소비자가계의 보호를 동시에 기하고자 할 때 이용되고 있다.

4. 농가소득 지지정책

앞에서 농산물 시장의 실패에 따른 효율성의 문제를 극복하거나 보완하려는 목적으로 실시하고 있는 농산물 가격 정책의 내용에 관하여 살펴보았다. 정부의 가격정책이 시장실패를 교정하여 경제효율성을 달성하기 위한 목적으로만 시행되고 있다고보기는 어렵다. 정부에 의해 실시되는 많은 가격정책들이 효율성기준에 의하면 비효율적이라는 비판을 받아왔음에도 불구하고 장기간에 걸쳐 시행되고 있다, 그 이유는 국가경제의 발전과정에서 나타나는 농업과 비농업부문과의 소득의 격차 즉 형평성의 문제를 해결하기 위한 때문으로 볼 수 있다.

시장 균형가격보다 더 높은 가격을 유지하는 가격지지정책은 농가 소득을 증진시키고자 하는 간접적인 소득지지정책이라고 할 수 있다. 간접적인 소득지지 정책은 크게 재정지출을 수반하지 않는 정책과 재정지출을 수반하는 정책으로 구분된다. 정부의 재정지출을 수반하지 않고 공급량 감소로 가격을 높여 농가소득을 올리는 간접적 소득지지 정책은 휴경제도(acreage controls, set-aside)와 생산통제(production control, production quota)가 있다. 휴경제도란 정부가 경작면적을 제한함으로써 농산물의 공급을 제한한 결과 가격이 적정수준으로 유지될 수 있도록 하여 농업생산자의 후생을 증진시키는 정책이다. 경작지 할당정책(acreage allotment), 휴경정책(acreage controls, set-aside) 등이 여기에 속한다. 생산통제정책이란 정부가 생산자의 후생을 증진시킬 목적으로 적당한 정책가격까지 가격을 상승시키기 위해 강제적으로 시장에 출하되는 공급량을 제한하는 것이다. 이러한 정책으로 경작면적이 제한되면 공급이 감소하여 가격이 상승하게 된다.

한편 정부지출이 수반되는 간접적인 소득지지정책은 수매후 폐기정책과 차액보상제가 있다. 수매정책은 일정한 정책가격을 설정한 다음 초과공급이 발생하여 가격이 정책가격 이하로 하락할 경우 정부가 초과

공급량을 수매하여 가격이 항상 정책가격수준을 유지하도록 하는 정책이다. 차액보상제 혹은 부족불지불제는 수매정책과 같이 정부가 시장균형가격보다 높게 목표가격으로 설정하여 생산자에게 이 가격을 보장하되, 시장가격은 자유시장에 맡겨놓고, 목표가격과 시장가격과의 차액을 정부가 재정지출로 지불하는 정책이다.

직접지불정책(direct payment program)은 정부재정에서 개별 생산자에게 직접 지원되는 소득보조정책의 통칭이다. 직접지불정책은 1980년대 이후 미국과 EU 등 선진국에서 높은 농산물 가격지지정책으로 과잉생산문제가 심각해짐에 따라 농업생산에 미치는 영향을 줄이면서 농가소득을 유지시키는 정책 방식으로 부각되었다. OCED국가에서 실시하는 직접지불제의 종류를 보면 농가의 최저소득을 보장하기 위한 최저소득지지 지불제, 과잉생산 억제와 재배면적 제한을 위한 휴경보상제, 작물보험 및 재해보상지불등 농가소득 안정화를 위한 소득보조, 농업조건불리지역의 농가에 대한 소득보조, 환경조화적 농업을 위한 보조금 지급, 이탈농 지원을 위한 보조금지급 등의 방법이 있다.

우리나라의 경우 쌀 농업과 관련하여 UR 이후 정부의 쌀 수매가 축소됨에 따라 소득보상적 직접지불제가 2005년부터 시행되고 있는 중이다. 쌀농가 직접지불정책은 쌀의 시장가격이 낮아져도 생산농가는 소득수준이 보장되기 때문에 쌀 생산의 유지가 가능하고 그만큼 국제경쟁력을 제고시키는 효과를 가진다는 장점이 있다. 하지만 쌀소득보전 직불제만으로는 농가의 소득을 증대하는 데 한계가 있으며 과잉생산에 따른 쌀값 하락과 면적 비례의 지급에 따른 농가규모별 계층 간 형평성 문제가 우려되고 있다.

한편 고령 경영주가 영농을 포기하고 소유농지를 다른 농업인에게 양도하거나 장기임대하는 경우 노령농가 탈농 보조금을 지급하거나 장년 경영주가 전직을 희망하는 경우 전직교육 및 생활보조금을 지급하는 제도가 있다. 또한 조건불리지역에서 영농활동을 하는 농가에 대한 소득 보조와 자연재해를 입은 농가에 대해서 소득 손실 보상용 직접 지불제를 운영하고 있다.

표 7-1 직접지불제 정책의 종류

종 류	사업 목적 및 내용
쌀고정직불제	쌀 농업인의 소득안정 및 논의 공익적 가치보전을 위하여 평균 1,000천원/ha을 지원
쌀변동직불제	목표가격과 수확기 쌀값의 차액의 85%를 보전하되 고정직불금으로 보전하고 부족한 금액을 지원.
경영이양직불제	농업경영을 이양하는 65~74세 고령·은퇴농가의 소득안정과 젊은 농업인 중심의 영농규모화 촉진하고자 지원
친환경농업직불제	친환경농업 실천 농업인의 초기 소득 감소분 및 생산비 차이 보전을 위해 친환경농업(축산)직불금을 지급.
조건불리지역직불제	농업생산성 및 정주여건이 불리한 농촌지역에 대한 지원을 통해 농가소득보조 및 지역공동화 예방 등 지역 활성화 목적의 지원.
경관보전직불제	지역별 특색 있는 경관작물 재배하는 농업인과 농업법인에게 지원.
FTA피해보전직불	FTA 이행에 따라 국내 가격이 일정 수준이하로 하락한 품목의 생산자에게 가격 하락분의 일정 부분을 보전,
FTA폐업지원	FTA 이행으로 과수, 축산 등 해당 사업을 계속하는 것이 곤란하다고 인정되는 품목을 폐업하는 경우 폐업지원금으로 지원
밭농업 직불제	직불금 대부분이 쌀에 집중되어 품목간·지역간 불균형 문제가 제기되면서 밭농업에 종사하는 농업인, 농업법인에 지급

자료: 농림축산식품부

현행 WTO 농업협정문에서는 생산과 연계되지 않는 순수한 직접지불제도를 생산과 무역을 왜곡하지 않는다는 측면에서 허용대상정책(Green Box)으로 분류하여 감축의무를 부과하지 않을 뿐만 아니라, 정부의 재정능력이 된다면 직접지불을 통한 농가소득지지는 언제든지 증가시킬 수 있도록 허용하고 있다. 이 정책은 자원배분의 효율성을 유지하면서 농가소득증대라는 정책목표를 달성하는 데 가장 효과적인 정책이라 여겨지고 있으나 정부의 재정이 풍부하지 않은 국가는 시행하기 어렵다는 한계가 있다. 또한 직접지불을 통한 소득지지를 위해서는 실제 많은 행정비용이 소요될 수 있다는 측면과 직불제의 대상이 아닌 다른 부문이나 계층과의 또 다른 형평성 문제가 제기될 수 있다는 단점도 있다.

5. 농산물 유통정책

1)농산물 유통정책의 필요성

농산물 유통이란 생산된 농산물이 소비지로 흘러가는 유통 경로상에서 농산물의 수집, 중계, 분산 활동과 이와 관련된 여러 가지 유통기능을 의미한다. 유통단계별 과정을 보면 매매주체간에 거래가 형성되어 소유권이 이전되는 기능, 보관과 수송을 통한 물적 유통기능, 그리고 표준화, 시장정보, 금융 등 유통조성기능이 관여하게 하게 된다.

농민의 입장에서 볼 때 유통의 첫 단계인 산지유통과정에서 형성된 농가판매가격은 생산농민의 농업소득에 직접적으로 영향을 미치게 되어 농가수취가격을 되도록 높게 받는 것이 일차적인 관심사항이 된다. 그런데 농산물은 단기적으로 공급이 제한되어 있고 수요량의 변화에 따라 시장가격이 결정되는 경향이 있으므로 농산물의 수급이 불안정할 경우 가격의 폭등과 폭락은 어느 정도 불가피한 측면이 있다. 따라서 생산 농가의 관점에서 볼 때 유통 문제는 수급의 불안정문제를 해결하여 농산물의 가격등락을 안정시키는 것이 가장 중요한 과제라고 할 수 있다.

한편 생산자들의 농가수취가격을 적정하게 유지하기 위한 과도한 유통마진의 문제를 해결하는 것도 중요한 과제라고 할 수 있다. 농산물 유통마진은 농산물의 농가판매가격과 최종 소비자 지불가격과의 차액으로서 총 차액은 집하, 가공, 도매, 소매 등 유통단계별 마진으로 구성되고 각 단계별 마진은 유통업자의 구입가격과 판매가격과의 차액을 말한다.

유통마진과 농산물 가격과의 관계를 보면 다음 그림 7-1과 같다. Sf는 특정농산물의 농가수준에서의 공급곡선을 나타내고 Sr은 유통마진을 가산한 소매단계에서의 공급곡선을 나타낸다. Dr은 당해 농산물에 대한 소비자 수요곡선이고 Df는 Dr에서 유통마진을 뺀 농가수준에서의 파생수요를 나타낸다. 거래량의 크기에 관계없이 단위당 유통마진이 일정하다면 농가수준이나 소매단계에 있어서 양곡선의 기울기는 같을 것이다.

따라서 농가수준에서의 가격탄력성과 소매단계에서의 가격탄력성은 2단계에서의 가격비율과 동일한 비율을 유지할 것이고 또 소메수준에서의 가격탄력성이 농가수준의 그것보다 클 것이다. 농가수준의 탄력성 Epf = $\frac{\Delta Q}{\Delta Pf} \cdot \frac{Pf}{Q}$은 소매수준의 탄력성 Epr = $\frac{\Delta Q}{\Delta Pr} \cdot \frac{Pr}{Q}$보다 작은데 그 이유는 $\frac{\Delta Q}{\Delta Pr} \cdot \frac{\Delta Q}{\Delta Pf}$이고 Pr〉Pf 이기 때문에 소매수준의 탄력성= Epr 〉 농가수즌의 탄력성= Epf이 된다. 만일 거래량의 증가와 더불어 유통마진이 증가한다면 농가수준에서의 가격탄력성은 상대적으로 더욱 비탄력적으로 될 것이다. 반대로 거래량의 증가와 함께 단위 유통마진이 감소하면 농가수준에서의 가격 탄력성은 상대적으로 탄력적으로 될 것이다.

따라서 유통마진이 커지게 되면 소매가격의 가격 변화폭보다 농가판매가격의 변화폭이 더 크게 변화하여 농가판매가격과 농가소득의 불안정이 더욱 심화될 것이다.

그림 7-1에서 거래량이 Q이고 농가판매가격이 Pf, 소매가격이 Pr의 균형 상태에서 유통마진의 상승으로 소매가격이 Pr'로 올랐다고 하자. 소매시장의 가격상승으로 수요량이 Q에서 Q'로 떨어지면 농가수준에서의 파생 수요는 Df에서 Df'로 떨어지고 농가판매가격은 Pf에서 Pf'로 떨어지게 된다. 결론적으로 유통마진의 상승으로 소매가격이 상승하면 수요량과 농가판매가격이 떨어지며 유통마진의 증가분은 소비자와 생산자가 일부 부담하게 된다. 이와 같이 이론적으로 유통마진이 상승하면 농가의 판매량은 떨어지고 농가판매가격도 하락하는 것이 농산물 유통의 문제가 되고 있어 정부의 유통정책의 필요성이 있게 된다.

그림 7-1 유통마진이 농가수취가격 및 소매가격에 미치는 영향

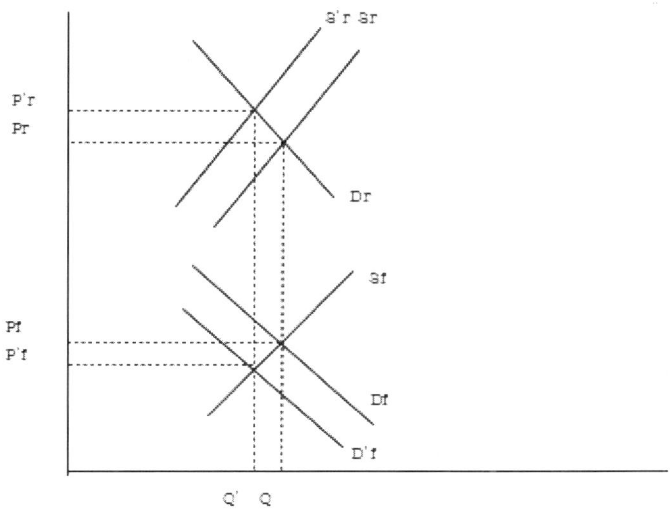

생산된 농산물은 거래과정에서 유통상인에 비하여 생산자의 거래 교섭력이 약한 것이 일반적이다. 유통상인들의 거래교섭력이 우세할수록 유통과정에서 비효율적이고 불합리하게 유통비용이 증가하는 경향이 있다. 생산자의 거래교섭력이 상인들에 대하여 대등한 수준으로 강화될수록 유통효율이 증가되어 적정한 농가수취가격을 형성할 수 있게 되는데 거래 교섭력의 향상은 개별농가 단위에서는 어려우므로 정부의 정책적인 지원이 있어야 가능하게 된다. 이와 함께 농산물의 유통의 효율성은 수송, 저장, 가공과 같은 물적 유통기능과 표준화, 신속 정확한 시장정보, 유통금융, 포장화 등 유통조성기능의 발달과도 깊은 연관이 있는데 이러한 유통기능은 공공재적인 성격이 강하여 정부의 지원과 규제가 필요하게 된다.

2) 유통정책의 수단과 종류

농산물 유통정책이란 정부 또는 공공단체가 농산물의 유통과정에 직간접적으로 개입하여 유통 능률을 극대화함으로써 농산물 수급의 원활화를 통한 가격의 안정, 유통비용의 절감과 관련된 물적 유통기능의 향상, 그리고 거래의 공정화를 목표로 한 정책이다. 유통정책은 협의로는 물적 유통의 효율화 및 거래의 공정을 목적으로 하는 정책과 농가소득의 확보와 소비자보호라는 관점에서 농산물의 가격을 조절하려는 가격정책을 포함하는 광의의 유통정책으로 구분할 수 있다.

따라서 유통정책의 내용을 통제기능과 조성 기능으로 크게 구분할 수 있는데 이를 세분하여 보면 다음과 같다. 통제정책의 내용으로서 첫째, 최고가격을 통제하거나 판로확대, 수급조절 및 가격안정을 목적으로 하는 정책으로서 농수산물 유통 및 가격 안정에 관한 법률 및 농수산자조금의 조성 및 운용에 관한 법률 에 의하여 통제하는 경우이다. 유통통제의 수단으로는 가격예시제, 농산물 수매, 유통협약 및 유통조절명령, 비축사업 등이 있다. 둘째, 유통질서에 대한 통제로서 각종 불공정 거래행위에 해당하는 상거래 관습을 통제 금지하여 시장경제의 활성화를 통한 공정거래의 유지, 소비자 및 생산자 보호를 목적으로 하며 도매 시장법, 가축시장법, 농산물 검사법등이 있다.

한편 유통조성정책의 내용은 유통과정에서 생산자와 상인 등 유통주체의 활동을 원활하게 수행케 함으로서 유통효율성을 증진시킬 수 있도록 유통정보, 유통금융, 규격화 및 등급화, 표준화, 위생검사, 위험분산, 교육훈련, 유통정보 등 유통조정기능을 지원하는데 있다. 대부분의 유통기능은 시장원리에 의하여 개별주체가 반응하기 보다는 정부의 간섭이 필요한 공공재적인 성격을 가지고 있다.

3) 농산물 유통정책의 동향

우리나라의 농산물 유통정책은 1970년대 부터 농협계통출하를 통하여 유통마진을 축소하고 농가수취가격을 증가시키겠다는 목적으로 주요한 생산농업정책의 하나로 다루어져 왔다. 여기서는 1990년대 UR 이후 산지 및 소비지 유통환경의 변화에 대한 대응과정에서 변화해온 유통정책의 내용을 고찰하고 유통구조개선을 위한 정책방향을 살펴보기로 한다.

유통환경의 변화가 유통구조에 미치는 영향과 문제점을 보면 첫째 시장개방화로 인해 공급과잉기조가 계속 되면서 농산물 수급 및 가격 불안이 일상화되고 있다는 점이다. 둘째, 유통경로가 다양화 다각화되고 있다. 농산물 유통의 중심인 도매시장의 거래비중은 정체되고 있는 반면에 대형마트, 직거래, 온라인 거래 등 새로운 유통경로의 비중은 매우 빠르게 증가하고 있다. 셋째, 농산물 소비 패턴이 편의성, 안전성, 고품질 상품을 요구하는 방향으로 바뀌고 있다는 것이다. 넷째, 소매점의 영세성으로 유통비용의 절반정도가 소매단계에서 발생하여 산지가격이 떨어져도 소비자 가격이 떨어지지 않는 가격의 괴리현상이 나타나고 있다는 점이다.

농산물 유통정책은 산지유통정책, 도매시장정책, 소비지유통정책 그리고 물류정책으로 구분 된다. 산지유통 정책의 주요 내용은 산지유통센터, 전문조직, 거점산지유통센터 등의 사업이다. 도매시장정책의 주요 내용은 거래질서의 확립이 있으며 물류 사업은 표준규격 공동출하, 물류기기지원, 공동 수배송 체계사업이 추진되고 있다. 소비자유통은 농산물종합유통센터, 직거래매취 지원 사업이 추진되고 있다. 이러한 유통정책의 내용과 개선방향을 구체적으로 살펴보도록 하자,

(1) 산지유통정책

산지유통은 농가에서 생산된 농산물이 처음으로 거래가 되는 단계이며 전통적인 5일장 시장과 공동출하조직, 또는 개별농가의 판매를 통하여 산지유통이 형성되고 있다. 판매지의 유형에 따라서 분류하면 생산지에서 농가가 상인들에게 수확전에 밭떼기로 판매하는 포전판매, 수확후 경작지 또는 농가에서 판매하는 정전 판매등 산지판매와 개별농가 또는 공동판매조직이 시장으로 출하하여 판매하는 시장판매로 구분할 수 있다.

품목 별로 산지유통의 실태를 보면 딸기, 토마토 등 과채류의 경우 공동출하반이 상당한 정도로 조직되어 판매지역과 판매처를 선택할 수 있

어 판매자 독점력을 행사할 수 있었다. 반대로 마늘, 고추, 무,배추등 채소류는 개별출하가 주종을 이루고 있고 판매방식도 포전거래, 정전거래가 주류를 이루고 있다. 이들 품목의 판매가 개별적으로 이루어지는 이유는 가격의 등락폭이 크고 시장 정보력이 낮아 판매 손실의 위험부담을 회피하려는 성향이 강하기 때문이다.

따라서 산지 유통정책의 목표는 거래교섭력의 강화를 통한 농가수취가격을 높혀 유통마진의 분배율을 농민들에게 보다 더 높일 수 있도록 하여야 할 것이다. 이렇게 하기 위해서는 첫째, 산지유통의 구조는 협동조합의 전문성, 책임성을 강화하고 조직간 연계성을 확보하여 지역조합의 광역합병을 유도하는 정책을 추진해야 한다. 둘째, 유통경로를 조직적으로 관리하고 산지유통센터를 효율적으로 운영해야 한다. 현재 RPC, APC, LPC와 같은 산지유통시설의 효율성을 증대시키기 위해서는 합병을 통한 규모화가 이루어진 다음에 저온유통시설(예냉, 저온저장, 저온차량)과 같은 수확 후 관리 시설을 보강해야 할 것이다. 규모화 시설로의 전환이 어려운 RPC, APC등은 통합판매사업(조합공동사업법인, 연합사업단 형식)을 추진하고 유통시설은 다공장 시스템으로 활용해야 한다.

셋째, 출하농가에게 회원제, 점수제 공동계산제를 실시해야 한다. 이를 위해 협동조합의 유통사업체와 출하농가간 유통협약을 체결하여 유통 사업체에서 회원농가의 재배품종을 선택하고 재배관리 등 수확전 지도와 무조건 수탁을 통해 계획적인 운영과 판매조절을 수행해야 한다. 넷째, 지역단위로 농산업 주체를 유통조직으로 육성해야 한다. 예를 들면 산지수집상을 건전한 유통조직으로 변화시켜 농협과 경쟁을 유도하는 것이 바람직하다. 품목당 2~3개의 초광역 브랜드를 육성하여 유통조직을 결성한 뒤 품목별 조직이 생산조절, 출하조절, 가격안정화 기능을 수행하도록 해야 한다. 다섯째, 유통조직의 수직적/수평적 결합을 가속화해야 한다. 이때 산지가 중심이 되어야하고 산지에서의 수평적 계열화도 필요하다. 농산물의 품질이 소비자까지 그대로 유지될 수 있도록 콜드체인시스템을 확충하고 단위적재시스템을 확대해야 한다.

(2) 도매시장 유통정책

도매시장은 농산물의 집하. 중계 및 분산 등 물적 유통 기능 뿐 만아니라 가격형성을 통한 수급조정기능, 유통정보의 수집 및 전달기능을 담당하고 있다. 도매시장의 유통실태를 보면 도매와 소매기능이 제대로 구분되지 않고 있으며 불법위탁거래가 성행하여 시장질서가 혼란하다. 또한 거래물량의 사전적 조정장치와 정보가 없어 농산물의 가격형성이 불안정하며 저장, 가공, 하역설비등 유통조정기능의 역할이 미약하여 대부분의 농산물의 경우 도매시장은 단지 농산물의 집합장소와 가격형성기능만 하고 있을 뿐 체계적인 분산체계는 확립되어 있지 않다. 이러한 문제점에 대하여 공영도매시장의 설립확대, 시장시설의 현대화를 도매시장 유통정책의 주요 과제로 추진하고 있으나 최근의 유통혁명에 따라 도매시장의 기능은 점차 약화될 전망이다.

따라서 도매시장 정책으로 첫째, 우리나라 도매업의 규모는 미국이나 일본에 비해 영세하므로 도매업의 규모 확대를 통해 생산성을 향상시켜야 할 것이다. 도매시장 이외에 슈퍼마켓 또는 외식산업까지 공급할 수 있는 종합도매업체를 육성해야 하고 이는 농협 소매유통이 담당해야 한다. 둘째, 도매시장에서 상대매매 등 다양한 거래제도를 도입하고 가격정보를 즉각적으로 수집하여 분산할 수 있어야 한다. 공영도매시장에서 관리주체의 전문성이 확보되어야 한다. 도매시장 기능을 재편하여 소포장 및 가공 기능과 물류기능을 우선해야 한다.

(3) 소매시장 유통정책

소매시장은 최종소비자의 수요형태에 따라 농산물을 분산 공급하는 역할을 담당하고 있다. 소매시장은 그 유형이 다양하나 전통적으로 농산물의 소매유통은 영세한 소매상이 가족농 중심의 생계 유지적 형태로 담당하고 있다. 이와 같은 소매유통은 유통효율을 낮추고 과다한 유통마진으로 소매가격을 높게 하는 원인이 되고 있다. 그밖에 일반재래시장, 대규모 쇼핑센터, 수퍼마켓에서도 농산물의 소매유통을 담당하고 있다. 최근에 유통단계를 축소하려는 시도로 직거래가 도입되고 있으나 거래주체간의 시장 정보부족, 거래방식의 차이로 활성화 되지 못하고 있다. 일반적인 소매유통의 추세를 보면 독립소매점과 일반재래시장의 비중은 줄어드는 반면에 대규모 소매점과 슈퍼마켓의 비중은 증가하는 경향을 보이고 있는데 이는 소비자의 다양한 선호를 맞출 수 있고 규모화를 통해 유통비용의 절감과 저렴한 가격이 가능하기 때문이다.

소매시장의 개선정책으로는 첫째, 소비지의 대형유통업체의 시장 점유율이 빠르게 증가하고 있어 이를 견제할 세력이 필요하다. 이를 위해 소비지에서의 농협의 역할이 강조되어야 한다. 농협자체의 SSM(Super Super Market)사업 등을 통해 대형유통업체의 독주를 견제해야 한다. 정부에서는 대형유통업체와 산지 간 거래를 모니터링하여 대형유통업에 의한 불공정거래 행위를 차단해야 한다.

둘째, 산지와 소비자와의 거래방식에 공급체인관리(SCM)와 수직적 통합 개념을 도입해야 한다. SCM(Supply Chain Management: 공급체인관리)는 고객서비스수준을 충적시키면서 시스템 전반적인 비용을 최소화할 수 있도록 제품이 적절한 수량으로 적절한 장소에, 적절한 시간에 생산과 유통이 가능케 하기 위하여 공급자, 제조업자, 창고 · 보관업자, 소매상들을 효율적으로 통합하는 접근법을 말한다. 농업부문에 SCM이 도입되면 수급안전에 따른 급격한 가격변동을 방지할 수 있고 유통비용을 절감하는 효과가 기대된다.

(4) 물류정책

첫째, 농산물의 물류를 통해 생산지와 소비지에 충분한 정보를 전달하여 분석할 수 있는 체계를 갖춰야 한다. 이를 위해 물류는 영리조직이 담당해야 한다. 둘째, 하역 기계화, 출하 동선의 재구축 등과 같은 물류 효율화가 필요하다. 도매시장 내의 농산물 물류기기 회수율을 제고시켜야 한다. 인터넷을 이용하여 출하경로를 추적하고 물류기기 회수율을 높여야 할 것이다. 전자 태그 사용비용의 현실화와 표준규격화가 요구된다. 셋째. 유통과정 모든 단계에서의 저온유통체계 실시하고 소비지에 저온유통 기반 시설과 장비를 보급해야 한다. 저온유통의 실효성을 제고하기 위해 소비자, 생산자단체, 유통업체 중심으로 홍보가 필요하다. 저온유통 표시를 통해 소비자 인지도 및 신뢰를 높일 수 있어야 할 것이다. 도매시장 안에서의 저온유통농산물은 샘플 경매방식을 도입해야 한다. 넷째, 농산물 물류는 일방적인 특성으로 인해 효율성이 높지 않은 문제가 있다. 앞으로 물류전문회사가 수송을 전담하여 양방향적 수송으로 비용을 절감해야 할 것이다.

참고문헌

김대근(2004), OECD 생산비연계(Decoupling) 농업정책 논의 동향과 DDA국내 보조에 대한 영향, OECD FOCUS, 2004년 11월호.

김병택(2014) 한국의 농업정책, 한울아카데미.

김정부외(1998) 영농규모화사업의 성과와 발전방향에 관한 연구, 한국농촌경제연구원.

농업경제학회(2012) 농업경제학 율곡출판사.

배종하(2009) OECD 생산자 지지추정치(PSE)를 통해 본 각국의 농업지원, 세계농업, 한국농촌경제연구원.

안인찬(1995) 농업정책론, 선진문화사.

이영기(2006) 현 단계 농업구조문제와 농업구조정책의 방향, 한국지역사회학회.

이정환(2016) 한국농업.농정 이제 어떻게 할 것인가? 전북미래전략포럼, GS&J Institute.

임형백, 조중구(2004) 생산양식과 농촌사회의 변화, 농촌계획 10권 1호.

조윤희(2015) 농업보조사업의 평가, 국회예산정책처.

허신행(1982) 농산물 가격정책, 한국농촌경제연구원.

OECD(2007) OECD-FAO Agricultural Outlook 2007-2016.

OECD(2008) Evaluation of Agricultural Policy Reforms in Korea.

CHAPTER 08

농생명 바이오 산업정책

제1절 바이오 산업의 동향

1. 산업의 개념과 범위

바이오산업(Bioindustry)은 생물체가 가지는 유전, 번식, 성장, 자기제어 및 물질대사 등의 기능과 정보를 생명공학기술(Biotechnology)을 이용하여 인류에게 필요한 유용물질과 서비스로 재가공 생산하는 산업을 말한다. 바이오테크놀로지는 전통적인 발효, 육종기술 뿐만 아니라 유전자 재조합기술, 세포융합, 최근 각광받고 있는 바이오칩에 이르기까지 생물체를 대상으로 적용하는 산업기술의 개념이다. 1953년 제임스 듀이 왓슨(James Dewey Watson)이 프랜시스 크릭(Francis Harry Compton Crick)과 함께 DNA의 이중 나선 구조를 발견한 이후 유전자 재조합 기술의 개발이 획기적인 바이오 산업발전의 촉매가 되었다. 바이오산업은 이러한 바이오테크놀로지를 기반으로 인류의 보건, 식량, 환경 등의 문제를 해결하고자 하는 산업분야이다. 바이오산업의 발전은 생명공학기술(Biotechnology)의 발전뿐만 아니라 근본적으로는 생명체에 대한 개념의 변화에 기인한다. 즉 바이오산업은 의약, 식품, 농업, 환경, 해양, 에너지 분야에 걸쳐 생물학적 매개물(세포,효소 등)을 사용하여 물질의 처리과정에 과학적, 공학적 원리와 기술을 응용하는 산업분야인 것이다.

바이오산업은 타 산업과는 달리 제품별 분류가 아닌 기반기술의 적용 대상에 따라 산업의 범위와 종류가 구분되는데 기술의 응용분야에 따라 생물의약, 생물화학, 농업, 식품, 환경, 에너지, 해양 바이오산업 등으로 분류된다. 바이오산업은 바이오테크놀로지의 발전 속도, 응용분야의 다양성 및 이종기술과의 융합이 가능하기 때문에 산업의 대상과 범위는 더욱 확대될 전망이다.

21세기 들어 특히 세계인구의 증가에 따른 식량난의 해결과 삶의 질 개선, 사회복지 및 의료서비스 개선 등에 기여하는 바이오 산업분야에 거는 기대가 커지고 있다. 바이오기술을 이용한 환경정화, 대체 에너지 개발 분야의 바이오 산업도 당면 문제를 해결하는 데 크게 기여할 수 있는 산업으로 인식되고 있다.

표 8-1 바이오 산업의 범위

분야	범 위
생물의약	바이오의약품 (재조합호르몬 ,항암제, 성장인자류, 면역조절제), 백신, 유전자치료 등
생물화학	산업용 효소, 생분해성 고분자, 생활화학용품 등
농업/식품	유전자조작 농산물, 형질전환 동물, 기능성 식품, 발효식품 등
환경	생물학적 환경처리(Bioremediation), 환경 정화용 미생물제, 환경 모니터링 등
에너지/자원	대체에너지 (연료용 에탄올, 바이오가스)등
해양	해양생물자원 및 배양, 각종 신소재 등

자료: 삼성경제연구소(2000)

2. 세계 바이오 산업의 발전 동향

생명공학기술은 발효 및 육종기술을 바탕으로 포도주, 빵 등을 만드는데 이용되던 전통적 생명공학기술과 유전자 재조합기술, 세포융합기술 등을 이용한 현대적 생명공학기술로 구분이 가능하다. 1970년대 후반 유전자 재조합기술과 세포융합기술의 발달로 바이오산업의 현대적 기반이 확립되었으며 의약, 식품, 농업분야 뿐만 아니라 환경, 에너지, 해양 등의 영역에서도 생명공학기술의 적용으로 새로운 개념의 제품 및 신기술이 등장하고 있다, 최근의 추세는 분석기기 및 컴퓨터, 정보기술의 발달 등으로 대표되는 IT(정보통신기술)와 BT(생명공학기술)의 융합분야의 대두로 생물정보학(Bioinformatics), 지노믹스(Genomics), 프로테오믹스(Proteomics), 바이오칩(Bio Chips)등과 같은 새로운 생명공학기술을 바탕으로 한 신 바이오산업이 탄생하고 있다.

생물정보학(Bioinformatics)은 생물학적인 문제를 응용수학, 정보과학, 통계학, 컴퓨터 과학, 인공지능, 화학, 생화학 등을 이용하여 주로 분자 수준에서 다루는 학문이다. 주요 연구 분야는 서열정렬, 유전자 검색, 유전자 조합, 단백질 구조 정렬, 단백질 구조 예측, 유전자발현의 예측, 단백질간 상호작용, 진화모델 등 다양하다. 지노믹스(Genomics)은 유전자의 구조와 기능을 포함한 유전체 전부를 연구하는 분야로 특히 난치성 질병의 원인 유전자를 찾아내어 적용하고 있으며 이를 위해서는 유전자 탐색의 첨단기술과 비교 유전체학(Comparative Genomics)이 발전하고 있다. 프로테오믹스(Proteomics)는 하나의 지놈 또는 조직으로부터 발현되어 나온 단백질의 집합인 프로테옴(Proteom)을 연구하는 분야로 2차원 전기영동(electrophoresis)을 이용한 단백질의 분리 및 질량분석, 그리고 데이터베이스와의 비교분석을 통해 유용한 정보를 취득한다. 개인의 유전적 차이와 약물의 인체대사와의 상관관계를 연구하는 파마코지노믹스(Pharmacogemonics)와 연계된 연구가 진행 중이다.[1]

바이오칩(Bio Chips)은 유전체를 응용한 산업차원의 1차 혁신제품이며 DNA Chip의 확대보급에 따라 신약,농업 및 환경 등 관련 산업이 새로운 성장의 에너지를 얻을 것이며, 기존의 IT와 결합하여 재택진료 및 e-Doctor 등의 미래 생활이 앞당겨질 전망이다. DNA Chip 제조방식은 올리고뉴클레오티드(Oligonulcleotide) 등을 반도체 제조기술을 응용하여 하나씩 붙여 나가는 방식인 포토리소 그래피(photolithography)과 미리 준

1 프로테오믹스(Proteomics)은 세포 안 또는 개체 안의 모든 단백질을 총체적으로 연구하는 단백체학 분야 학문을 말한다. 파마코지노믹스(Pharmacogenomics)는 약리유전체학으로 개인의 유전적 차이에 따른 약물대사 차이를 밝혀 환자 개개인에게 가장 적합한 맞춤 약물요법을 개발하는 것이다.

비한 DNA 조각을 유리와 같은 고체표면에 붙여나가는 방식 잉크제트 (inkjet,spotting)등 두 가지이다.[2] 현재 바이오칩의 대부분은 DNA Chip이 차지하고 있으나 Protein Chip과 Lab on a Chip의 비중이 높아질 전망이고 연구개발용 칩을 능가하는 임상 진단용 바이오칩이 등장할 전망이다.

그림 8-1 바이오 산업의 발달과정

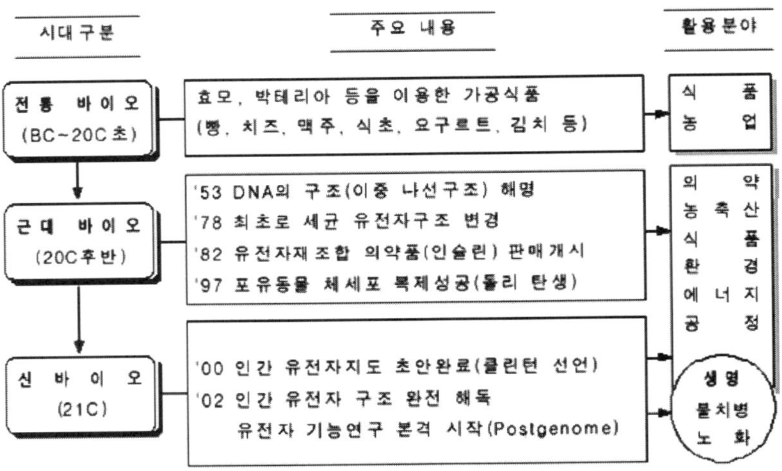

자료 : 삼성경제연구소(2000)

2 올리고뉴클레오타이드(oligonucleotide)는 수 개에서 수십개의 뉴클레오타이드 단위체가 합성된 중합체를 말한다. 포토리소그래피(photolithography)는 반도체 표면에 사진 인쇄 기술을 써서, 집적 회로, 부품 박막 회로, 프린트 배선 패턴 등을 만들어 넣는 기법이다.

생명공학 기술발전에 따른 바이오산업의 대상 및 영역별 기대 성과를 예측해 보면 아래 표 8-2와 같다. 2010년대의 바이오 기술은 유전자 재조합 수준에서 개발된 질병치료제가 의학 분야에 적용되면서 의료 및 건강산업이 크게 발전할 것으로 전망하고 있다.

표 8-2 바이오산업의 유망기술 분야

세계시장	2000년대	2010년대
10억달러 이상	유전자조작 농산물,기능성 식품, 치매,골다공증 치료제 AIDS치료제,바이오센서	골다공증 치료제,AIDS치료제 진단시약,생분해성 플라스틱 인공장기 및 조직, 바이오센서
100억달러 이상	유전자조작 의약품 암 치료제	알레르기치료제,치매치료제 유전자 치료,암치료제 유전자조작 의약품
연평균10%이상 성장예상분야	유전자 치료, 생분해성 플라스틱,바이오센서,유전자조작 의약품	

자료: LG경제연구소(2000)

바이오산업은 생명과학이라는 기초연구를 바탕으로 기존 생명공학 기술의 혁신적 발전을 꾀하는 동시에 타 산업분야의 기술을 바이오 산업의 대상영역으로 포함시키면서 발전해 나가는 경향을 보이고 있다. 즉 바이오산업은 화학,기계,전자,전산,소재 등 이종기술의 융합을 통해 커가는 집적화 산업으로 발전중이다. 컴퓨터, 정보통신기술의 발달은 효과적인 네트워크 형성과 데이터베이스 활용 극대화를 가능케 하여 바이오의 정보량은 초고속 계산기의 처리성능을 초월하고 있으며 바이오산업의 성패는 방대한 정보에서 얼마나 빨리 유용한 정보를 추출하고 이를 제품화하느냐에 달려있다고 할수 있다. 특히 생물정보학

(Bioinformatics), 지노믹스(Genomics), 프로테오믹스(Proteomics), 바이오칩(Bio Chips)등 생명공학기술의 급격한 발달과 이의 응용은 기존 산업체들의 연구개발과정에 영향을 미쳐 바이오산업의 효율성을 파격적으로 높이는 계기를 마련하게 될 것으로 예상된다.

21세기의 3대 핵심 기술은 BT(Biotechnology), IT(Information Technology), NT(Nano Technology)는 이며, 이들 기술은 상호간 상승작용으로 기술혁신이 가속화하면서 신산업이 태동할 전망이다. 그중에서 BT 분야에서 미래의 유망기술은 유전자칩(DNA Chips)과 원격진료(Telemedicine) 분야일 것으로 예측되고 있다.

표 8-3 미래의 8대 유망기술

예측기술	IT	BT	NT
유전자 칩(DNA Chips)		V	
디지털위성방송(Digital Satellite Radio)	V		
웨어러블 컴퓨팅(Wearable Computing)	V		V
원격진료(Telemedicine)	V	V	
스마트 카드(Smart Cards)	V		V
전자책E(lectronic Book)	V		V
음성인식로보트(Robots with Speech Recognition)	V		
차동 위치추적기(Differential GPS)	V		

자료 :Stanford Research Institute (2001)

바이오 산업의 부문별 발전 동향을 살펴보면 의료 및 의약 분야는 바이오산업의 가장 큰 부분 차지(60%)하며 기술응용 역시 가장 활발하게 일어나고 있다. 생물정보학(Bioinformatics), 지노믹스(Genomics), 바이오칩(Bio Chips)등의 발전을 바탕으로 생명체 및 질병에 대한 이해가 높아져 혁신적인 의약 또는 치료법이 탄생할 예정이다. 세계적으로 바이오 산업은 미국이 세계시장의 40%이상을 차지하고 있으며, 유럽은 미국의 25%수준이고 일본의 경우 지노믹스(Genomics)를 중심으로 한 정부의 집중적인 투자로 급격한 증가 추세를 보이고 있다. 바이오산업 세계 시장규모는 2013년 330조원(2,620억 달러)에서 2020년 635조원(6,296억 달러)으로 연평균 9.8% 성장할 것으로 전망된다. 그중에서 보건의료 부문은 2013년 221조원 규모로 세계 바이오시장의 67.1%를 차지하고 있으며 이외에 산업환경 27조원(8.1%), 농식품 35조원(10.5%) 등으로 구성되어 있다.

농업분야는 농업 생산성 증대에 이용되는 생명공학기술을 이용해서 유용동식물을 생산하는 분야가 유망하다. 식물자원의 유전자조작기술을 통한 식량의 안정적 공급 및 기능성이 강화된 농산물 개발에 노력하고 있으며 유전자 재조합기술을 이용해서 고수확이 가능하며 병충해에 견디는 작물을 만드는 기술이 개발중이다. 유전자조작 농산물 기술분야는 몬산토(Monsanto), 노바티스(Novartis) 등 대형 화학업체를 중심으로 신제품 개발 및 기능개선에 주력하고 있다.

환경분야의 경우 환경을 개선하고 유지하거나 오염을 막는데 바이오 기술을 응용하는 분야로서 사업영역은 크게 오염제거를 위한 생물학적 정화, 환경 모니터링, 공정개선을 통한 오염억제로 구분된다. 환경오염의 심화에 따라 생물학적 정화(Bioremediation)에 대한 관심이 높아지면서 산업폐수 및 폐기가스의 경우 유해물질의 특이적 흡수 제거 방법이 개발중이고 오염물질 억제를 위해 기존의 화학공정을 효소 등을 이용한 생물학적 공정으로 대체하려는 노력중이다.

해양 분야는 해양생물을 이용하여 유용한 물질과 공정을 개발하는 분야로서 수중생물 배양을 통한 의약품, 식품 등 생산, 수중환경정화, 생물공정적용 등이 가능한 분야이다. 해양자원 자체를 이용한 천연물의 생산이 연구의 주류였으나 최근 들어 유전자 재조합과 지노믹스를 응용한 신물질 탐색 연구가 발전하고 있다.

3. 한국의 바이오 산업 동향

국내 바이오산업 생산액은 빠르게 증가하고 있는데 생산액은 2005년 2.8조 원에서 2014년 7.6조 원으로 연평균 11.9%씩 빠르게 증가했으나 제조업 생산액 대비 0.5% 수준에 불과하여 국내 경제에서 차지하는 위상은 아직 미미한 상황이다. 바이오의약과 바이오식품 분야가 바이오산업 생산액의 대부분을 차지하고 잇으며 전체 생산액에서 바이오식품이 차지하는 비중은 40.2%, 바이오의약 비중은 37.8% 이며 바이오환경, 전자, 공정 및 기기 등 기타 분야 생산액은 미미한 수준이다.

한국 바이오 산업의 기술수준은 전반적으로 선진국의 60~70%수준이고 특히 신물질 탐색기술과 안전성 평가기술 부분의 수준은 매우 열악하며 인간유전체분야의 경우 선진국에 비해 5~15년의 격차를 보이고 있으며, 복수의 기업들이 동일 품목의 개량연구에 경쟁적으로 참여하고 있는 실정이다. 선진국들의 유전체연구는 인간게놈프로젝트 발표 이후 이제 기초과학 수준을 넘어서 산업화 단계를 눈앞에 두고 있지만 한국은 기초과학 수준의 접근도 못하고 있다.

1994년 바이오 기술 분야의 효율적인 연구개발 촉진을 위해 정부의 주도하에 범부처적 바이오산업육성계획인 생명공학육성기본대책(Biotech 2000)을 수립 시행하였다. 사업기간은 1994 ~2007년까지 3단계로

14년간 진행되었으며, 미래 생명공학기술 전반에 막대한 영향을 미칠 것으로 예상되는 기술분야 및 민간주도가 어려운 분야에 정책적으로 우선 지원하였다. 1999년 21C 프론티어 연구개발사업으로 인간 유전체 기능연구사업에 착수하였고 2000년에는 BT를 IT와 함께 21세기 핵심 전략 산업으로 육성 발전시키고자 생물 산업발전 종합대책을 발표하였다.

2000년 정부의 바이오 기술발전을 위한 연구개발투자는 약 2,100억 원으로 미국의 0.9%,일본의 3.3%에 불과하였다. 2001년부터 정부의 바이오예산은 급격히 증가하여, 정부 전체 연구개발예산의 8%인 3,280억 원으로 급증하였고, 과학기술부, 산업자원부를 포함한 정부부처의 경쟁적인 바이오 관련 프로젝트 수행으로 여건은 크게 개선되고 있는 추세이다. 정부 예산의 대부분은 한국인 유전체 관련 연구개발 및 바이오 산업의 인프라에 투입되었으며 사업화는 유한양행, 녹십자, 동아제약 등의 제약기업을 포함하여 LG, 제일제당, SK, 삼성 등 대기업이 주도하고 있다.

산업의 경쟁력을 기술개발능력 · 제조능력 · 판매능력의 함수라 할 때, 가장 시급하며 중요한 것이 기술개발능력의 확보이다. 따라서 기술개발능력의 확보를 위해서는 최고 기술의 선택과 집중 개발, 과학적 합리적 개발 프로세스혁신을 통한 최고의 연구생산성 확브, 연구경영품질의 혁신 등을 해결해야 한다. 바이오산업은 새롭게 각광받는 또 다른 산업이 아니라 미래의 산업구조를 좌우하는 핵심 산업이 될 것이므로 다음과 같은 종합적 정책적 지원 노력이 필요하다.

첫째, 산업화 촉진을 위한 국가적 차원의 바이오 인프라 구축으로서 기술, 상업화 지원 및 추진 인프라의 정비와 구축, 기술혁신의 기반을 조성하고 범부처적인 협조 하에 국가적 차원에서 기술개발의 집중화를 통한 기반구축이 필요하다. 둘째, 바이오산업의 구심점인 국가유전체연구소와 생물정보학 센터 설립 등을 지원하여 국가,대학,기업 연구소를 총망라한 연대 구축과 국내 연구소에 체계적인 정보 및 데이터 제공을 통한 효과적인 신사업 창출 노력이 필요하다.

셋째, 바이오연구 및 사업화 촉진을 위한 적정수준의 규제 및 법안 마련이 시급하다. 선진국과의 갭을 신속하게 극복하는데 큰 기여하는 제품 표준화를 위한 기준 마련이 시급하고 선진 외국 바이오 기업의 국내 진출 기회를 유도한다. 바이오 벤처기업의 코스닥 등록시 기술평가 기준의 확립, 연기금의 바이오 전용펀드 조성 등이 필요하다. 정책실패의 위험성을 줄이기 위해 과학전문가들이 주도하는 위원회를 구성, 이들이 중요하다고 합의한 분야에 예산을 우선적으로 배정하는 탑다운방식이 필요하다.

제2절 농생명 바이오 산업의 정책 동향

1. 산업동향

농생명 바이오 또는 그린 바이오기술(Green Biotechnology)이란 식물체 및 식물세포를 이용하여 식품, 사료, 바이오소재 및 에너지를 생산하는 기술로 정의하고 있으며, 유전자변형생물체(Genetically modified organism : GMO)를 포함하여 농업공정(Agricultural process)에 이용 되는 생명공학기술로 정의하고 있다. 농생명 바이오 산업은 식물 · 동물 · 미생물체를 산업적으로 대량 생산하는 농업 · 임업 · 수산업을 주된 대상으로 하고 있으며 이들 산업을 지원하는 농약과 비료를 포함한다.

농생명 바이오 산업군에 속하는 대상은 첫째, 건강/기능성 식품으로 인체에 유용한 기능성을 가진 원료나 성분을 사용하여 제조, 가공한 식품을 생산하는 산업분야이다. 고령화 사회의 도래로 노인인구가 급증하고 있는 추세로 그린 바이오 산업의 대표적 미래 성장분야로서 고부가 가치 식품산업의 핵심 분야로 부상하고 있다. 둘째, 유전자변형생물체(Genetically modified organism : GMO)로서 유전자의 일부를 변형하여 인위적으로 원하는 특성을 지니도록 만든 생물체를 생산하는 분야를 말한다. 인구의 지속적 증가로 식량수요가 늘어나고 있으나 고전적인 육종방법이나 농법개량에 의한 증산은 한계점에 다다른 상황에서 식물유전체 연구와 분자육종 방법이 급속히 발전함에 따라 이를 이용한 GM 작물의 개발이 가능하게 되었다. 셋째, 바이오매스(Biomass)분야로서 어느 시점에 임의의 공간 내에 존재하는 특정한 생물군의 양을 중량이나 에너지량으로 나타낸 현상을 말한다. 에너지 전용의 작물과 나무, 농산품과 사료작물, 농작 폐기물과 찌꺼기, 임산 폐기물과 부스러기, 수초, 동물의 배설물에서 추출된 재생 가능한 유기물질로 에너지원으로 쓰여 지고 있는 목재, 식물, 농 임산 부산물, 도시 쓰레기와 산업 폐기물 내의 유기성분 등을 지칭한다.

세계적으로 GMO 관련 기술을 중심으로 한 농업분야가 급속도로 성장하고 있으며, 특히 GMO 종자, 약용작물 시장, 식물정화기술 분야가 고도성장할 것으로 전망되고 있으며 2020년대에는 분자육종기술에 많이 의존하게 될 전망이다. GMO 관련 연구는 각 나라에 식량안보 확보 등 국가 전략적인 분야로 연구를 추진하고 있다. 미국에서는 National

Plant Genome Initiative(NPGI)가 1998년에 발족하여, 식물 DNA 서열과 구조 기능에 대한 연구를 수행하고 있고, USDA, NSF, DOE에서도 연구 개발을 추진하고 있다.

각 나라에서는 동물 및 식물을 이용한 재조합 단백질, 백신개발을 경쟁적으로 추진하고 있다. 미국, 유럽 등에서 바이오기업과 대형제약기업이 전략적 제휴를 통하여 세계시장 진출을 추진 중이고 일본 역시 실험동물을 이용한 유전자의 기능 분석 등에 관한 연구가 이루어지고, 형질전환 가축을 이용한 유용단백질 연구는 기업체와 대학에서 활발히 연구되어지고 있다.

동물유전 육종 산업에서는 형질전환 가축 생산 기술 등 고부가가치 첨단 축산 식품 기술 개발이 활발하며 동물 유전 육종 산업 규모는 전체 육류 산업 시장의 25% 이상의 비중을 차지하고 있다. 세계 GMO 종자 시장은 2005년 50억달러에서 2015년에는 300억달러로 증가할 것으로 예상하고 있다. GMO 작물 시장의 특허권의 90%는 몬산토 소유이며, 10대 기업의 시장 점유율은 2004년 49%에서 2007년 67%로 증가하고 있다.

종자 산업분야는 바이오 기술의 발전에 힘입어 최근 전통적인 육종 방식에 혁신이 일어나고 있다. DNA 표지 육종(DNA marker-assisted breeding) 방식은 묘목이 다 자라 열매를 수확할 때까지 기다릴 필요 없이, 묘목의 어린 잎만으로도 생산성, 품질, 병 저항성 등의 표지 분석을 통해 향후 어떠한 형질의 작물로 자라날지 예측할 수 있게 함으로써 육종기간을 획기적으로 단축할 수 있다. 최근 개발되고 있는 유전자 편집(genome editing) 기술 또한 종자 개발 방식에 있어서 혁신적인 대안을 제공해줄 것으로 기대되고 있다.

종자의 목표 형질 측면에서는 소위 1세대 유전자변형 작물에서의 제초제 및 해충 등 생물학적 스트레스 저항성 외에 가뭄, 광합성 효율 등 재배 환경과 관련한 비생물학적 스트레스 저항성 형질에 관한 연구개발이 활발해지고 있다. 이와 함께 특정 영양 성분을 강화하거나 해로운 성분을 제거하는 기술도 활발히 개발되고 있다. 생산자뿐 아니라 소비자들 또한 직접적인 혜택을 누릴 수 있을 것이라는 측면에서 의미가 크다.

작물보호제에서도 바이오 기술에 대한 연구개발이 활발하다. 최근 주요 제초제의 내성 문제 및 발암성 문제가 불거지고 있으며, 일부 살충제 또한 독성 문제로 승인이 취소될 위기에 처해있다. 바이오 작물보호제(biologicals)는 잔류 농약 우려가 없으며 내성을 가진 잡초나 병해충 발생 가능성이 낮다. 신젠타, 바이엘, BASF 등 글로벌 농화학 기업들은 미생물 기반 작물보호제 기술 등을 보유한 기업을 인수하거나 파트너쉽을 체결해 역량 강화에 박차를 가하고 있다.

세계 최대 종자기업 몬산토도 최근 종자 그 이상(beyond the seed)을 선언하고 미생물제제 분야 최고 기술을 가진 노보자임과 바이오 작물보호제 개발을 위한 협력 체계를 구축한 바 있다. 유럽 등 각 지역에서 점차 화학 농약의 사용을 최소화하는 종합적 병해충 관리 방식이 규제화될 경우, 향후 바이오 작물보호제의 성장은 더욱 탄력을 받을 수 있을 것으로 전망된다.

바이오소재 이용 천연물신약의 세계 시장은 약 1,000억불에 달하며 친환경바이오소재기술의 천연물화장품 산업에도 영향이 파급효과가 커지고 있으며 세계시장은 연 8%성장, 시장규모는 총 14,000억불에 달하며 국내시장은 5조 8,000억원의 시장을 형성하고 있다. 지구온난화로 인하여 바이오매스작물은 바이오에너지 또는 산업용 소재를 생산하는 작물 개별 및 활용기술이 각광을 받고 있다. 세계 바이오 에너지 시장은 2010년에 약 200억 달러 규모, 2030년에는 2010년 대비 10%까지 성장하여 전체에너지 시장의 18%수준까지 확대 될 것으로 전망이다. 세계기능성 식품 중 건강기능식품 시장은 2008년 738억 달러 규모의 시장 규모이며, 2013년은 2008년 대비 15% 성장하여 849억 달러 예상되고 선진국 중 미국, 일본 2개국이 전체 시장의 50% 이상 점유하고 있다.

바이오 기술이 기술 및 경제성 측면에서 새로운 전기를 맞이하면서 농업 분야에서도 새로운 혁신을 불러 올 가능성이 열리고 있다. 인구 및 소득 증가에 따른 식량 수요 증가, 식품 안전성에 대한 사회적 요구수준 증가, 환경 및 생태계 보존 등 오늘날의 문제를 해결하는데 있어 그린 바이오 기술의 혁신이 핵심적인 역할을 할 것이다.

2. 정책동향

국내 농생명 바이오 정책 동향을 보면 주요 정책 사업으로서 2011년부터 차세대 바이오그린 21 사업을 정부기관인 농촌진흥청에서 추진 중이다. 총 사업투자예산은 1단계(2011~2014년) 2,808억원, 2, 3단계(2015~2020년) 7,200억 원 등 10년간에 걸쳐 1조 원 규모로 추진 중이다. 이 사업은 7개 분야에 걸쳐 추진되고 있는데 차세대 유전체, 동물유전체 육종, 식물분자 육종, GM 작물 실용화, 농생명 바이오 식의약소재 개발, 시스템합성 농생명 공학, 동물바이오 신약 장기 개발 등을 7개 사업단을 구성하여 추진하고 있다.

주요 사업내용은 작물의 고유유전자 기능 분석 및 GMO 안전성 평가를 위한 기술개발을 수행하고 있다. 국가 차원의 생물소재 및 생물다양성 정보자원 공동네트워크 구축 운영하고 있으며, 국가별로 산학연 신바이오 소재 개발을 위한 공동연구가 활발히 진행 중이다.

차세대 그린 바이오 사업목표는 농업생명공학 원천기술 확보 및 실용화 기술개발로 농업기술의 한계를 극복하고자 하는데 두고 있으며 세부목표로서 첫째, 농업생명공학 기술 활용을 통한 식량안보 확보 등을 국가전략적으로 대응하여 식량자급율을 10% 향상시키고 둘째, 농업생명공학 원천기술개발을 통한 미래 선도 기술을 확보하며 예로서 토종자원 유전체정보를 획득한다. 셋째, 농업생명공학 강국으로 진입하여 11위에서 사업종료시점 4위로 도약한다.

부문별로는 국가원천기반기술의 경우 한국 고유 생물자원 250종에 대한 유전체 구조해독 및 기능분석을 추진하고 그 유전정보를 활용, 식량안보 및 기후변화에 대응할 수 있는 100여종의 신생물체 개발을 목표로 하고 있다. 생명공학실용화 분야에서는 고유 유전자를 이용한 GM작물의 개발 및 안전성 평가를 추진해 실용적 품종 20종을 확보하고 세계 종자시장에 진출하는 신품종을 개발할 계획이다.

사업내용으로 사업1단계에서는 9개의 세부사업(7개 사업단, 2개 인프라 사업)으로 진행하였고, 2015년부터 시작한 2~3단계 사업에는 9개 세부사업(7개 사업단, 2개의 신규 사업)으로 구성하여 추진하고 있다. 사업내용을 구체적으로 분류해보면 첫째, 식물분자육종사업으로서 주요 작물에서 전통 육종의 기반 위에 분자표지 및 형질전환을 이용하는 분자육종 기법으로 초다수 · 고품질 · 고기능성 · 내병성 · 기후변화 대응 우수 품종을 육성하여 종자산업의 중흥과 안정적 식량안보 기반을 확충한다. 둘째, GM작물개발(GM작물실용화)사업으로 농업생명공학 사업을 통해 개발된 실용화 또는 사업화 가치가 높은 GM작물을 대상으로 3-5년간의 환경위해성 및 식품안정성 평가를 통해 안정성이 확보됨과 동시에 복합 재해저항성 및 수량성이 증진된 글로벌GM작물개발을 통해 우리 농업의 한계 극복 및 세계 최고 수준의 GM작물 개발기술 강국으로 도약한다. 셋째, 농생명 바이오 식의약소재개발사업으로 우리 고유 농업 유전자원을 대상으로 지난 농업생명공학 사업을 통해 개발된 실용화 또는 산업화 가치가 높은 농생물 자원을 대상으로 융·복합 BT기술을 이용해 고부가가치의 기능성 바이오 식의약 소재를 개발한다,

표 8-4 차세대 그린 바이오 사업 현황

(단위 : 억 원)

구분	세부구분(사업단)	예산 구분	2단계				3단계			
			'15	'16	'17	합계	'18	'19	'20	합계
농생명 국가전략 대응기술 개발	식물분자육종	정부	67	110	110	287	121	121	121	363
		민간	6	6	6	18	6	6	6	18
		소계	73	116	116	305	127	127	127	381
	GM작물개발 (사업단명 변경)	정부	65	95	95	255	110	110	110	330
		민간	13	13	13	38	13	13	13	38
		소계	78	108	108	293	123	123	123	368
	농생명바이오 식의약소재개발	정부	67	110	110	287	122	122	122	366
		민간	15	15	15	45	15	15	15	45
		소계	82	125	125	332	137	137	137	411

농생명 원천기술 개발	농생물게놈활용연구 (사업단명 변경)	정부	63	95	95	253	112	112	112	336
		민간	6	7	7	19	6	7	7	19
		소계	69	102	102	272	118	119	119	355
	동물분자유전육종 (사업단명 변경)	정부	52	85	85	222	112	112	112	336
		민간	5	7	7	19	5	7	7	19
		소계	57	92	92	241	117	119	119	355
	시스템합성농생명 공학	정부	65	105	105	275	112	112	112	336
		민간	5	5	6	16	5	6	10	21
		소계	70	110	111	291	117	118	122	357
	동물바이오신약장기	정부	57	70	70	197	112	112	112	336
		민간	4	6	8	18	4	8	8	20
		소계	61	76	78	215	116	120	120	356
인프라 (기관 운영 포함)	농업생명공학실용화 기반구축및지원 (신규)	정부	16	20	20	56	72	72	72	216
		민간	-	-	-	-	-	-	-	-
		소계	16	20	20	56	72	72	72	216
	그린바이오창의지원 (신규)	정부	-	-	-	-	67	67	67	201
		민간	-	-	-	-	-	-	-	-
		소계	-	-	-	-	67	67	67	201
사업관리비			7.2	10	10	27.2	10	10	10	30
총계			513	758	761	2,032	1,003	1,011	1,015	3,029

출처 : 주관부처 제출자료

* 농촌진흥청 중기사업계획서 기준 ('15년은 확정예산)

참고문헌

김연중 · 한혜성 · 임수현(2012) 농식품 분야 생명산업 현황 및 발전방향, 연구보고 R666, 한국농촌경제연구원.

농림축산식품부(2013) 해외 생명산업 육성정책 현황과 국내 생명산업 발전방안.

문상철(2017) 그린 바이오 기술 차세대 녹색혁명 예고 LG경제연구원, 2017. 1.

박돈희(2010), 바이오산업에 대한 이해와 우리의 미래, 화학연합, 한국화학관련 학회연합회.

삼성경제연구소(2001) 바이오산업의 범위 및 특성, 생명공학정보센터(http://www.bioin.or.kr/board).

이규성외 (2013) 국가농업생명공학사업을 선도하는 차세대바이오 그린21사업, 과학기술정책 23권 1호, 과학기술정책연구원, 2013, 3.

이석하(2007) 농림바이오산업 육성에 관한 연구, 농림축산식품부.

최윤희외(2013) 바이오경제시대의 정책과제, 연구보고서 2013-657, 산업연구원.

한국과학기술기획평가원(2015) 차세대바이오그린 21 사업, 2014년도 사업계획적정성 검토보고서.

현대경제연구원(2016) 바이오산업의 주요 특징과 시사점, VIP 리포트 16-30.

OECD (2009) The Bioeconomy to 2030: Designing a Policy Agenda, Paris.

CHAPTER 09

농자재 산업 정책

제1절 농자재 산업의 동향

1. 농자재 산업의 위상

농업생산구조가 자급적 생계농 단계에 있을 때 농자재는 대부분 농가에서 자체적으로 생산하여 활용하여 왔기 때문에 농자재 산업은 농업생산에 필수적인 역할을 하는 지원 산업이 아니었다. 농업의 산업화과정이 성숙하지 못한 단계에서 있을 때 농자재는 생산농업과 후방연관 효과가 적어 농업 발전에 중요한 역할을 하는 산업이 아니었다. 그러나 농업구조가 시장경쟁이 치열해지고 생산활동이 분업화되고 전문화되는 산업화 단계에 들어서면서 농자재 산업은 생산농업의 지속가능성과 경쟁력을 높이는데 있어 핵심적인 지원 산업으로서 그 비중과 역할이 커지게 된다.

농업이 자본과 기술집약적인 구조로 변화하고 있는 추세에서 농자재 산업은 농업생산성의 향상에 핵심적인 역할을 하고 농업 성장을 주도적으로 견인하는 기술집약적인 산업으로 그 위상이 변하게 된다. 고품질 저비용 고부가가치 농업생산구조를 뒷받침하기 위해서는 첨단기술이 구현된 농자재를 투입하여야 가능하기 때문에 농자재 산업을 필수기간 산업으로 육성하여야 한다는 인식의 전환이 필요하다.

농산업의 전후방 산업연관 체계에서 농자재 산업이 차지하는 위상과 역할을 보면 다음과 같다. 첫째, 후방연관 산업으로서 농산업 성장을 좌우하는 인프라 산업이자 산업적 파급효과가 선행 산업이라는 점이다. 농자재 산업은 화학, 철강, 금속, 유리, 고무, 플라스틱, 섬유, 도료, 제조설비 등 소재산업과 밀접하게 관련되어 있다. 따라서 농자재 산업은 농업생산부문뿐 아니라 농산물 가공, 운송, 배분 등 유통서비스 산업, 농자재 판매 및 부품 · 용품 서비스산업까지 후방적으로 폭넓게 연관되어 파급효과가 큰 산업이라는 것이다. 둘째, 범위의 경제효과가 큰 산업으로서 다른 제조업과 마찬가지로 많은 시설투자와 개발비가 소요되며 적정수준의 생산규모를 유지해야 경쟁력을 확보할 수 있는 산업이라는 것이다. 다양한 종류의 농작물 재배 특성에 맞춰서 다기능적인 농자재를 생산하여 농자재의 사용비율을 높이기 위해서 농자재 플랫폼의 통합화와 하나의 생산라인에서 복수의 농자재를 생산하는 방식을 써야 단위 생산성이 늘어나는 범위의 경제 효과가 큰 산업이기 때문이다. 셋째, 농자재 산업은 수많은 소재와 부품으로 제조되는 조립 산업이고 생산 원가의 대부분이 소재부품이 차지할 만큼 비중이 높기 때문에 부품소재의 원가, 품질, 납기, 재고관리 등이 중요한 장치산업이다. 또한 농자재 제품은 고도의 정밀성이 요구되는 화학기술과 전자기계공학의 산물로서 최근에 ICT과 생명공학기술을 융복합한 농자재들이 개발 보급되면서 스마트 농업, 식물공장 같이 농업생산의 패러다임을 바꾸고 있는 중이다.

넷째, 농자재 산업은 전후방 관련산업의 생산성과 기술수준을 선도할 뿐만 아니라 그 나라의 농산물과 농식품의 품질수준을 세계적으로 인정받게 해주는 역할을 해주고 있다. 또한 농자재 산업은 평시 농업생산의 안정화와 농산물 유통과정을 용이하게 하여 유통효율성을 높이고 세계적인 농업구조의 불안정시에는 식량안보를 위한 전략산업으로서의 성격을 갖기도 한다. 다섯째, 농자재 산업은 농업관련 전후방산업과의 연관성이 크고 노동집약적인 부품소재의 비중이 높아 고용규모와 비중이 큰 고용창출 산업이다. 농자재 산업은 비료제조업, 농약제조업, 비료농약종자, 농기계 제조업, 농자재소재제조, 농자재 판매관련부문 등 산업 전체적으로 많은 노동력을 고용하고 있으며 농업 선진국들은 그 나라의 농산업 고용창출에 농자재 산업이 엄청난 영향을 미치고 있다. 여섯째, 농자재 산업은 다국적 기업들의 시장 지배력와 국제시장에서 차지하는 전략적 포지션에 따라 영향을 받고 있다. 다국적 농자저 기업들은 세계적 협력체제를 구축하고 품종개발, 농약 비료 생산, 농기계제조, 해외시장판매 등 다양한 국제 분업화를 추구하고 있으며 이에 따라 농자재의 소비패턴도 범세계적으로 표준화 동질화되어가는 종합적 첨단산업으로 발전하고 있다.

일곱째, 농자재 생산에는 대규모의 토지와 공장 그리고 생산과 연구설비가 필요하고 새로운 농자재 개발과 마케팅 투자에도 엄청난 돈이

들어간다. 또한 투자된 자금이 회수되는 데까지 걸리는 투자회임기간도 장기적으로 자금력이 뒷받침되지 않으면 안 되는 대표적인 자본집약적 기술 산업으로 바뀌고 있다. 따라서 하나의 농자재가 판매에 성공하면 고수익이 보장되고 실패하면 엄청난 손실이 나기 때문에 다양한 종류의 농자재 생산 체제를 갖추어 위험을 분산하는 풀라인 상품화 전략이 필요하다. 여덟째, 농자재는 기능과 소재가 상이한 다양한 소재와 부품의 결합체로서 수많은 기술과 시스템이 요구되는 기술집약적 시스템산업이다. 농자재 제조기술에는 디자인, 설계, 시험제품 개발과 생산에 필요한 제조기술 그리고 생산관리, 품질관리, 원가관리, 물류관리 등의 관리운영기술이 포함된다. 또한 농자재산업은 매출액에서 연구개발비의 비율인 높은 기술집약적산업으로서 생물화학적 기술, ICT기술, 나노기술, 신생산 시스템 등의 혁신적 기술의 개발과 사업화가 제품경쟁력의 원천이 되고 있다. 아홉째, 농자재산업은 다양한 농작물을 생산하는 농가에게 필요한 수많은 종류의 자재를 공급하기 때문에 독특한 공장운영의 기술과 노우하우가 사업성패의 관건이 된다. 다양한 공정구성과 관련기술, 물류관리, 품질관리, 원가관리, 자재관리, 부품업체 관리, 노무관리 등도 경쟁력에 있어 중요한 요소가 된다. 농자재는 장치산업과 일반조립형 등 다양한 공정이 어우러진 산업으로 융통성을 요구하며 오랜 기간에 걸친 노우하우와 경험의 축적이 생산성과 품질향상을 좌우한다. 따라서 농자재 산업의 경쟁력의 원천은 기술과 경험의 장기축적에 있으며 특히 농기계를 만들고 다루는 기술은 자체적으로 각종의 제조설비를 독자적으로 설계 · 제작하는 원천기술의 확보가 필요하다.

2. 농자재 산업의 동향

농자재 산업은 농산업 전체의 발전을 선도하는 기초산업으로서 농업생산부문의 성장과 경쟁력을 제고하는데 있어 핵심적 역할을 담당하는 전략산업이다. 그러나 현재 대부분의 농자재 업체들이 영세한 규모로서 중소기업의 비중이 높으며 전반적인 기술수준도 낮은 상태이다. 약 4,000개의 농자재 업체는 규모의 영세성과 기술부족 문제, 원자재 가격변동에 따른 원가부담으로 열악한 생산구조를 보이고 있다. 시설 농자재의 경우 고용인력 15명 이하 연매출액 50억원 이하 업체가 65%를 점유하고 있으며 유가와 원자재의 수입의존도가 높아 생산구조가 취약해 농자재가격의 상승 요인이 되고 있다.

농자재 업체들은 좁은 내수시장을 대상으로 정부의 농자재 보조금을 둘러싼 과당경쟁에 매달리면서 공정혁신과 신제품개발을 소홀히 한 결과 원자재 가격의 인상과 환율상승, 판매부진으로 갈수록 경영여건이 어려워지고 있는 실정이다. 농자재 산업은 단기적인 경영성과에 치중한 결과, 장기적 성장잠재력의 주요관건인 원천기술 확보는 미흡하고 투자회임기간이 길고 사용자의 보수성이 높은 시설 농자재 분야의 원천기술은 더욱 취약한 실점이다.

그 결과 농자재 산업은 농민들에게 저비용 고품질 농자재를 공급하는 후방산업으로서 제 역할을 다하지 못하고 수익창출을 위한 성장 동력원을 찾지 못한 채 낙후된 정체산업으로 남아 있다. 농산물 수요는 포화상태로서 농산물의 생산이 지속적으로 늘어나기 어려운 구조인데다 새로운 시장을 창출하지 못하면서 농자재 산업도 성장이 근원적으로 어려운 환경에 놓여 있다.

농자재 산업도 수출시장 진출을 통하여 성장 동력을 찾아 나가야 하는데 오히려 외국의 세계적인 농자재 산업이 국내농자재 시장이 위협을 받고 있는 실정이다. ICT 농자재를 농업생산부문에 융합시키려는 정책적 노력이 있으나[1] 농자재 산업의 원천 기술력이 미흡하여 농가들이 요구하는 스펙에 따라가지 못하다보니 비싸지만 성능 좋은 수입 농자재를 사용하려는 분위기가 일어나고 있다.

산업연관표상으로 농업생산부문에 대한 농자재의 중간투입비율을 보면 1985년 26.5%, 1995년 42.2%으로 증가해 왔으나 2007년에는 39.7%로 감소했다. 이는 수입개방화에 대응하여 농업생산부문이 후방연관 산업인 농자재 산업의 지원을 받아 저비용 고품질 구조로 전환하는데 성공하지 못했기 때문으로 추정된다. 정부의 농자재 산업 정책은 농자재를 농업경쟁력의 핵심적인 필수 자재가 아닌 부수적인 자재로 인식하여 단순히 농업경영비 절감차원에서 보조금위주의 농자재 산업정책으로 일관하여 왔다. 그 결과 농자재 산업은 농산업의 경쟁력 제고에 기여하지 못한 채 산업적 위상과 역할도 축소되는 실정이다.

제2절 농자재 산업의 정책 방향

1. 정책의 과거와 현재

정부는 2013년 6월에 농자재 산업육성을 위한 종합대책을 발표하였

1 농림축산식품부, 농식품 ICT 융복합 확산대책 (안), 2013.8

는데 주된 내용은 농가들의 농자재 비용 부담을 경감시켜 농업소득을 높이겠다는 목적이었다. 구체적으로 첫째, 농기계 공동이용을 활성화 함으로써 농기계임대사업, 농기계은행, 맞춤형 농작업 대행서비스 등을 확대하여 농가의 농기계 구입비용과 일손부담을 경감하는데 목표를 두고 있다. 둘째, 비료, 농약, 에너지 사용량 절감으로 경영비를 절감하고 셋째, 농자재 유통구조 개선 및 담합행위 방지로 농자재 가격을 농가에게 불합리하게 부담시키는 행위를 방지한다는 것 넷째, 농자재 산업의 수출 지원과 R&D 예산지원을 2012년 636억원에서 2017년 1,000억원으로 확대하겠다는 것이다.[2]

정부는 농자재 구입비용의 부담증가가 농업경영비 상승의 주요 요인이라고 보고 농자재 가격 하락을 유도하여 농가경제의 부담을 덜어 주겠다는 목표에 초점을 두고 있다고 할 수 있다. 이러한 정부의 농자재 산업대책은 농업생산에 있어서 농자재의 역할과 기능을 제대로 인식하지 못한 대책으로서 농자재 산업의 장기적인 발전에 장애요인으로 작용할 가능성이 높다.

단순히 영농비용을 절감하기 위한 방안으로서 농자재 가격을 낮추려는 대책은 농업후방산업으로서 농자재 산업이 담당하고 있는 중요성을 인식하지 못한 것이다. 농자재 산업의 기술혁신 노력을 무산시킴으로서 궁극적으로 우리 농업의 경쟁력을 약화시킬 가능성이 크다. 농자재는 저비용 고품질 농업생산체계를 구축하는데 있어 핵심적인 생산수단으로서 농자재의 투입 비용보다 농업 생산성 향상과 소득증대 효과를 더 크게 만들어 주어 고부가가치화에 핵심적으로 기여하기 때문이다.

2 농림축산식품부, 농업경영비 절감을 위한 농자재 산업종합대책, 2013.6.

한국 농업은 UR 협상 이전에 종자, 비료, 농약등 생물화학적인 농자재를 사용하여 토지집약적인 방법으로 생산하여 세계 최고 수준의 토지생산성을 달성할 수 있었다. 하지만 UR 타결이후 국내 농산물 가격은 하락하는 반면에 생산비는 크게 상승하여 토지생산성(평당 농업소득)의 증가를 통하여 농업소득을 올리는 것은 한계에 부딪치고 있다.

한편 노동생산성(시간당 농업소득)은 아직 중하위권에 머물고 있으므로 농업생산구조를 노동절약적인 방식으로 전환하여 노동생산성(시간당 농업소득)을 높이는데 최우선 목표를 두고 농업시설재와 농기계 같은 생력화 자동화 효율이 높은 농자재를 개발 보급하는데 정책적 지원을 집중하면 농업경쟁력을 높일 수 있는 가능성이 있다.

2. 농자재 산업정책의 방향

1) 노동생산성 기여도가 높은 농자재 산업의 육성

한 · 중 FTA 와 TPP 등 다가오는 농산물의 완전수입개방시대를 맞이하여 우리 농업의 질적 성장과 경쟁력 제고를 위해서 노동생산성에의 파급효과가 높은 농자재들을 어떻게 개발 보급하느냐가 핵심적인 정책적 이슈가 되고 있다. 제조업의 경쟁력이 소재부품산업의 발달에 좌우되듯이 농업생산체계도 농작업 기계, 농업시설 같이 소재부품 역할을 하는 농자재산업의 발달이 있어야 경쟁력의 향상이 가능한 시대를 맞이하고 있다.

세계 농산물 시장이 통합되는 글로벌 시대를 맞이하여 우리 농업이 경쟁력을 갖추기 위해서는 세계적인 규모의 농기계 및 농업 시설재 업체들과 경쟁할 수 있는 농자재 산업의 육성이 필수적이다. 농업생산부문이 점점 더 기술집약적인 구조로 전환하면서 BT와 ICT를 융합한 첨단 기술형 농자재의 지원을 받아야 경쟁력을 높여갈 수 있으며 농자재 산업의 경쟁력이 농업 경쟁력을 좌우하는 핵심적 변수로 부각되고 있다. 농자재는 고부가가치형 농산물의 생산시스템을 구축하는데 필수적인 생산수단으로서 농업의 신성장 동력을 뒷받침할 핵심적 소재산업이라는 인식을 가져야 한다. 정부는 우수 농자재를 개발한 농자재 업체를 선별적으로 지원하고 농자재 기업간 기술협력 네트워크를 구축할 농자재 공동개발 지원센터를 설치 · 운영하도록 하여야 할 것이다.

2) 성장단계별 농자재 산업의 육성

농자재 산업의 육성정책은 성장단계와 성숙단계로 구분하여 수립하는 것이 바람직하다. 초기 성장단계에서는 정부가 강력한 리더십을 발휘할 수 있는 기술 추진형 성장전략을 채택하고 사업화 가능성이 높고 파급효과가 큰 핵심 기술의 개발을 지원하는 정책을 수립하는 것이 중요하다. 대부분의 농자재 업체가 영세한 규모로 기술개발에 대한 투자 여력이 부족하므로 원천기술력을 갖춘 농자재 산업을 육성하기 위해서는 체계적인 R&BD 계획수립과 장기적이고 지속적인 정부의 지원이 필요하다.

농자재 클러스터 단지를 조성하고 관련 업체들에게 사업화 성공 가능성이 높으며 첨단 기술의 융복합 수준이 높은 농자재 제품을 개발하는데 필요한 연구기반조성, 인력육성, 연구개발비 지원, 연구시설 지원 등을 정책적으로 지원하여야 한다. 농자재 기술개발 사업에 대학 연구소를 참여시킴으로써 산 · 학 · 연 공동연구체계를 확산시키고 공공연구기관 중심의 농자재 통합연구단을 결성하고 농산업현장의 애로기술을 해결해 준다. 기술개발 완료시 농가들의 신뢰성 평가를 통해서 농자재 제품의 신뢰성을 향상을 시킬 수 있도록 지도한다. 기술혁신형 농자재 기업을 중점적으로 육성하고 공신력 있는 농자재 기술가치평가시스템을 구축하고 이를 투 · 융자 등과 연계하여 원활한 기술금융 공급을 유도한다.

국내 농자재 산업은 대부분 영세하여 자금조달, 연구개발, 설비투자 및 해외시장 개척 등에 애로가 있으므로 농자재 개발과정에서 관련 부품소재의 글로벌 소싱을 확대하고 관련 부품소재기업과 긴밀한 연계가 필요하다. 농자재 산업에 기술 혁신분위기의 유도, 연구개발 활동과 사업화의 연계성 제고 등을 위해 대학, 연구기관, 기업을 상호 연계하는 공동개발협력체를 만들고 비교우위가 있는 분야의 인적자원 양성, 연구개발 등 전문화를 위한 지원을 확대하여야 할 것이다.

성숙단계에서는 수요 견인형 성장전략을 채택하여 시장수요에 대응하여 적기에 필요한 농자재 제품을 개발하고 시장공급능력을 조정할 수 있는 체계를 갖추는 것이 중요하다. 농가들이 농자재를 비용을 들여 구매하는 이유는 보다 높은 농업생산성과 소득증대를 기대하기 때문이다. 농자재를 생산에 활용하여 생산량이 더 늘어나고 노동력와 노임비의 절감 효과가 나타난다면 농자재에 대한 수요가 지속적으로 늘어나게 될 것이다.

성숙단계에서는 농자재 산업의 기술성과 시장성을 평가하는 시스템을 구축하여 농자재 기술개발 및 시장진입의 성공가능성을 높이는 전략을 추구하여야 한다. 정부는 농자재의 가치사슬 과정을 추적하여 생산성과 소득기여효과가 높은 농자재를 선정 R&BD 지원정책을 추진하는 것이 중요하다.

첨단 농자재 제품의 시장진입에 따른 위험성을 낮추기 위해 관련 농자재 업체간에 협력체계 구축이 필요하다. 특히 중소 농자재 기업이 개발한 제품에 대한 신뢰성을 높이고 사업화의 불확실성을 낮추어 국내외 수요자들의 제품구매를 촉진하기 위한 마케팅 지원책 필요하다. 농자재 시장의 수요는 제품의 기술적 특성 뿐 아니라 농자재를 구입하는 주체들의 경제적인 요인도 감안하여 예측하고 농자재별로 트렌드를 예측하여 육성방안을 만들어야 할 것이다. 예를 들어 농산물 소비패턴이 안전성을 중시하는 방향으로 변하게 되면 화학비료나 농약 등에 대한 농자재 수요가 줄어들고 유기질 비료, 천적이용 방제제품 같은 친환경 농자재에 대한 수요가 늘어갈 것이기 때문에 이러한 변화 추세에 맞추어 농자재 산업의 육성방향을 정해야 할 것이다.

농자재의 수요를 확대하기 위하여 수출산업화를 촉진하고 농자재 수출 기업에게는 해외 마케팅, 제품 인증 등을 통해 수출시장에 진입할 수 있도록 지원하고 농자재의 수출애로사항을 해결해주는 정책적 지원이 필요하다. 농자재기업들이 공동으로 해외 전시회 참여 및 시장개척단을 파견하고 농자재 분야별 국내 무역전시회 개최를 통해 해외 바이어 초청 및 수출상담 추진하는 것이 중요하다. 농자재 업체들도 자동차 부품업체와 같이 전 세계 수출시장에 맞춤형 저비용 농자재 제품을 수출할 수 있도록 첨단 기술융합형 수출산업으로 도약시키기 위한 수출진흥계획의 수립 및 실천 전략을 마련하여야 할 것이다.

3. 농산업 생태계 차원의 장기적 육성

농업 경쟁력은 농업생산, 수확후 가공, 유통 및 최종 소비과정까지 연관된 농자재산업과의 유기적인 연계를 통하여 가격과 품질에 대한 소비자들의 다양한 요구를 충족시킬 수 있을 때 가능하다. 이렇게 되기 위해서는 품종부터 생육관리, 수확후 저장, 가공, 유통, 최종소비단계까지 가치사슬적 관점에서 농산업 전반에 걸쳐 문제점을 찾아 해결해 주는 소재부품산업차원의 산업 육성 방안을 강구하여야 할 것이다. 장기적으로 산업 생태계차원에서 농자재 산업의 연계 범위를 넓혀 나가도록 정책적 비전을 제시해야 한다. 농업생산뿐 아니라 식품, 유통, 외식소비 등 농산업 전 과정에 걸쳐 새로운 농산업의 생태계를 창출한다는 차원에서 농자재 정책을 다루어 나가야 할 것이다.

농자재산업을 중심으로 전후방산업을 연계하는 종합적인 육성대책을 수립하고 관련기업체간에 공동으로 R&BD, 브랜드개발, 홍보 등을 통해 정책의 시너지효과를 내도록 해야 할 것이다. 이렇게 될 때 우리 농산업은 농산물 가격의 하락에도 불구하고 비용절감과 영농의 규모화를 통하여 고부가가치와 농업소득을 올릴 수 있으며 특히 한 · 중 FTA 체결 이후 중국을 농식품 수출시장의 확대 기회로 활용할 수 있을 것이다.

제3절 농자재 산업의 분야별 정책

1. 농기계 산업

농기계는 정신적 육체적 노동을 결합시켜 단위 면적당 또는 단위 생산량 당 노동시간을 줄여 줌으로써 노동생산성을 올리는데 핵심적인 역할을 해온 농자재이다. 미국공학한림원이 발표한 20세기의 위대한 공학 기술 중에서 농기계가 7위를 차지했는데 농기계를 이용하여 농부 한사람의 식량생산능력이 2.5인분에서 130인분으로 늘어날 수 있었다고 평가하고 있다.[3] 우리 농업도 1960년대 이후 농기계의 보급 확산으로 노동생산성을 크게 향상시킬 수 있었으며 영농작업의 기계화로 남는 여유 노동력으로 농가소득을 추가로 올릴 수 요인으로 작용하여 왔다.

그러나 2000년대 이후 농기계 산업은 주요 수요처인 쌀 농업의 성장이 정체되면서 저성장 침체 상태에 놓여있다. 벼농사의 기계화율이 92%에 이르고, 트랙터를 제외한 농기계 수요가 신규 보다는 교체수요 위주로 재편되면서 농기계 시장은 포화상태를 보이고 있기 때문이다. 따라서 농기계 산업의 수요는 농업 현장에서 요구하는 농기계를 어떻게 개발 보급하느냐에 따라 좌우 될 것으로 예상된다, 영농형태가 상업농, 중소 전업농, 취미 · 도시농 등으로 분화됨에 따라 이에 맞는 맞춤형 농기계의 개발이 요구되고 있다.

고령화에 따라 농기계와 ICT 기술을 접합하여 농작물의 생육을 힘들이지 않고 자동으로 관리 할 수 있는 시설기계장치에 대한 수요가 커지고 있다. 주요 농작물의 재배 과정을 ICT 융복합적인 기술과 연계하여 관리할 수 있는 농기계는 미래의 농업생산방식을 획기적으로 바꾸면서 농가경제에도 긍정적인 영향을 줄 것으로 기대되고 있다. 하지만 농업기계화로 절감된 노동시간을 추가적인 소득 활동에 활용할 수 있는 기회가 제한되었거나 영농규모화가 어려워지면 오히려 소득증대에 부정적인 결과를 가져올 수도 있게 될 것이다.

3 강창호, 농업인신문 칼럼 2012.2.3.(http://www.nongupin.co.kr)

농기계는 농가입장에서 고정비용의 부담을 많이 주는 농자재이기 때문에 농기계를 효율적으로 활용하기 위한 다양한 영농전략이 요구되며 노동생산성과 연계한 농기계의 소득 평가 시스템이 도입되어야 한다. 정부의 농기계 정책은 농가의 농기계 비용 부담을 줄이기 위한 농기계 임대사업에 초점을 맞추고 있다. 장기적인 관점에서 볼 때 농기계를 공동 이용하여 비용을 줄이는 정책은 농기계의 최종 목적인 노동생산성과 농업소득을 증대시킬 수 있는 정책인지는 엄밀히 평가 해보아야 할 것이다.

국내 농기계산업은 5대 주요 업체를 제외하고 대부분 업체가 영세성을 면치 못하고 있으며 종업원 20명 미만의 영세업체수가 전체의 77%나 차지하고 있다. 농기계산업의 문제점은 설계기술 및 자동제어기술 등 핵심기술의 수준이 선진업체에 비해 상당히 낮다는 점이다. 특히 자동제어기술은 일본수준의 50~70%, 설계기술은 미국수준의 60~80%에 불과하며 금형기술, 판금기술, 품질관리기술 등도 선진국에 비해 열등한 수준이다. 이에 따라 농기계산업의 기술자립화를 달성하여 경쟁력을 갖춘 글로벌 수출전략산업으로 육성하기 위해는 중·장기적 관점에서 지향목표를 설정해야 한다.

단기적으로 국산 농기계의 가격 경쟁력을 지속적으로 확보해 나가면서 기술력과 자본력을 키우기 위한 업계의 구조조정이 필요하고 소규모 농기계 제품의 공동개발 및 부품공용화를 추진하여 원가절감에 노력하고 해외시장을 겨냥한 현지 전략형 수출농기계를 공동 개발해야 한다. 장기적으로 정부는 관련 농기계 업체간에 핵심기종 및 부품을 공동개발할 수 있도록 제도적인 뒷받침을 해주어야 한다. 침체된 국내 수요를 탈피하기 위하여 자연조건, 경제력 수준, 기계화 정도 등에 따라 국가별 수출전략을 수립하여 시장 확대 전략을 마련하여야 한다. 농기계의 품질을 높이기 위해서 연구개발 및 합작투자 등을 통하여 원천기술의 수준을 높이고 산학연 공동연구체제를 구축하여 연구기반시설과 연구개발 자금을 지원하고 연구개발 클러스터 산업단지를 조성 지원하도록 한다.

2. 시설 농자재산업

시설농자재는 시설골조자재, 피복자재, 관수자재, 시설환경자재로 분류 할 수 있으며 비닐온실과 경질판 온실, 유리온실 등 주로 시설원예와 기타 축산시설을 위한 자재로 사용되고 있다. 시설원예의 경우 2020년까지 시설재배면적은 2015년을 기준으로 비닐온실은 2008년보다 3565ha가 많은 5만6319ha, 경질판 온실은 60ha 많은 336ha, 유리온실 면적은 2008년보다 69ha 많은 399ha가 될 것으로 전망되고 있다.[4] 시설농자재 산업은 최근 자재중심의 제조기술에서 벗어나 ICT 기술을 접합함으로써 신성장 농업을 선도할 수 있는 주요한 소재부품형 산업으로 주목을 받고 있다. 향후 ICT 기술이 전 농작물의 생산분야에 걸쳐 도입되면 미래의 농업은 스마트 농업과 식물공장으로 대표되는 농민 없는 농업시대가 도래할 것이다. 농기계와 화학약품으로 유지해온 현재의 농업방식을 실험실에서 배양이 가능한 생산방식으로 그리고 ICT기술로 획기적인 생력화와 제조형 정밀농업이 가능해지면서 옥외 농업이 종말을 고할 것으로 예측되고 있다.[5]

원예시설에 · 센싱, 모니터링, 제어 등의 IT 장비를 설치하여 작물의

4 권오복외, 시설농자재 산업의 발전방안 연구, 한국농촌경제연구원, 2009
5 제레미 리프킨, 노동의 종말, 민음사, 2005

생육환경을 모바일 PC를 통하여 모니터링하고 제어할 수 있는 스마트 그린하우스 보급을 추진 중 이다. 과수작물에는 첨단 센싱 병해충 예찰, 제어 등의 ICT 장비를 설치하여 생산비 절감 및 고품질 과일의 생산을 유도하고 있다, 축산시설에 온도센서, 화재센서, 인터넷CCTV 등을 이용한 환경제어 · 위험관리와 자동급이기 등을 활용한 사양관리로 효율적인 가축사육으로 생산성을 높이는 시도를 하고 있다. 이는 ICT 기술을 기존의 시설농자재에 접합시켜서 농업생산에 활용하면 농산물의 품질과 생산성을 높이고 농업소득을 증대시킬 가능성이 높다고 보기 때문이다.

농업 생산의 효율성, 품질 제고를 위하여 ICT 활용범위가 넓어지는 추세이며 최근 가공, 유통 단계 및 관리 경영 영역으로도 ICT 기술의 융복합이 빠르게 확장되고 있다. 센서/네트워크, 메카트로닉스(Mchatronics), 인공지능(AI), 로봇, 스마트디바이스 등이 대표적인 농업 ICT 융합 기술이다. 이들 기술을 기반으로 스마트 농업생산 시스템, 식물공장, 지능형 농작업기 등이 농자재 산업의 주요 기술로 부각되고 있으며 최근 빅데이터, IoT, 클라우드 등 신 ICT 기술을 농업생산에 활용가능성에 대한 관심도 커지고 있다.

농자재 시설에 ICT 기술을 접합함으로써 시설농가의 노동시간이 줄어들고 품질이 향상되는 등 생산성을 높여주는 성과도 있으나, 시설 노후화 및 간이 비닐하우스가 많아 농업 ICT 융복합 기술의 확산에 한계가 있으며 선진국과 비교해 기술수준과 운용능력도 아직 낮은 수준이다. ICT 기술은 동태적으로 변하기 때문에 영세한 업체들의 기술수준과 자금 사정상 연구개발 투자의 위험성 때문에 실제 시설농업현장에 ICT 기술을 접합하여 사업화하는데 많은 난관이 있는 실정이다.

농업 ICT 기술은 BT와 IT 기술을 정교하게 융합할 수 있어야 농업생산성을 높일 수 있는데 아직 관련 산업간에 협력적인 교류체계가 형성되어 있지 않고 있다. 특히 고도의 정밀성이 요구되는 스마트 농업이나 식물공장에 투입되는 ICT 농자재의 관리에는 빅데이터에 기반한 정밀농업관리체계가 필요한데 산업계 내부에서 준비가 거의 안 된 초보적인 기술 수준 상태이다.

농업생산 현장에서 실용화가 가능한 ICT 융복합 시설 농자재를 보급하기 위해서는 IT, BT, NT 등 관련 융합기술에 대한 연구개발 투자가 선행되어야 하며 기획단계에서부터 농업인들이 참여하는 추진체계가 마련되어야 할 것이다. ICT 융복합 형 시설 농자재산업에는 최첨단 기술과 고도의 연구개발 능력을 갖춘 업체가 참여해야 하므로 규모화, 조직화가 필요하고 자본과 기술이 풍부한 대기업이 전략적으로 참여하도록 하는 것도 검토해야 할 것이다.

3. 종자산업

종자 산업은 전통적으로 종자를 개발 생산해 판매하는 소재산업이나 최근에 의약과 생명 산업 등과 연관되면서 미래 농업생명기술의 원천산업이 될 가능성이 높다. 종자산업은 첨단생명공학기술과 접목되어 BT 융복합 산업으로 발전하고 있으며 이에 따라 각국은 유전자 자원확보를 통해 종자주권이 강화하고 있으며 글로벌 다국적 종자기업이 세계시장을 지배 장악하는 추세이다.

농업 선진국들은 일찍부터 종자산업의 중요성을 깨닫고 체계적으로 지원을 하고 있다. 세계적인 글로벌 종자기업들은 인수합병과 전략적 제휴를 통해 집중화 · 대형화를 적극 추진하고 있으며, 막대한 연구비를 투입하여 고부가가치 신기능성 종자 개발에 집중하고 있다.

국내 종자기업은 종자의 중요성에 대한 인식부재와 무관심속에서 IMF 외환위기를 겪으면서 대부분 외국 자본에 넘어 간 실정이다. 지금은 하나의 산업으로 정립되기 어려울 만큼 시장규모가 정체되어 있으며 기업들의 규모 또한 영세하여 산업으로서 국제경쟁력도 낮은 상태이다. 국내 종자시장 규모는 인수 · 합병 이후에도 세계시장의 1%에 불과하며, 민간 종자기업이 주도하는 채소종자 규모도 1,600억~1,800억원 내외로 정체하고 있다. 종자산업이 농업의 중요한 전방 지원산업으로 자리잡을 수 있도록 종자기술을 재평가하여 종자산업의 육성 방향을 제시할 필요가 있다.

정부는 종자산업의 국제경쟁력을 키우고자 고유의 품종개발을 추진한다는 계획이며 골든시드 프로젝트를 통해 수출전략형 품종을 집중개발하고 있으며 로열티에 대응하기 위해서 신품종을 개발하는데도 노력하고 있다. 종자산업의 인프라를 확충하기 위해 종자산업 클러스터를 만들어 종자개발에서부터 처리 · 가공까지 R&D를 지원하고 육종 품종의 해외품종보호등록 등 사업화 지원을 위한 종자산업 진흥센터를 운영한다는 방침이다.

우량종자 자원의 수집, 보호, 감정을 강화하고 우수 신품종의 재배 기술보급 일체형 기업 육성하고 자본력과 기술력이 없는 중소형 종자기업의 M&A를 추진하고 종자 자원의 비축에 대한 재정적 지원을 확대한다. 기업을 주체로 하는 육종 혁신시스템을 건설하며 연구인력, 연구기반자원, 원천기술이 기업에 지원되도록 하고 고생산 우수품질과 면역성을 가진 기계화 농업생산에 적합한 혁신적인 새 품종을 육성한다. 세계 종자 산업은 정보기술(IT), 생명공학기술(BT), 나노기술(NT)산업과 접합하여 새로운 신물질에 대한 연구개발을 활발하게 진행하고 있으며, 나노기술을 활용한 종자 개발 연구도 활발히 전개하는 등 첨단 융복합 산업으로 급속히 발전하고 있다. 우리나라도 이에 대응하여 첨단기술을 활용한 신품종을 개발하여 종자산업이 융복합산업으로 자리매김할 수 있도록 노력해야 할 것이다.

세계적으로 다양한 종자들이 교역되고 있으며, 품질이 좋은 종자는 수출시장이 급속히 확대되고 있다. 따라서 국제적인 시장 확대를 위하여 국내의 우수한 육종능력과 유전자원이 확보되어 있는 작물부터 집중 투자하여 수출지역에 적합한 품종을 개발하고, 수출 가능한 신품종을 육성하는 등 종자산업이 수출 주도형 산업으로 육성한다. 부가가치가 높은 품종을 육성 · 판매하는 이른바 선택과 집중에 의한 경쟁력 있는 글로벌 종자 전문기업을 육성해야 할 것이다.

국내 종자산업을 몬산토나 듀폰 등과 같은 글로벌 기업으로 육성하기에는 한계가 있으므로 몇 가지 작물군에 집중하여 전문종자기업으로 육성할 필요가 있다. 전문종자기업 육성을 위해서는 식량작물의 민간이양을 통해 종자시장 규모를 확대하고 개인육종가 활용과 인력양성으로 민간역량을 강화시켜야 할 것이다. 개인 육종가는 특정부분에 전문기술과 노하우가 있으므로 개인 육종가와 종자회사를 연계하여 육성토록 하며, 육종 전문인력 양성과 함께 이들을 수용할 수 있는 경영기반 구축 지원이 요구된다. 우리나라 종자산업은 생산농업과 산업적 연관관계가 아직 미성숙 단계로 종자가 우리 농업의 생산성과 경쟁력을 높이는 핵심지원자재로 자리잡기 위해서는 정부차원의 지속적인 지원이 필요하다.

4. 비료산업

비료는 생물화학적인 기술로서 토지생산성을 높여 농작물의 단위 면적당 생산량을 증가시켜주는데 핵심적인 역할을 해 온 농자재이다. 비료의 종류를 보면 화학비료(무기질비료)와 유기질 비료, 기타 비료와 친환경 비료로 나눌 수 있는데 여기서는 화학비료를 중심으로 한 육성방안을 제안해 볼 수 있다. 화학비료산업은 기술과 자본집약적인 장치산업으로서 부족한 식량문제를 해결해준 핵심 농자재로서 쌀의 녹색혁명은 비료산업이 있었기에 가능했다. 정부는 1960년대부터 농업생산성의 향상시키는데 비료산업의 중요성을 인식하여 일찍부터 지원해 왔다. 그 결과 녹색혁명이 성공한 나라는 개도국에서 한국뿐이었는데 이는 비료산업의 지원이 있었기에 가능했다. 그 당시 1ha당 인구가 25명으로서 가장 좁은 경지면적을 가진 우리 농업은 비료를 사용하지 않고서 그 많은 인구를 부양할 식량을 확보할 수 없었기 때문이다.

화학비료의 세계 시장 규모는 2012년 1,055억$(169백만톤)인데 원자재 비중이 높아 중국, 러시아 등 원자재 생산국이 시장을 주도하고 있다. 비료 원재료가 중국, 캐나다, 러시아 등 특정국가에 편중되고 세계 5대 메이저 및 후발기업이 55%를 차지하고 있다. 세계의 화학비료 소비는 지속적으로 증가할 전망이나 바이오연료 정책과 농산물 가격, 비료 보조금정책, 비료성분의 효율성 제고 등이 세계 비료 수급전망에 영향을 줄 것으로 예상된다.

국내 화학 비료 산업의 현황을 보면 2011년 시장규모가 13,549억 원으로 그 중에서 국내 공급은 7,118억 원 수출은 6,431억 원에 달한다. 국내 비료시장은 상위 8개 업체가 전체의 90%를 차지하고 있으며 비료의 수출물량은 2012년 1,383천 톤(484백만$)으로서 주로 동남아국가로 수출했으나 최근 가격경쟁력 약화로 수출 감소가 우려된다. 2000년대 이후 비료산업은 여러 가지 어려움에 직면해 있는데 첫째 국내 수요 급감과 둘째 새로운 비료자재의 개발 소홀 및 홍보부족, 셋째 비료 수요의 한계성에 대비한 경영다각화 노력의 부족 현상임. 쌀 농업의 생산정체로 비료 수요가 줄어든 데다 정부의 친환경농업육성 정책등과 맞물리면서 유기질 비료가 화학비료의 대체재로서 지원이 확대되면서 비료 사용량이 2000년대 170만 톤에서 2006년에는 100만 톤으로 감소하였다.

국내 비료업체는 장치산업의 특성상 일정수준의 시설과 인원을 유지해야 하는 경영상 어려움이 존재하고, 원자재를 전량 수입에 의존하고 있어 원자재 가격 상승으로 인한 국내 시장의 가격 조절 문제도 어려운 문제이다. 정부에서는 맞춤형비료, 유기질비료, 녹비작물, 토양개량제 등 다양한 비료를 농가에 지원하고 있으며, 기타 일부 농자재는 지방자치단체나 농협을 통해 간접 지원하고 있다. 하지만 우리 농업의 여건상 일정수준의 화학비료 사용은 불가피한 측면이 있어 앞으로도 과학적인 영농방식에 맞추어 일정수준의 화학비료를 공급하는 방안을 강구해야 할 것이다. 화학비료의 사용량이 다른 나라보다 많은 편으로 화학비료의 사용량을 감축하는 과정에서 식물의 영양측면뿐만이 아니고 토양의 문제도 종합적으로 검토해서 결정하는 것이 바람직하다. 비료산업 활성화를 위해서는 정부의 지속적인 정책추진 외에도 다른 농자재 산업과의 연계측면에서 경쟁력강화를 위한 노력이 필요하다.

5. 농약산업

농약 산업은 2013년에 연 매출 1조4000억원 규모이나 농약의 안전성에 대한 소비자들의 관심이 높아지면서 시장규모는 계속 줄어들고 있다. 농약의 단위 면적당 사용량을 보면 2012년 9.9kg/ha으로 2000년 대비 농약사용량이 20% 정도 감소했다. 선진국의 농약 산업추세를 보면 농약제조업체가 산업 발전을 주도해 왔고 국가는 산업체를 지원해 국제경쟁력을 강화시키는 방향으로 움직이고 있다. 하지만 우리나라는 초창기부터 주로 농약 완제품을 수입해 분포장 판매하거나 선진국 농약원제를 수입해 단순 제조해 왔으므로 농약관리 제도를 산업체가 주도하지 못했다.

농약산업은 정부시책이나 친환경 농업의 흐름으로 볼 때 시장 규모의 확대는 쉽지 않을 것으로 전망된다. 국내시장 한계를 극복하기 위해 해외시장 개척을 하고 있지만 동남아 위주의 수출로서 수출액이 1990년 3,300만불 2012년 5,200만불 수준에 그치고 있다. 국내 농약관련 업체들은 대부분 영세성을 띠고 있으며 경쟁력 부재 등으로 인해 선진 업체들로부터 원제를 수입해 사용하고 있는 실정이다. 농약 완제품은 국내 주요 업체들이 시장을 거의 고정적으로 분할 점유하고 있는 반면 원제 생산업체들은 일부 대기업을 제외하고 영세한 수준에 머무르고 있다. 현재 국내 농약 제조업체들의 기술력과 자본력을 고려할 때 수입의존도는 더 심화될 가능성이 높을 것으로 예상된다.

외국의 농약 산업은 농약의 R&D 투자 비율이 전체 매출액의 8~10%이나 국내 농약산업의 연구개발비는 1% 수준으로 원제시장에 대한 개발노력이나 R&D분야 투자를 기피하고 있다. 국내 업체들이 외국에서 원제를 수입해 합성하는 기술만으로도 충분한 수익을 창출해 왔기 때문에 개발에 대한 투자의 필요성을 느끼지 못했기 때문이다. 또 농약신제품 개발에는 장기간이 소요되고 대규모 자금이 소요되는 한편 성공확률도 극히 낮기 때문에 적극적으로 나서지 못하고 있다.

농약산업의 발전을 위해서는 정부는 산학연 공동연구 개발 협의체를 구성하여 업체들의 부담을 줄여주면서 농약 기술 개발을 시도해 나가야 할 것이다. 농약 유통구조 부문에 있어서 도 · 소매상의 난립과 다양한 지연들이 얽혀있어 비체계적 비효율적이다. 농약 제조업체의 경우 판매소에 대한 장려금 등 농약시장의 과당경쟁과 가격하락으로 품질향상을 저해하는 결과를 초래하고 있다. 도매상 의존도를 줄이고 회사 직영의 영업소를 증설하거나 소매상의 비중을 늘리는 방안을 강구하여 유통시장의 구조를 개선할 필요가 있다.

농약산업의 성장을 위해서는 국내시장을 탈피하여 해외시장 개척에 적극적으로 나설 필요가 있으며 중국, 동남아시아 시장에 진출하는 전략이 필요하다. 농약과 종자는 서로 유사한 기술을 바탕으로 한 농자재로서 이들 관련 업체들간의 합병과 공조를 통한 기업의 대규모화와 패키지 판매를 통해 경쟁력을 높여가는 방안을 고려해 볼 수 있다. 다국적 기업들의 경우 우수한 제초제를 개발한 후 이 제초제에 강한 종자를 생산해 종자와 농약을 한꺼번에 판매해 세계 시장에 농약과 종자의 점유율을 동시에 전략을 구사하고 있기 때문이다.

참고 문헌

강창용외(2012), 농림업 후방연관산업의 전략적 발전방안 연구, 연구보고 R665, 한국농촌경제연구원.

강창호(2012.2.3.) 농업인신문 칼럼 (http://www.nongupin.co.kr).

권오복외(2009), 시설농자재산업의 발전방안 연구, C2009-48, 한국농촌경제연구원.

김미복외(2014), 농업구조변화, 농가경제, 정책의 시사점, 한국농촌경제연구원.

김용택외(2000), 농업생산성 제고방안, 수탁연구, 한국농촌경제연구원.

농림축산식품부(2013).농업경영비 절감을 위한 농자재 산업종합대책.

농림축산식품부(2013) 농식품 ICT 융복합 확산대책.

박기환(2010), 종자산업의 현 주소와 나아갈 방향, 농정포커스, 한국농촌경제연구원.

박현태외(2012) 농자재산업의 산업연관분석과 가격변화 영향, 연구보고서 R665-1.

유영봉(2007), 한국농업의 미래를 위한 제안, Lecture6, GS&J 인스티튜트.

유춘권외(2013), UR전후 농업생산성의 변화와 시사점, NHERI 레포트, 농협경제연구소.

이병훈외(2013), 농업경쟁력 평가지표 개발연구, 정책연구보고 P177, 한국농촌경제연구원.

정도영외(2010), 농림어업의 총투입 및 총수요 구조변화 추이분석 - 투입산출 요인분해를 중심으로, 한국경제학보 제17권 제2호.

제레미 리프킨(2005), 노동의 종말, 민음사.

조승연(2002). 농업기계화와 농업생산조직의 변화, 생활문물연구 제4호.

David B. Schweikhardt(2000) Reconsidering the Farm Problem Under an Industrializing Agricultural Sector, Dept. of Agricultural Economics, Michigan State University.

U.S. Department of Commerce/International Trade Administration (2017) 2017 Agricultural Equipment Top Markets Report.

CHAPTER 10

식품산업 정책

제1절 식품 산업의 동향

식품산업은 원료 농수산물을 이용한 식품의 가공, 제조, 보관, 운송, 유통, 조리 및 소비 단계에서 이루어지는 제반 활동으로 구성되어 있으며, 식품 자체는 물론 식품첨가물, 기계, 설비, 용기, 포장재 등을 포함하고 있다. 국민소득의 증가로 식품에 대한 소비자의 수요가 다양화됨에 따라 식품산업과 첨단기술, 문화, 관광 등 타 영역과의 융복합이 가속화되고 부가가치가 높아져 미래 유망산업으로 떠오르고 있다. 특히 건강, 웰빙에 대한 소비자의 관심이 증대하면서 천연 농산물을 이용한 건강기능식품, 편의식품, 전통식품(ethnic food), 화장품, 천연의약품 등 농식품소재산업이 발전하고 있다.

식품산업분석 보고서(한국보건산업진흥원, 2015)에 의하면 2014년 세계 식품시장의 규모는 약 4조 4,342억 달러로 추정되어 정보기술과 자동차 시장을 합한 것 보다 크고 2018년이 되면 6조 3,000억 달러 규모로 성장할 것으로 예상된다. 지역별 시장 규모를 보면 유럽이 1조 5,551억달러, 미주지역 시장 1조 4,101억 달러(31.8%), 아시아-태평양 1조 3,837억달러(31.2%), 아프리카와 중동지역이 853억 달러(1.9%) 순으로 되어 있다. 품목별로 보면 가공 식품중에서 냉장 식품이 7,692억 달러로 1위를 기록했고, 청량음료 6,425억달러(14.5%), 유제품 3,901억달러(8.8%) 등의 순서로 시장규모가 컸다.

표 10-1 세계 식품 시장 규모

(단위:억달러, %)

지역	2010년	2011년	2012년	2013년	2014년	연평균성장율
세계시장	38,755	40,154	41,466	42,854	44,342	3.4
	100	100	100	100	100	-
유럽	14,293	14,612	14,930	15,225	15,551	2.1
	36.9	36.4	36.0	35.5	35.1	-
아메리카	12,508	12,907	13,288	13,678	14,101	3.0
	32.3	32.1	32.0	31.9	31.8	-
아시아태평양	11,273	11,895	12,489	13,134	13,837	5.3
	29.1	29.6	30.1	30.6	31.2	-
아프리카 중동	701	740	779	817	853	5.0
	1.8	1.8	1.9	1.9	1.9	=

자료: 2015년 식품산업보고서, 한국보건산업진흥원

한국의 경우 국민경제에서 차지하는 농업생산액의 비중은 감소하고 있으나 식품산업이 전체 농산업에서 차지하는 중요도는 계속 증가하고 있다. 1차 산업인 농림생산업이 전체 산업에서 차지하는 비중은 2000년 4.6%에서 2015년 2.3%로 지속적으로 감소하고 있다. 하지만 농산물과 식품산업을 합한 먹거리 산업의 측면에서 보면 농업생산의 비중은 54.5%에서 36.6%로 감소한 반면 식품산업의 비중은 45.5%에서 63.4%로 상승했다. 이는 2000년 이후 식품소비의 다양화, 고급화, 간편화 등 식품소비 패턴의 급격한 변화와 1인 가구의 증가, 여성의 사회 진출 증대 등 사회인구구조의 변화에 크게 기인한다.

국내 식품산업 규모는 지난 10년간 연평균 5.9% 성장을 지속하였으며 최근 간편 가정식의 급속한 수요증가에 힘입어 2014년도에는 80조원에 육박하고 있다. 2015년 기준 한해 매출액이 1조원 이상인 식품제조 기업은 19개사로 10년 전 4개에서 15개로 증가하였으며 식품산업은 농수축산업의 최대 소비처로 부각되고 있다. 식품산업의 부가가치는 2000년 10.0조원에서 2015년 18.9조원으로 증가하였으나 제조업 전체 부가가치 대비 식품제조업 부가가치의 비중은 2000년 6.1%에서 2015년 4.5%로 오히려 감소하였다. 이는 식품제조업이 지속적으로 성장하고 있지만 성장추세가 다른 제조 산업에 비해 상대적으로 낮기 때문이다. 한편 2014년 외식산업의 시장규모는 83.8조원으로 식품제조업을 합친 국내 식품 시장의 규모는 163.7조원을 기록하였다.

표 10-2 국내 식품 외식산업 규모

(단위: 십억원)

구분	2010년	2011년	2012년	2013년	2014년
식품산업	60,711	70,208	75,150	77,320	79,925
외식산업	67,566	73,507	77,285	79,550	83,820
합계	128,277	143,715	152,435	156,870	163,745

자료: 농림축산식품부

식품 수출액은 표 10-3에서와 같이 2014년 4.1조원으로 2010년 2.9조원에 비해 40% 증가하였다. 그러나 식품 수출에 비해서 수입이 더욱 증가하여 무역수지적자 규모가 2010년 7.4조원에서 2014년 10.1조를 달성하는 등 지속적으로 증가하고 있다.

표 10-3 식품무역동향

(단위:백만원)

구분	2010	2011	2012	2013	2014	연평균 성장률 ('10~'14)
수출	2,966,831	3,571,062	3,771,553	4,112,611	4,154,317	8.8
수입	7,425,710	8,970,489	10,052,019	10,495,632	10,180,440	8.2
무역수지	4,458,879	5,399,428	6,280,467	6,383,021	6,026,123	-

자료 : 식품의약품안전처, 식품 및 식품첨가물 생산실적, 각 연도

식품산업의 지속적인 성장에도 불구하고 국산농산물 가격이 수입원료 보다 비싸 국산화 비율이 30% 이하로 낮은 수준이다. 식품제조업체의 원료 사용량을 보면 2013년 기준으로 쇠고기, 대두, 참깨, 고추, 양념, 밀 등 44개 품목은 국내외 가격 차이가 크거나 국내 조달이 어려워 국내

산 사용 비율이 20% 미만을 기록하는 등 전체 식품 원료(114개 주요 품목 기준)1,507만 톤 중 국산 원료는 470만 톤으로 물량기준 국산 사용 비율이 31.2%에 불과하였다.

식품산업의 국산화율을 높이기 위해서는 수입산 원료를 국산 원료로 대체 사용가능한 가공제품의 수요를 확대시켜 나가야 하며 제품 개발초기 단계부터 개입하여 고품질의 안전한 식품 개발을 위한 기능성 소재 발굴 등 R&D 분야 지원확대가 필요하다. 국산 원료의 안정적 공급을 위해 계약재배 확대, 전략적 제휴 추진, 계열화 등 품목의 성격에 따라 다양한 형태의 산지 연계 강화가 필요하다. 대량수요처 특성상 원료가격의 상승은 최종제품 가격의 상승으로 이어져 시장 침체와 업체 경영에 큰 부담으로 작용하고 있어 안정적인 원료 공급을 위해 산지 조직화 등에 대한 지속적인 노력이 필요하다.

이상과 같은 자료를 기초로 국내 식품산업의 특징을 살펴보면 다음과 같다. 첫째, 소수 대기업과 다수 영세기업이 병존하는 이중구조를 보이고 있다. 둘째, 영세성이 다른 제조업에 비해 훨씬 높게 나타나고 있다. 셋째, 식품산업은 노동집약적인 산업이지만 다른 제조업에 비해 고용유발효과나 수입 유발효과는 적다. 넷째, 제조비용에서 재료비가 차지하는 비율이 높으며, 다른 산업에 비해 부가가치율이 낮은 산업이다.

제2절 식품산업의 정책 동향

식품산업은 농산물 소비의 연장선상에 있어 농업성장을 견인하는 산업이며 식량안보와 직결되어 있어 식품산업을 농산업정책의 핵심 부분으로 관리해야 한다. 정부의 식품산업 지원정책은 초기에 전통식품 개발정책과 산지농산물 가공산업 지원정책을 중심으로 추진되었다. 그러다가 2007년에 정부는 농업생산중심의 정책에서 벗어나 식품과 소비자를 키워드로 한 정책으로의 전환을 시도하고자 식품산업진흥법을 제정하고 농업 · 농촌 · 식품산업기본법을 개정하게 되었다. 식품산업은 농산물의 부가가치를 높일 수 있을 뿐만 아니라 농산물의 시장을 확대한다는 측면에서 정책적으로도 점점 중요해지고 있기 때문이다. 이에 따라 2008년부터 식품산업정책이 농식품부의 주요 정책대상으로 등장하고 있으며 식품산업과 국내농업을 연계시키기 위한 노력이 활발해지고 있다.

식품산업이 농림수산식품부로 이관된 2009년부터 전통발효식품 육성 지원사업과 농식품시설 현대화사업, 생산자 융복합형 식품기업육성 지원사업, 천일염육성지원사업 등을 추진하여 왔으며 지역활성화 사업에서도 식품산업이 추진되고 있다. 지역단위에서 식품산업 활성화에 활용할 수 있는 정책으로는 지식경제부의 지역연고산업진흥사업, 농림수산식품부의 신활력 지역지원사업, 광역클러스터사업(지역전략식품산업 육성) 등이 있다.

표 10-4 지역 식품산업 활성화 정책 현황

사업명	지원대상	사업목적	주요사업내용
지역연고산업진흥사업	기업, 대학, 연구소, 테크노파크 등	연계강화를 통한 지역혁신역량 및 지역산업 경쟁력 증대	지역경제주체들이 공동추진하는 지역특화 식픔산업 및 향토식품 산업지원
신활력지역 연고산업	신활력지역	낙후지역을 활력지역으로 육성하기 위한 기반 마련	지역역량 강화 및 지역발전을 유도하기 위한 S/W 위주사업
광역클러스터 사업	클러스터사업단	지역 농수산업을 중심으로 산학연관 연계사업	혁신체계 구축 및 네트워킹지원, 산업화 및 마케팅지원
국가식품 클러스터 사업	R&D 중심의 식품전문연구 생산단지	농업과 융복합한 식품산업 육성	핵심 R&D 기반시설 구축 및 운영

자료: 황의식외, 농식품산업 활성화 정책의 추진현황과 과제, 한국농촌경제연구원, 2010

농림축산식품부는 식품산업 진흥을 위해 2008년 11월 식품산업발전 종합대책을 마련하여 2008년부터 2012년까지 한식의 세계화, 식품 R&D 투자 확대 등의 대책을 수립 시행하였으며, 2011년 9월에는 식품산업의 인프라 확충 및 글로벌 경쟁력 강화 등을 주요 내용으로 하는 식품산업 진흥 기본계획을 수립 시행 하였다. 이에 따라 식품산업 부문에 대한 재정투자는 2008년 3,446억 원에서 2015년 8,554억 원으로 148.2% 증가하였고 이는 2015년 기준 농림축산식품부의 전체 예산인 14조 431억 원의 6.1% 수준이다.

과거 농산물의 생산 내지는 공급중심의 정책에서 벗어나 시장 혹은 소비지향적인 정책으로의 농정전환이 요구되고 있으므로 식품산업정책은 농업부문과 효율적인 연계방안을 모색할 필요가 있다. 정부는 국내 농업과 식품산업과의 연계 강화를 위한 전략으로 지역 농산물 가공

산업의 육성, 국산 농산물의 가공수요 확대, 전통가공식품의 생산 · 소비 활성화, 전통식품 발굴 및 산업화 추진, 한식의 세계화 등을 중점 정책으로 추진하고 있다.

정부는 지역 농산물 가공업체의 경영활성화를 유도하기 위해 경영평가를 통한 지원업체를 등급화하여 차등 지원하는 등의 구조조정 정책을 추진하고 있다. 또한 위해요소안전관리기준(Hazard Analysis and Critical Control Points: HACCP), 농산물우수관리제도(Good Agricultural Practices: GAP) 등 선진위생관리기법 및 효율적인 운영시스템 도입을 위한 지원을 강화하여, 소비자 신뢰를 구축하고 수입식품과의 차별화를 높이는 정책을 실시하고 있다. 한편 공동 브랜드의 개발과 제품별, 소비권역별 연합회를 통해 공동브랜드 · 공동판매망을 구축하는 정책도 추진하고 있다.

국산 농산물의 가공수요 확대를 위해서, 정부는 단체급식을 포함한 외식업체에 대한 우수 식재료 공급체계의 구축과 국산 식재료 사용실적이 우수한 가공업체,단체급식업체, 외식업체를 대상으로 한 인증제 도입을 추진하고 있다. 또한 생산자단체와 수요처를 연계하는 정보시스템의 구축을 추진하고 있다.

농식품부는 2011년 2단계 정책으로 기존의 식품산업종합대책을 수정보완하여 식품산업진흥 기본계획을 수립 발표한바 있다. 2008년에 수립한 식품산업종합대책은 급변하는 시장 변화를 반영하지 못하고 있으며 농어업과의 연계방안이 미흡하다는 평가에 따라 식품산업진흥 기본계획을 수립하게 되었다. 식품산업진흥 기본계획에서 정부의 2단계 식품산업 진흥 정책으로 2012부터 2017년까지의 식품산업의 발전 방향을 제시하고 있다. 2013년 식품안전관리가 식품의약품안전처로 일원화되면서 농식품부의 식품정책은 식생활정책과 식품산업정책이 새롭게 조명

되면서 새로운 식품정책을 수립하였다. 신식품정책은 바른 먹거리, 건강한 국민, 산업의 도약을 비전으로 제시하고, 국민식생활개선, 농식품 품질관리 강화, 농식품 안전관리 기반 구축, 국산 농산물 수요 확대, 식품산업의 경쟁력 제고, 외식산업화 및 한식 진흥으로 6개 분야에 걸쳐 중점추진과제를 발굴 추진하고 있다.

표 10-5 식품산업진흥 기본계획(2012-2017)

		2010년		2017년
총괄	식품산업 매출액	131조원(2009)	⇨	245조 원
	식품산업 고용	176만명(2009)		200만 명
	농식품 수출	59억 달러		200억 달러
인프라 구축	식품기술 수준	선진국 30~65%	⇨	85%
	국가식품클러스터	-		매출 4조 원 고용 22천 명
	식품산업 인력 교육	2,100명		10만 명
	농식품 모태펀드	250억 원		최대 4,000억 원
	매출액 100억이상 기업	946개소		2,000개소
농어업 연계 강화	매출 500억 원 지역전략식품사업단	54개소(매출평균 340억원)	⇨	100개소
	매출 50억원 농공상 융합형 기업	-		300개소
	1인 기업 창업 지원 가공 플랜트	연 120명 4개소		연 3~4천 명 100개소
	사이버 거래소 거래량	1,000억 원		1조 원
글로벌 경쟁력	수출확대	59억 달러	⇨	200억 달러
	해외 한식당 수	1만 개		2만 개
	포장김치 비중	40%		60%
	막걸리 국산쌀 비중	33%		50%
	기능성 식품시장	2조 원		4조 원
소비자 보호	인증제	18종	⇨	8종
	GAP 시설	총생산량 3%		10%
	녹색식생활 실천률	10%		60%

자료: 농림수산식품부 보도자료, 2011년 9월 28일.

국민 식생활개선 및 영양개선분야는 식생활교육의 근간인 식생활지침의 부처별로 분산 제정 · 운용되고 있고, 저소득층(기초생활보장 수급대상) 중 식품미보장가구가 21.1%, 영양섭취 부족인구가 28.7%에 달해 국민 식생활 및 영양부족 문제가 새로운 정책과제로 부각됨에 따라 정부 공통의 식생활지침 마련과 식생활교육 강화 및 취약 계층 지원의 필요성이 커지면서 식생활 지침 제정과 영양 취약계층 지원 강화를 추진하고 있다.

농식품 품질관리부문은 인증표시제 관리 강화를 통해서 생산자와 소비자를 보호하는 방향으로 역량을 강화하고 농식품 안전관리는 GAP와 HACCP의 생산단계의 농축산물 안전관리 강화에 중점을 두고 식약처 등 관련부처와 협업체계를 수립시행하고 있다. 2012년 기준 식품원료 중 국산원료 이용비율이 29.7%에 불과하고 국산농산물의 가공이용을 촉진하는 대책과 노력도 미흡한 것으로 평가됨에 따라 가공용 종자개발, 소재 · 반가공산업의 육성, 국산식품의 시장차별화정책이 추진되고 있다.

식품산업의 경쟁력 제고를 위하여 정부는 노인식, 유아식 등 미래전략품목의 육성, 수출지원체계의 확립 등을 통해서 식품연관산업의 활성화 및 기능별 수출대책을 품목별, 국가별로 대책을 수립 추진하고 있다. 또한 외식산업의 선진화와 한식의 진흥분야는 외식산업 서비스인증제 도입, 민간자율 음식점 평가제 도입, 음식관광의 활성화에 중점을 두고 있다. 그리고 식품외식산업분야의 인프라 구축을 위하여 소비량 통계 구축 등 통계정보의 제공, 인력양성, R&D 확대 및 규제개선을 위한 정책을 지속적으로 추진하고 있다.

표 10-6 식품산업정책별 정책과제 비교

구분	정책 내용
식품산업발전 종합대책 (2008년 11월)	· 식품R&D 투자 확대 · 규제혁신, 인센티브 제공 · 농수산식품 수출확대 지원 · 전통·발효식품의 과학화·산업화 · 식재료 산업 활성화 · 농어업·식품산업 연계 강화 · 안전한 농수산식품 생산·공급
식품산업진흥 기본계획 (2011년 9월)	· 식품산업 인프라 확충 · 농어업과의 연계 강화 · 글로벌 경쟁력 강화 · 소비자 정보 제공 및 보호
국민행복시대 신식품정책 (2014년 3월)	· 국민 식생활 및 영양 개선 · 농식품 품질관리 강화 · 농식품 안전관리 기반구축 · 국산 농산물 수요 확대 · 식품산업의 글로벌 경쟁력 제고 · 외식산업의 선진화, 한식의 진흥

자료: 농림축산식품부

한편 농림수산식품부는 2009년부터 2015년 동안에 국가식품클러스터 조성사업의 일환으로 전북 익산시 일원에 식품전문 국가산단을 조성 중이다. 국내 외 식품기업 145개, 민간연구소 10개 이상을 유치할 계획이며 농식품의 고부가가치화를 위한 3대 핵심 R&D기반으로 식품품질안전센터, 식품기능성평가센터, 식품패키징센터를 운영하고, 식품특화기술 R&D, 식품기능성평가, 인력양성, 마케팅지원 등을 기업에 지원할 계획이다.

식품산업 부문에 대한 예산 지원은 식품산업진흥 기본계획의 주요 내용으로 과제별로 크게 기반구축, 농업과의 연계 강화, 글로벌 경쟁력 강화로 구분되는데, 2015년 예산을 기준으로 보면 기반구축 부문이 7.2%, 농업과의 연계 강화 부문이 22.9%, 글로벌 경쟁력 강화 부문이 69.9%를 차지한다. 한편 식품산업 관련 법률로는 어업 · 농어촌 및 식품산업 기본법 , 식품산업진흥법 , 전통주 등의 산업진흥에 관한 법률 , 외식산업 진흥법 , 김치산업진흥법 등이 있다. 식품산업 부문에 대한 재정투자는 2008년 3,446억 원에서 2015년 8,554억 원으로 148.2% 증가하였으나, 2015년 기준 농림축산식품부의 전체 예산인 14조 431억 원의 6.1% 수준이다.

표 10-8 식품산업정책 예산규모(2016년)

정책내용	주요 사업(예산)	2016년 예산	
		총규모	비 중
기반구축	고부가가치 식품기술개발(382억원) 국가식품산업클러스터(100억원) 식품외식정보분석(22억원) 식품기능성평가(27억원) 고부가식품산업 및 컨설팅지원(36억원)	618억원	7.2%
농업과의 연계강화	지역전략식품산업육성(439억원) 전통발효식품육성(126억원) 농공상 융복합형 중소기업육성(172억원) 식품외식종합자금(1,140억원) 중소식품기업 공동협력지원(75억원)	1,959억원	22.9%
글로벌 경쟁력강화	신선농수산물 수출업체 지원(3,634억원) 가공식품 수출업체 지원(1,959억원) 수출인프라 강화사업(359억원) 한식진흥 및 음식관광 활성화(110억원) 제2파프리카 육성지원(15억원)	5,977억원	69.9%
합계		8,554억원	100%

제3절 식품산업정책의 개선방향

1. 문제점과 해결과제

가. 식품산업의 취약한 연계구조

식품산업은 우리나라 경제에서 차지하는 비율이 낮지만 경제성만으로 평가하기 어려운 생필품의 성격을 지닌 경기 비탄력적인 산업이다. 일부 제품을 제외하고는 생필품의 속성을 지니고 있어 수요의 가격과 소득 탄력성이 낮아 경기변동에 민감하게 반응하지 않는 특성을 보인다.

식품산업의 부가가치율은 전 산업 평균보다는 낮은 수준이며 부가가치유발계수는 서비스업에 해당하는 음식점업의 경우 서비스업 평균에 비해 매우 낮은 편이다. 식품산업의 후방연쇄효과가 국산중간투입률 증가에도 불구하고 2007년 이후 감소하고 있으며, 이는 수입완제품의 비중이 확대되고 있음을 의미하고 있다. 후방연쇄효과의 감소는 푸드시스템 내부에서 농업과의 연계성이나 외식업 등 소비단계의 관련 산업과 동반성장체계를 구축하지 못하고 있음을 의미한다.

특히 식품산업의 중간투입률이 꾸준히 상승하는 상황에서 후방연쇄 효과의 감소는 중간투입 비중이 높은 부문에서 완제품 수입 대체가 증가하고 있음을 의미하고 있다. 그러므로 수입완제품 증가를 보완하기 위한 농업, 유통업과 식품 산업간의 연계를 강화하는 전략적인 정책 지원이 필요하다.

나. 푸드시스템을 총괄하는 체계적 식품산업 정책 부재

식품산업은 농림수산업과의 상호연계를 위한 정부의 정책과 식품산업 자체의 시장 효율성과 건전성을 제고하는 정책들에 영향을 받는 산업인데 우리나라는 농산물, 가공식품, 수입식품 등의 생산, 유통, 소비 등 푸드시스템 전 단계를 총괄하는 체계적 식품산업정책이 부재한 상황이다.

우리나라 식품정책은 2008년 이전까지는 농림부의 식량자급률 관리 정책과 식약청의 식품제조업의 인허가 및 위생관리에 중점을 두고 추진되어 왔다. 2008년 이후 농림수산식품부의 식품산업진흥법 제정을 계기로 국내산 농산물을 이용한 식품산업 진흥정책을 추진하고 있으나 푸드시스템을 총괄하는 식품산업정책은 부재한 실정이다. 농식품부의 식품산업진흥대책도 한식 세계화 등 농식품수출에 초점을 맞추어 농상공연계정책이나 문화관광정책 등과 정책 연계가 부족한 편이다. 정책 수립의 기본이 되는 통계 체계가 음식료제조업 위주로 되어 있어 농업과의 연관성이나 식품산업의 범위가 푸드시스템 전단계로 확대되는데 필요한 기초자료가 부족하다. 식품산업의 수입의존도가 높은 수준이며, FTA 등 시장개방으로 외국 농산물 및 식품 수입 증가가 예상되고 있지만 수입농산물, 식품소재 수입관련 정책이 부재하다.

일본의 식품산업 활성화를 위한 농상공 등 연계사업의 경우 농림수산성, 경제산업성 등이 연계하는 법률을 제정하여 공동으로 예산을 조성하여 문화관광, 수출 촉진, 연계산업 지원 등 광범위한 사업을 지원하고 있는 상황을 참고할 필요가 있다. 수입 농산물 및 식품의 안전성 검사와 농수산물의 원산지 표시관리를 중점적으로 시행하고 있으나 수입량, 유통체계, 가격 등에 대한 관리정책은 부재한 상황이다,

다. 식품산업관련법, 정책의 체계성 · 실효성 부족

농림수산식품부는 2007년 이후 전통주산업 진흥을 위한 법률, 외식산업진흥법, 김치산업진흥법 등을 제정하였으나, 세부 산업별로 경영개선, 인증제도 조항을 마련하여 세부계획수립 과정에서 행정적 업무의 중복이 우려된다, 이러한 추세가 지속되면 전통식품별로 관련산업 진흥법이 제정될 것이 예상되므로 실효성 있는 법 제정 및 시행을 위해 체계성과 일관성을 확보해야 할 것이다.

그동안 식품산업은 인허가, 위생 · 관리 규제 중심의 식품관련 법률로만 관리되어왔고 최근 식품산업 진흥을 위한 법률이 제정되어 보완되긴 하였지만 이러한 법률의 운영실태, 실효성 등에 대한 평가가 필요할 것으로 판단된다. 식품산업은 국산농산물을 이용한 식품제조가공업, 외식산업만으로 구성되어 있지 않고 수입원료식품을 가공하는 업체, 식품을 수입하는 업체 등 국내식품산업에서 차지하는 비율이 높으나 이들에 대한 관리가 사각지대에 있다. 농어업 · 농어촌 발전 및 식품산업기본법 제60조에 농산물 및 식품의 수입관리 조항이 있으나 이에 대한 원산지 표시제도 외에 산업적인 관리방안에 대해서는 후속 대책이 부재한 실정이다.

2. 정책의 개선 방향

식품산업의 구조 개선과 식품산업의 대내외적 부가가치를 높이고, FTA 확산, 식품안전요구도 증가 등에 대응하기 위한 정책방향을 다음과 같이 제언하고자 한다.

1) 푸드시스템내 산업간 연계전략 강화

푸드시스템내 식품산업의 전후방산업이 동반성장할 수 있도록 경제구조분석을 기초로 한 과학적이고 객관적인 전략이 수립될 수 있는 기반을 구축해야 한다. 식품산업은 국가 경제 전체에서 차지하는 비중은 10% 미만이나 식량안보 차원에서, 생필품인 식품을 안정적으로 공급하는 산업으로 식품산업의 범위를 푸드시스템내의 전후방산업 범위로 확대해야 할 것이다.

특히 영향력 계수, 감응도계수 등을 활용한 산업간 연관효과 확대를 통해 부가가치 및 생산유발효과를 제고하는 방안이 마련되어야 할 것이다. 그리고 세계 식품시장 동향, 국내 식품제조업 및 외식산업 동향, 농수산물 생산동향 등 국내외적 환경요인 분석을 통해 식품산업 성장전략을 수립해야 할 것이다.

농업, 식품산업, 외식업 간 연계성을 과학적으로 분석할 수 있는 통계 등 정보관리시스템 또한 관리범위를 확대하여 구축해야 할 것이다. 이러한 정책은 생산단계에서 소비에 이르기까지의 식품안전관리가 기본이 되어야하며, 선진국 수준의 식품안전관리체계 운영에도 매우 효율적이다.

2) 국내식품 및 수입식품의 상생전략

식품산업 정책분야를 국내산 식품뿐 아니라 수입식품의 생산, 유통, 소비단계를 총괄하는 푸드시스템 관리체제로 개편하여 유기적으로 연결되고 상생 발전하는 시스템을 구축해야할 것이다. 그동안 식품산업 정책은 경쟁력 있는 농수산물 수출과 가격이 낮은 수입 원료를 가공하여 재수출하는 가공식품에 집중적으로 지원되어 농림수산물이나 가공식품의 부가가치를 높이는 데는 한계가 있었다고 평가된다. 식재료산업 활성화와 유통단계 축소 등으로 농림수산업, 외식산업과 연계성을 높이며, 수입식품 등을 포괄하는 국가차원의 푸드시스템을 구축하는 방향으로 식품산업정책을 수립해야 할 것이다.

따라서 식품산업 정책 목표를 국내산 농식품정책과 함께 수입 농수산물의 수급을 통합, 관리하여 유기적으로 연결되고 상생발전하는 푸드시스템을 구축하는 것으로 변화시켜 나가야 할 것이다. 또한 농수산물을 생산하는 농업분야와 함께 식품산업은 수치상의 경제효과나 가격경쟁력만으로 수익성이나 부가가치율을 평가하기 어려운 성활재로 식량안보, 국민의 기초 생활권 확보, 국민의 건강권 보장을 위해 농업과 연계한 농식품산업을 활성화해야 할 것이다.

수입완제품의 비중을 줄이고 국산 중간재의 활용을 강화하여 후방연쇄 효과의 감소를 보완할 필요가 있으며, 푸드시스템이 소비보다는 타 산업의 중간재 투입 비중이 확대되고 있는 점을 활용하여 제조업 및 서비스업과의 연계를 강화하는 방안을 고려해 볼 수 있다.

식품기업이 대내외적으로 처한 원료 수급 등 환경변화에 대응하고 고품질 건강식품을 요구하는 소비자 요구에 맞출 수 있도록 식품산업의 선진화를 위한 장기적인 정책이 수립되어야 할 것이다. 유전자변형농산물(GMO) 경작면적 증가와 기후변화로 인한 농업 생산체계의 변화로 식품산업의 원재료 확보문제, 기온 상승 등으로 제조공정 및 유통상의 위생 · 안전 · 품질관리 문제, 세계적으로 건강과 식품안전관련 규제 강화에 대응할 수 있는 장기대책이 마련되어야 할 것이다.

3) 식품산업 관련 법령의 정비

식품산업 관련 법령과 그에 따른 실행계획을 재정립하고 시행주체를 명확히 해야 할 것이다. 전통주, 김치산업, 쌀가공산업, 외식산업 등 식품산업진흥법에서 파생된 산업들의 진흥을 위한 법률들의 실행력을 확보하기 위해서는 조직및 예산 확보가 필수적이므로 관련 정책과 법령의 정비, 그리고 사업 인프라를 확보할 수 있는 방안을 법률에서도 가시화할 필요가 있다.

식품산업 정책 및 관련법들의 실행력을 높이기 위해서는 국가와 지자체간의 역할 분담이 이루어져야 하며, 전담조직 확보 및 민관 협력체계 강화, 국가 및 지자체 예산, 지역 및 식품산업별 자조금 조성 등 재정적 인프라를 확보해야 할 것이다. 국가 또는 지방자치단체, 농어업자, 중소기업자 및 유통업자, 판매자 등이 상호연계된 거버넌스 하에서 농어업과 중소기업 간의 연계를 촉진하기 위한 기본방침을 법률로 명시하고 이를 실현하기 위한 방안을 구체화할 필요가 있다.

4) 식품산업 무역수지의 적자 개선

식품산업의 무역수지 적자의 폭을 완화할 수 있도록 적자 원인을 분석을 하고 고품질 신선식품의 수출 확대, 원료, 기술, 기자재의 국산화 등 개선정책을 마련해야할 것이다. 무역수지 적자 폭을 줄이는 방안으로는 수출품목과 양을 늘리는 방법도 있지만 적자의 원인이 되는 수입원료 특히 가격 변동이 큰 식품을 국산원료를 대체하는 방법, 고품질의 신선식품의 수출을 늘리는 방법 등 다양한 접근전략이 마련되어야 할 것이다.

최종산물만을 통계로 한다면, 원료, 기계, 설비, 발효균주, 기술 로얄

티지급 등 비용적으로 대외의존율이 높은 식품의 경우 수출량이 증가할수록 실질적인 무역적자는 확대될 것이기 때문에 이에 대한 국산화 대책을 마련하여야 할 것이다. 현재 식품산업 관련 무역수지통계에 이런 부분은 빠져있기 때문에 한두 품목의 단기적인 수출량 증가만으로 무역수지 적자를 감소시켰다고 볼 수 없으므로 이에 대한 객관적인 통계를 수집 · 분석하여야 한다. 식품산업의 비중이 큰 업종의 원천기술 및 기계 · 설비 국산화 전략을 수립해야 할 것이다,

최근 수입농수산물의 국내 유통 증가 요인 중 하나인 외식산업의 수입의 존도를 낮추기 위해 식재료산업을 농업과 연계하여 육성해야 할 것이다. 농수산물의 반가공 형태인 식재료산업은 제조기술 수준이 낮아 초기투자비용이 낮으며, 지역 농산물과 안정적인 계약재배시스템으로 농촌경제 안정화에도 기여할 수 있다. 중소 식품산업체의 엄격한 품질관리와 안전한 유통시스템을 구축한다면 농촌형 중소기업의 형태가 발전 전망이 있는 분야로 볼 수 있다.

5) 식품산업의 고부가가치화 구조

식품기업의 낮은 수익성, 낮은 부가가치율 등 내재적인 문제를 개선하기 위한 다각적인 정책이 시행되어야 할 것이다. 식품기업의 영세성을 개선하기 위해서는 식품산업을 식품가공 · 유통산업뿐만 아니라 식품제조기계 및 기구 관련 산업, 원료 소재를 공급하는 농림수산업, 외식산업, 관광산업과 연계시켜 사업자들이 협력 제휴하여 융 · 복합사업을 추진하게 해야 할 것이다. 중소식품기업의 경우 기계 설비에 드는 비용 부담이 크므로 식품산업클러스터 등에 공동으로 활용할 수 기계, 시설, 설비 지원 및 임대센터를 확대해 나가야 할 것이다. 식품기업은 원가부

담을 줄이고 생산자는 안정적인 수익을 확보할 수 있도록 생산자와 소비자와의 직거래, 농촌지역 생산자 단체와 식품기업간 직거래 활성화를 통해 농림수산업과 식품산업의 유통단계를 축소하여 유통비용을 줄일 수 있는 방안을 모색해야 할 것이다. 식품 클러스터 단지를 중심으로 지자체의 특산물을 가공하여 집약화하거나 식품업종별로 가공특화단지를 조성하는 방안 등을 마련하여 생산, 가공, 유통의 규모화, 효율화를 도모해야 할 것이다.

식품가공업체와 지역 농민, 혹은 원료농산물의 생산 농가와 계약 재배 등을 통해 농가소득을 안정화하고 식품기업은 원료수급을 가격이나 양적 측면에서 안정적으로 공급받을 수 있는 유통시스템을 마련하여야 할 것이다. 일본의 경우와 같이 농업의 6차 산업화 추진, 농어업과 중소기업간 연계정책 활성화 등의 정책을 우리나라 실정에 맞게 모델링하는 전략이 필요하다.

중소 식품기업의 수익성을 높이기 위해 기초 연구나 자체 제품개발을 지원하여 홈쇼핑이나 온라인 쇼핑몰 등 다양한 유통 채널에 자체 브랜드로 진출할 수 있도록 하여야 한다. 식품산업의 부가가치를 높이기 위한 기술적 지원 방안을 마련해야 할 것이며 부가가치 있는 상품생산 방안으로는 신기술개발, 산업클러스터를 활용한 식품관련기술의 개발 촉진, 산업종합연구기구와 농업연구기구의 연계, 지방자치단체의 지원기관 설립, 농업보급 지도센터 등 연계 강화를 들 수 있다.

지역 또는 국가 차원의 공동브랜드 확립 추진, 지리적 표시제도 활성화, 소비자가 느끼는 맛 등을 고려한 상품만들기 지원 추진, 식물공장 보급 및 추진, 품질관리기술 향상 등을 들 수 있다. 친환경식품, 슬로푸드, 건강기능식품, 질병예방을 위한 맞춤형 기능성식품, 장수식품 개발 및 소비에 대한 국내외 소비자의 관심이 높으므로 이에 대한 기술 · 재정 · 인력 및 교육지원 대책이 마련되어야 할 것이다.

6) 식품산업의 R&D 투자 확대

지속적인 식품산업의 R&D 투자 확대와 지적재산권을 확보하는 방안을 마련해야 할 것이다. 국내외적으로 식품에 대한 소비니즈가 양에서 질로 이동함에 따라 BT · NT 등 첨단기술에 기반을 둔 기능성 식품을 개발하는 등 부가가치가 높은 식품개발의 지원을 확대해야 할 것이다. 식품의 연구개발과정에서 얻어진 신기술들은 특허, 실용신안, 디자인, 상표 등으로 시장을 보호하는 한편, 이들 식품의 재료가 되는 고품질 농산물의 안정적인 공급을 위하여 개발된 신품종에 대한 지적재산권을 확보하는 방안을 마련하여야 할 것이다. 산업재산권의 철저한 보호시스템 구축은 최근 눈부시게 발전하는 IT/BT/NT 등 융합기술이 적용되어 다양한 기능성 식품소재의 개발 및 가공조리기술이 급속하게 발달하는 추세에 부응할 수 있을 것으로 기대된다. 또한 원산지 개념을 바탕으로 하는 한국전통식품과 한국 레스토랑의 식단의 메뉴 등에 대한 산업재산권 등을 보호하는 전략이 필요하다.

참고문헌

강상욱(2016) 국내 식품산업의 현황 및 대응방안, Deloitte.

권용덕 외(2017) 2017년 aT 농식품분야 전망과 시사점, 농식품& 유통 이슈 리포트, aT 농식품 유통교육원 유통연구소.

농림식품산업 미래창조포럼(2016) 농생명 바이오산업 육성전략.

농림축산식품부(2015) 농식품 R&D 정책 및 투자방향, 과학기술정책과.

서건석 외(2015) 식품산업분석 보고서, 한국보건산업진흥원.

황의식, 김광수(2010) 농어촌지역 농식품 활성화 전략, 연구보고 R606-1, 한국 농촌경제연구원.

Giner, C. (2009) New Avenues of Value Creation in the Agro-Food Sector", OECD Food, Agriculture and Fisheries Working Papers, No. 13, OECD.

CHAPTER 11

농산업 기술정책

제1절 농산업 기술의 분류

농산업(Agro-industry, Agribusiness)은 일차적인 농업생산기능과 연결된 전방산업과 후방산업을 포괄하는 개념이다. 2010년 한국의 농산업 시장규모는 농업생산(Primary Production)이 42조 원이고, 식품가공유통(Secondary Production)이 75조 원이며, 외식 · 서비스가 67조 원으로 약 134조 원 수준이다.[1] 농산업 기술은 농업생산기술을 포함하여 식품 유통, 농자재, 외식, 식의약 소재 기술 등과 관련된 기술을 의미하며 농산업의 영

1 이주량(2013) 미래 농업R&D의 이해와 우리의 선택, 과학기술정책연구원

역이 확대됨에 따라 기술개발의 파급효과가 관련 산업에 미치는 영향이 커지고 있다. 이렇듯 농산업을 둘러싼 환경의 변화에 대응하여 농산업 기술은 새로운 부가가치를 창출할 수 있는 기술 제품 간에 융복합적인 기술혁신이 일어나면서 지속적으로 성장할 것이다. 미래의 농산업 기술은 기후변화로 인한 지구온난화와 에너지 및 물 부족문제를 해결하는 역할을 담당해야 할 것이다. 또한 바이오연료 등 대체에너지의 생산기술을 통해 에너지 부족문제를 해결하고 홍수조절 및 수자원 함양을 통한 효과적인 물자원 관리를 위한 생산기반정비기술의 발전이 요구된다. 또한 농산업은 기초식량 공급역할을 기본적으로 수행하면서 다원적 공익기능을 수행하는 환경산업으로도 발전시킬 수 있는 복합적 기술의 개발이 요구된다. 원예와 축산은 첨단 농업기술개발로 자본집약적 고부가가치형 구조로 전환시켜 국제 경쟁력을 갖춘 수출산업으로 육성해야 할 것이다. 농산업 분야와 관련된 기술발전 동향을 분야별로 전망해보면 다음과 같다.

1. 작물 생산기술 분야

작물 생산기술 분야에서는 농업인구 감소 및 고령화에 따라 농업 인력을 대체할 수 있는 자동화, 로봇트화, 무인화 관련 농기계가 점차 확산될 전망이며, 첨단기술의 발전과 융합화로 인해 정밀농업(precision agriculture) 기술의 발전이 가속화될 것으로 예상된다. 또한 국민의 삶의 질 향상으로 친환경 농식품의 수요가 증가하면서 생물농약, 유기질비료, 천적 등을 포함한 친환경 농자재 기술이 발전할 것이다. 나아가 안전한 농산물 생산 및 관리를 위한 이력관리 체계, 작물 및 축산물 관련

질병 신속 진단, 친환경 사육기술 등에 대한 수요가 증가할 것이며, 기후변화 가속화 및 고유가 지속으로 에너지 절약 재배기술 개발이 활발하고, 이모작 및 특수농지 이용 기술 등이 개발될 것이다.

농약, 화학 비료의 과다 시용에 따른 환경오염 문제가 제기되면서 생물농약 및 유기질 비료 사용량이 증가되는 한편, 내병성 형질전환 작물 재배가 확산되고 형질전환 종자산업기술이 발전하는 추세이다. 앞으로는 지구온난화 및 기후변화에 대응 가능한 스트레스 저항성 작물의 기술개발에 대한 수요가 증가할 것이다. 식물 진단 기술은 현재 병원균의 진단에 치중되어 있고 향후에는 다양한 병원균 감지에 사용되는 실시간 진단법 개발위주로 연구개발이 추진되고 DNA 마이크로어레이(Microarray)가 주요 상용 작물의 다양한 병원균 진단에 주로 사용될 것이다.

2. 동물 육종 기술 분야

고령화로 인한 노인인구의 급격한 증가는 노화 및 질환으로 고생하는 인구의 증가를 초래하고 건강한 삶을 보장하기 위한 의료 및 의약기술이 동물 바이오 기술과의 접목을 통해 고도화되는 추세이다. 특히 조류인플루엔자(AI), 사스(SARS) 등 고병원성 인수공통 전염병이 발생하고 인간에게 전파됨으로써 동물 질병과 관련한 사전예방 및 사후처방에 관한 기술개발 수요가 증가할 것이다. 마커 기반 선별기술(MAS, marker-assisted selection)이 가축 및 어류 육종의 속도와 정확도 개선에 폭넓게 사용되고 있지만, 육종을 위한 지배적인 기술로 보편화되면서 대다수의 육종업으로 확대 될 것이다. 한편 신규 합성물 생산이나 고가 동물육종을 제외하면, 소비자의 선호도와 비용에 대한 우려로 유전자변형 동물과 클로닝 사용에 제약이 있을 것이다.

3. 융합형 바이오 기술분야

생물학, 농학, 의학, 약학 및 이공학 등 광범위한 생명공학분야의 지식과 기술을 바탕으로 융합형 바이오 기술이 발전할 것이다. 21세기에는 분자 육종기술, 기능성 신물질개발, 형질전환에 의한 개량 및 유전자 조작기술이 유망 바이오 산업기술로 등장할 것이다. 세계적으로 바이오 기술을 활용한 유전자변형 작물은 산업화 초기 단계이지만 빠른 속도로 확대되어, 1996년에 170만 ha에 불과하던 재배면적이 2010년에는 1억 4천 8백만 ha에 달하는 등 연평균 10% 이상의 증가율을 보이고 있다. 재배 국가는 29개국에 달하며, 국가별로 보면 미국이 세계재배면적의 45%를 차지하고 있으며, 자국에서 재배되는 콩의 93%, 옥수수의 86%, 그리고 목화의 93%가 이미 유전자변형작물이다. 또한 유통측면을 보면 32개국으로 수출되어 모두 55개국 45억 명의 인구가 소비하고 있다. 머지않아 사막에서도 잘 자라는 옥수수, 비타민, 필수아미노산이 강화된 쌀이나 옥수수, 트랜스지방이 없이 저가의 불포화지방산이 강화된 식용유를 생산할 수 있는 대두와 유채 등이 생산되면서 제2 · 3세대 유전자변형작물의 시대가 도래할 것으로 보인다.

농생명 바이오산업의 기술영역은 식품, 섬유, 사료의 공급이외에 바이오메스를 이용한 에탄올, 메탄올 및 바이오디젤 등 연료까지 확대되고 있다. 이 기술을 이용하여 의약물질 등 정밀화학제품은 물론이고 플라스틱 원료 등 석유 화학제품을 대체할 수 있는 대용량의 유용물질을 효과적으로 생산할 수 있는 동식물 품종이 개발될 것으로 기대되고 있다. 기능성 건강식품의 개발기술에 대한 수요가 증가하고, 특히 천연물 유래 제품의 제조기술이 요구되는 추세에 따라 기능성 식품, 의약품 산업, 천연물 및 한약제제 산업, 바이오 의약품 산업 기술 등이 발전할 것이다.

표 11-1 농생명 바이오 기술의 유형

분자육종기술	주요 농작물 유전자원의 장기 저장, 평가 및 증식 기술
	유전자 지도를 이용한 육종기술개발
	농작물 잡종생산기술의 개발
신기능·신물질개발기술	생물반응기를 이용한 유용물질 및 식물체 대량 생산기술개발
	천연자원을 이용한 신기능물질개발, 친환경 식물 개발기술
	미생물을 이용한 기능성 물질
형질전환기술	형질전환 동물 신기술, 프로테움 분석을 통한 유용형질 개발
유전자 조작기술	고효율 형질전환 기술, 내재해성 작물 개발기술

자료: 서종혁(2007)

4. 고기능성 식품기술 분야

식품가공 분야에서는 고령화가 심화됨에 따라 건강한 수명 연장을 위한 기능성 식품, 질병 예방용 식품 등 고기능성 식품의 제조기술에 대한 수요가 증가할 것이다. 웰빙(Well-being), 로하스(LOHAS) 트렌드의 확산을 통해 환경 친화적이고 건강한 식품에 대한 수요가 증가하고, 맛을 즐기고 가치를 중시하는 소비패턴이 일반화될 것이다. 그리고 환경 문제에 대한 지구촌의 관심과 국내외에서 잇따른 식품안전사고 발생은 깨끗하고 안전한 식품에 대한 관심과 요구가 증가할 것이며, 지구촌 농식품 시장이 급속히 개방되고 있는 가운데 국제유통 확대에 따른 국내 농식품의 경쟁력 제고를 위한 식품 가공기술의 개발 노력이 더욱 강하게 요구될 것이다.

5. 기계화 정보 기술분야

미래의 농업기계화 기술은 정보화기술, 자동제어기술 등의 IT기술과의 융합을 통하여 농업 생산뿐 아니라 유통과 소비 전 과정에 걸쳐 생산성과 효율성 및 품질 향상을 가져오는 고부가가치 농산업으로 발전하는데 핵심적인 역할을 할 것이다. 농업생산부문은 IT기술을 이용해 품종, 토양, 기후, 곡물시장 동향 자료를 빅 데이터 기법으로 종합 분석해 최적의 농법을 추구하는 처방 농법이 새로운 흐름으로 떠오르고 있다. 빅데이터의 활용으로 기후, 수입량 등을 분석하여 농산물의 생산량 조절과 저장기간 및 시장공급량을 결정하는데 활용할 것이다.

농작물의 재배 관리에 요구되는 농기구, 농약 등을 이동하는 수단으로 자율주행형 커넥티드카가 활용될 전망이며 특히 밭농업 자동화를 위한 사물인터넷(Internet of Things) 허브로 활용가치가 높아 질 것이다. 소형농가에 스마트 농업 통합관제 시스템이 구현되어 첨단 유비쿼터스 IT기술로 통합관제시스템 구축되어 작물의 생장환경 조건 개선과 환경정보 수집 및 관리가 최적의 영농을 구현할 수 있을 것이다.

드론이 대기의 질과 이상 기온 측정, 작황현황 촬영 등으로 생산물 생명주기를 파악하여 농업 전반의 인프라 관리 및 빅데이터와 드론기술 융합으로 실시간 수확량 예측, 출하시기 및 출하가격 결정 등의 의사결정을 지원하게 될 것이다. 온실형 스마트 농업에서는 소형드론이 노후

시설, 작물의 이상 현황 및 온실내 상하구역별 온도 체크로 병해 예방용으로 활용될 것이다.

한편 식품과 유통업체의 밸류 체인 전반에 걸쳐 인공지능(Artificial Intelligence:AI)이 도입되어 공장과 사무실의 자동화, 무인화 시스템이 도입중이며 빅데이터로 다양화되는 소비자 트랜드를 분석하여 신제품 개발, 유통전략, 가격전략, 투입 원물과 생산량 조절 등에 활용하여 게 될 것이다. 대화형 로봇(chat robot)의 도입으로 홈페이지 또는 전화 고객문의에 무인 대응하고 최적화된 답변 제공과 실시간 서비스를 통해 마케팅 경쟁력을 높여 갈 것이다.

제2절 농산업 R&D의 개념과 범위

연구개발(Research and Development: R&D)이란 자연과학기술에 대한 새로운 지식이나 원리를 탐색하고 해명해서 그 성과를 실용화하는 활동으로 정의하는데, 연구는 기초 및 응용연구를, 개발은 연구의 성과를 기반으로 제품화까지 진행하는 업무를 말하며, 현실적으로 개발은 판대단계의 제품화보다는 실험적인 개발을 의미한다. OECD는 연구개발을 인간, 문화, 사회에 관한 지식을 포함하는 모든 사물에 관한 새로운 지식을 획득하거나 이미 획득한 지식을 이용하여 새로운 응용을 고안하기 위하여 체계적인 방법으로 수행하는 창조적 활동으로 정의하고 있다.

최근에는 R&D와 함께 R&BD(Reserach & Business, Development)라는 용어를 많이 사용하는데 이는 연구성과의 사업화를 위하여 R&D 초기 단계부터 사업성을 검토하고 단계별로 연구성과의 사업화가 가능하도록 연구방향을 설정, 조성해 나감으로써 연구성과 극대화를 추구하고자 하는 개념이다. R&D가 기존의 연구자 중심의 연구 및 개발단계에 머문다면 R&BD는 시장수요자의 잠재니즈 및 연구성과 활용주체인 기업의 사업화 전략과 연관된 연구 및 개발을 수행하는 새로운 R&D 개념이라고 할 수 있다.

농산업 R&D는 농산업 관련 지식의 총량을 늘리고, 관련 분야의 녹색성장, 신성장동력, 기반확충, 현장실용화 등의 목적 달성을 위해 체계적인 틀을 거쳐 이루어진 모든 창의적인 행위들을 포괄하는 일련의 기술개발 과정이라고 할 수 있다. 농산업 R&D의 범위는 농식품 관계 부처인 농림수산식품부, 농촌진흥청, 산림청 및 타부처가 수행하는 농식품 분야와 연계된, 기초 · 원천연구를 포함하는 R&D 사업으로 정의할 수 있다.

즉 농산업 R&D는 일반산업의 R&D의 개념을 포함하되, 농산업 분야의 특수성을 반영한 수요 지향적 개념을 보유하고 있으며 일반제조업과 달리 기술적으로 생산자원-생산재배-가공-유통-판매 등 농산업 분야의 가치사슬구조를 형성하고 있다. 농업생산과 관련산 업을 연계한 일련의 연구개발을 통해 창출된 연구 성과는 농산업 전반에 걸쳐 산업현장에 대한 암묵지적 지식의 전달 및 가치창출이 형성되게 된다. 이러한 농산업 R&D과정에는 사업화 주체로 개인이나 국가가 아닌 농산업체가 새로운 주체가 되며 기술의 개발과 이전된 기술을 상업적으로 활용하여 상품화하는 과정을 포함하고 사업화지식을 창출 또는 창출가능성을 지원하는 전주기적 혁신과정을 의미하기도 한다.

그림 11-1 농산업의 R&D 체계

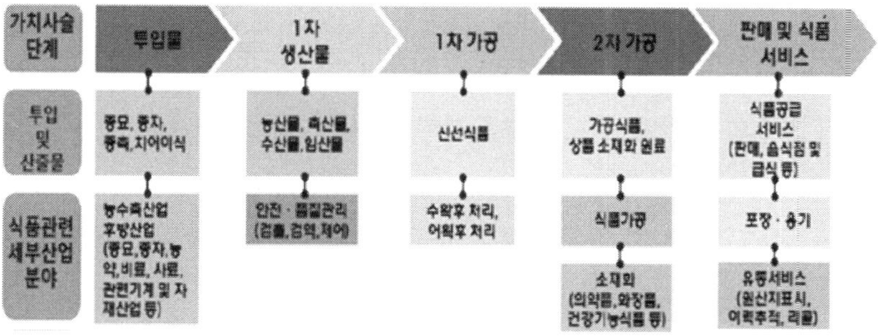

그림 11-1에서 농산업 R&D 범위는 식품의 투입물에서 식품의 판매 및 서비스까지 전반적인 범위를 포함하고 있다. 농산업 R&D 범위는 넓은 의미에서 농업 및 관련산업의 생산을 위한 투입과정과 생산된 산출물을 대상으로 하고 있으며 종묘, 종자와 같은 투입물에서부터 식품공급서비스(판매 · 음식점 및 급식 등)와 같은 최종적 소비자에게 이루어지는 서비스까지를 그 범위로 포함하고 있다. 좁은 의미에서의 농산업 R&D 범위는 1차 농업생산의 산출물인 1차 생산물부터 유통서비스까지를 농산업의 R&D 범위로 보는 경우도 있다.

농산업 R&D 체계를 설명하는 과정에서 많이 사용되는 농산업 기술의 사업화란 용어는 농산업 기술을 이용하여 제품을 개발 · 생산하여 판매하는 전체 과정에서 필요한 기술을 개발하거나 기보유한 기술을 향상시키는 것을 의미한다. 여기서 협의의 기술사업화는 개발된 무형의 기술을 유형의 상품으로 제품화하는 활동을 의미한다. 즉 개발된 기술을 생산과정에 적용시키거나 응용하여 시제품을 만들고 시장에서 검증을 거친 뒤에 제품의 양산체제를 갖추고 판매를 시작하는 1차 R&D 이후의 상품화 과정을 의미한다.

한편 광의의 기술사업화는 기술을 통하여 경제이익을 얻는 모든 제반 활동을 포함한다. 즉 기술 개발과정에서 사업성을 높이기 위해 공동연구를 수행하는 것과 같이 사업화를 염두에 둔 기술의 개발활동 자체, 개발된 기술의 사업화 수요를 충족시키기 위한 기술의 응용과 개량, 기술의 배타적 권리와 경제 가치를 높이기 위한 지식재산권화, 사업성이 높은 부문으로 기술을 이전하거나 거래하는 활동, 개발된 기술을 이용한 제품의 개발 · 생산 · 판매활동, 기타 개발된 기술을 이용하는 창업, 투자유치, 자금조달 등 제반 기업 활동을 모두 포함한다.

제3절 농산업 R&D 정책의 방향

1. R&D 정책동향

정부는 2009년 4월에 농업 및 농산업 R&D 체계 구축을 위하여 농림수산과학기술육성법을 제정하였고 이와 함께 설립된 농림수산식품 과학기술위원회에서는 R&D 정책 · 예산시스템에 대한 총괄 기능을 담당 운영하고 있다. 또한 농림수산식품기술기획평가원이 2009년 9월 설립되어 농림수산식품 과학기술 연구개발사업의 기획, 관리, 평가 지원 기능을 하고 있다.

농촌진흥법 제14조의2에 따라 농업기술실용화재단이 2009년 9월 설립 되었으며 농림기술관리센터, 국립수산과학원, 국립수의과학검역원을 통해 자체연구와 공모형 연구를 시행하고 있다. 주요 연구 단위사업에는 농림기술개발사업, 수의과학기술개발사업이 있으며 농림수산식품부와는 별도로 교육과학기술부, 지식경제부, 보건복지가족부, 중소기업청에서도 농림수산식품과 관련한 연구 사업을 수행하고 있다. 교육과학기술부는 작물유전체사업, 미생물유전체활용사업, 이종장기개발사업, 자생식물이용사업(프런티어사업) 등을 시행하고 있고 지식경제부, 보건복지가족부, 중소기업청은 기업의 기능성 농식품개발 프로젝트를 지원하고 있다.

농림축산식품부는 농산업의 지속적인 성장과 발전을 위하여 ICT · BT, 농업생명공학 등 기술개발정책을 다음과 같은 아젠다로 추진하고 있다[2]. 첫째, 농산업기술개발의 목표 실현에 R&D가 실질적으로 기여하는 시스템을 구축하기 위하여 정책목표 → R&D목표 → 필요기술을 연계하는 시스템을 구축하고 투자의 타당성, 기술개발 목표설정 등 전략적 의사결정 구조를 확립한다. 둘째, 기술공급단계, 기술이전단계, 기술사업화 단계에 대한 지원강화와 중앙부처간, 중앙-지방 R&D 기관간 기술개발정책을 조정 통합하거나 공동기획과 연구기능의 배분을 효율적으로 추진한다.

셋째, 기술개발 로드맵(Technology Road Map : TRM)의 전략적 우선순위 판단 시스템 구축으로 산업 발전과 농업인 국민이 체감할 수 있는 50대 핵심 기술을 선정하여 선택과 집중을 통한 문제 해결형 R&D 체계를 구축한다. 이를 위하여 다음과 같이 4대 중점 기술개발정책 분야를 선정하고 각 분야별로 맞춤형 지원정책을 추진한다.

2 농림축산식품부, 농식품 R&D 정책 및 투자방향, 2015 의 내용을 요약 정리하였음.

1) 농식품산업 경쟁력 강화를 위한 기술개발정책

첫째, 원예특작, 축산, 식품산업의 글로벌 경쟁력 강화를 위한 기술혁신과 농업과 ICT 융복합을 통한 미래 산업으로 전환을 촉진시키고 농업과 식품산업을 연계한 고부가가치 식품기술개발정책을 추진한다.

(1) 기능성식품 : 서구화된 식습관으로 인한 당뇨/비만 등 생활 습관병의 예방을 위한 기능성 식품 기술개발, 질환개선 고부가가치 기능성 식품 기술개발, 건강증진 규명기술

(2) 전통 발효식품 : 전통식품과 농산업의 동반성장 선순환구조 정착을 통한 고부가가치화 및 우리 식문화의 글로벌화 기술개발 고품질/고소득 발효식품 소재화 및 산업화 기술, 발효기반 수출용 가정대체식(Home Meal Replacement : HMR) 기술

(3) 식품저장유통 : 식품 품질 유지 및 유통 효율화를 위한 고효율/표준화 물류 시스템 구축 기술개발 품질 유지, 위해 인자 검출 및 제어, 고효율 식품가공기술, 스마트 식품유통 물류시스템

(4) 식품기자재 : 식품의 전후방 연관산업 확대 및 품질경쟁력 제고를 위한 첨단 식품 포장 기자재 기술개발 · 환경친화적/인체무해 간편한 포장 및 기자재 개발, 편의용 조리기기 및 산업용 기기개발

둘째, 농림식품산업과 ICT를 융합한 기술개발을 통한 산업경쟁력을 강화한다.

(1) 농가인구 감소, 농업경영비 상승등에 대처하기 위한 지능화 자동화 기술개발: ICT 융합정밀농업 시스템, 지능형 센서기반 통합 생산제어기술, UIT-FARM, 수확자동화 로봇 등

(2) 유통선진화 및 식품에 대한 소비자 신뢰제고를 위한 유통/물류 효율화: 스마트 소비자 정보제공 기술개발, RFID 활용 농축산물 실시간 유통정보체계 구축, 농축산물 사이버 마켓 활용 모델 개발

2) 신성장 동력창출을 위한 기술개발정책

첫째, 농업과 생명공학 융합을 통한 신성장동력 창출 지속가능한 미래형 산업기반 조성을 위한 기술개발을 지원한다.

(1) 농생명자원의 유전체 정보를 생산 가공분석, 고유/희귀 생물자원의 산업적 가치 및 활용성 증대, 오믹스 기반 유전자 개발기술, 생물정브 통합 관리 시스템 구축

(2) 천연물 의약품 실용화 연구 및 동물 바이오 장기, 신약개발, 이종간 면역제어 유전자 분석기술, 장기이식용 형질전환 무균 돼지, 바이으 신약 생성용 형질전환 동물

(3) 생명자원 활용 고부가가치 신 소재 개발을 통한 신시장 창출 및 글로벌 시장 선점, 바이오 플라스틱, 천연 항생제, 대체제등 천연물 유대 신소재, 건강증진, 질병예방을 위한 식품 바이오 신소재 개발

둘째, 골든씨드 프로젝트 종자강국 실현을 위한 수출용 종자개발 및 대량생산체제를 구축한다.

(1) 품종개발 : 종자 주권확보, 로열티 절감용 품종 및 글로벌 시장선점을 위한 해외 수출용 품종 기술 개발, 유전자원 수집 및 유용형질 분석, 특정형질 확보를 위한 분자마커 개발 등

(2) 수출지원 : 수출종자의 대량 생산, 유통보급을 위한 기술개발 대상국시험 / 채종포 기술지원, 프라이밍 기술, 비파괴 종자선별 기술, 병리

검정 및 성분분석 기술 등

셋째, 농업 농촌형 에너지 기술개발을 촉진한다,

(1) 농업농촌 에너지 기술개발 성과의 극대화를 위해 부처간 협업 및 농업농촌 에너지와 신재생 에너지 통합 활용 기술 개발, 바이오에너지 원료작물 대량생산 작부체계 개발,

(2) 바이오매스 현지 1차 전처리 기술개발 보급, 바이오매스와 열, 풍력 등 신재생 에너지원과의 통합에너지 생산관리 시스템 개발

3) 안정적 식량공급을 위한 기술개발정책

첫째, 곡물자급율 제고를 위한 기술개발을 촉진시킨다.

(1) 쌀 신수요 창출을 위한 품질고급화 가공이용성 증진, 곡물 생산성 향상 및 품질고급화 기술 개발 고품질 밥쌀용/식가공용 신품종, 초다수성 및 보리 품종 개발,

(2) 밭작물 생산비 절감을 위한 일관기계화 기술개발, 밭작물 기능성 향상 품종 개발, 식가공용 품종개발, 경사지용 소형, 경량 수확기/파종기, 밭작물 일관 기계화 자동화 기술,

(3) 조사료 생산성 증대를 위한 생산기술 개발, 간척지 등 경지이용률 제고를 위한 기술개발, 고품질 다수성 사료작물 품종개발, 면적 단위당 생산성 향상 기술, 조사료 품질향상 및 규격화

둘째, 기후변화 대응 폭설 폭염 등 이상기상에 따른 농림축산 기후변화 영향평가 및 안정적 수급을 위한 기술개발을 지원한다.

(1) 농림축산 생태계 및 생산성 변화 감시체계 구축, 농림축산 기후변

화 정밀 영향 평가 및 대응 모델개발, 농업 기상대해 및 악기상 조기경브 체계 고도화, 이상기상 적응 품종 및 안정생산 기술 개발.

(2) 신소득 유망 아열대 작물 선발 및 재배 기술 등 RFID 활용 농축산물 실시간 유통정보체계 구축, 농축산물 사이버 마켓 활용 모델 거발

셋째, 재해질병 방제기술로서, 구제역 AI등 확산이 빠른 전염병의 피해 최소화를 위한 가축질병 사전적 대응 기술을 개발한다.

(1) 가축질병 위해요소 감지 및 조기, 경보 시스템 개발, 위해요소별 위험평가 모델 개발, 해외발생 질병의 국내 유입차 단 및 국내 발생 시 조기근절을 위한 기술개발, 국내외 전염병 역학적 특성연구, 해의 병해출 유입감시 및 방제시스템 구축

(2) 가축질병 및 인수공동 감염병의 근절에 필요한 동물의약품의 국산화 기술개발, 가축질병 통합 치료용 백신개발, 가축전염병 제어용 신소재 개발, 동물의약품 개발

4) 국민행복제고를 위한 기술개발정책

첫째, 농업농촌 가치제고로서 농촌 전통의 보존과 자원화, 농촌 관광 활성화 등 농외 소득 증대를 위한 기술을 개발한다.

(1) 농촌경관 보존 및 공간계획, 전통지식 문화콘텐츠 개발, 농촌관광 다양화 등 시민의 농업에 대한 이해 증진과 정서함양, 도시의 환경 및 경관개선을 위한 기술개발

(2) 옥상텃밭, 스쿨팜 표준 모델 개발, 건물 옥상 및 벽면등에 녹화식물을 활용한 생태공간, 조성기술 등 도시 재생 기술 개발

둘째, 산림경영 고도화로서 산림자원 가치 증진을 위한 고부가가치 미래 산림자원 조성/육성, 경제수종 교체, 친환경 산림경쟁력 확보 기술을 개발한다.

(1) 산림 생태계 유지 관리 기술, 산림재해/병해충 방제기술, 국민 삶의 질 증진을 위한 산림휴양, 치유 수요 충족 및 산림 가치 기능성 확대 기술 개발,

(2) 산림 복지 휴양, 치유 기능 증진 기술, 산림 문화 교육 기능 강화 기술

셋째, 안전한 먹거리 생산으로서 고품질 친환경 농축산물 수요증대에 따라 농축산물 생산과정에서의 위해요소 진단 및 관리를 위한 기술을 개발한다.

(1) 농식품 유해물질의 과학적 위해 평가, 진단 분석 및 환경오염 저감 기술, 도축전 축산물 안전성 신속진단 기술, 선진국 수준의 안전망 구축을 위한 생산 품질관리 기술개발,

(2) 농산물(농식품) 위해요소 분석 및 검출 기술, 식품품질 유지 관리 유통기술, U-IT 기반 전주기 식품 품질관리 시스템 구축

R&D 정책사업을 추진하는 과정에서 표 11-2과 같이 농산업 R&D 예산의 변화 추세를 보면 2009년 885억원에서 2014년에 1,605억원으로 늘어났으며 농생명 산업기술과 고부가가치화 기술의 예산 비중이 높아지고 있다. 국가전체의 R&D와 비교하여 농림수산식품분야 R&D는 기초연구 분야가 24.8%로 전체 예산의 비중 19.5%보다 5.3%가 높고 응용연구의 비중이 34.3%도 국가 전체 R&D에 비하여 14.2%가 높으나 개발연구의

비중은 23.7%로 국가 전체 R&D에 비하여 16.8%가 낮다.[3]

표 11-2 농산업 R&D 예산의 변화 추세

2009년	2010년	2011년	2012년	2013년	2014년
885억원	993억원	1,231억원	1,377억원	1,456억원	1,605억원
농림기술개발 (885억원)	농림기술개발 (885억원)	생명산업기술 (522억원)	생명산업기술 (523억원)	생명산업기술 (443억원)	농생명산업기술 (467억원)
	고부가가치식품 (183억원)	고부가가치식품 (248억원)	고부가가치식품 (290억원)	고부가가치식품 (313억원)	고부가가치식품 (376억원)
	농림바이오 (60억원)	기술사업화지원 (80억원)	기술사업화지원 (80억원)	기술사업화지원 (72억원)	기술사업화지원 (58억원)
		첨단생산기술 (176억원)	첨단생산기술 (201억원)	첨단생산기술 (188억원)	첨단생산기술 (210억원)
		수출전략기술 (175억원)	수출전략기술 (190억원)	수출전략기술 (160억원)	수출전략기술 (160억원)
		융복합연구센터 (30억원)	융복합연구센터 (30억원)	융복합연구센터 (40억원)	농림축산식품연구센터 (50억원)
			가축질병대응 (40억원)	가축질병대응 (40억원)	가축질병대응 (38억원)
			GSP(23억원)	GSP(200억원)	GSP(221억원)
					다부처유전체 (25억원)

2. 농산업 R&D정책의 방향

현행 농산업 R&D 체계의 문제점을 개선하고 관련기관 간 R&D 사업 간 중복을 최소화하기 위해서는 다음과 같은 방안을 중심으로 R&D 정책의 추진체계를 개선할 수 있다.

1) 농산업 R&D의 선별적 지원

농업의 산업화 기술이란 농업생산기술만을 의미하지 않기 때문에 농식품 체계의 구조적인 변화를 가져올 수 있는 관련 산업분야의 기술을

3 권오복, 우리나라 농식품 R&D현황과 과제, 계간농정연구, 2010

포함하여 연구개발의 지원 범위를 넓게 잡아야 할 것이다. 예를 들면 각 작목의 품질개선, 단위면적당 수확도, 비용절감적인 육성법의 개발 등 생산기술 뿐 만 아니라 수송, 저장 등 유통기술의 개선, 전산정보망을 이용한 농업경영기법 및 농사정보의 수집방법에 대한 개선, 농자재 관련 기술의 개발 등 전후방 관련기술의 R&D사업도 함께 다루어 져야 할 것이다. 각 관련기술의 경제적 기여도를 가중치로 매겨 기술의 부가가치 기여 가능성을 평가하여 R&D 대상의 범위 및 개발우선순위를 세워 나가야 할 것이다.

현재 특정분야의 기술수준이 앞서있다고 하더라도 기술진보를 동태적인 관점에서 보면 절대적인 우위란 있을 수 없다. 따라서 경쟁국가의 기술수준과 동향에 대한 정보 시스템을 구축하고 우리나라가 비교우위를 가질 수 있는 기술 분야를 발굴하여 집중과 선택적으로 개발하는 전략을 세워 나가야 할 것이다. 그동안 우리나라의 농산업기술은 선진국의 기술을 단순히 모방하거나 현지적응시험을 거친 후 도입하는 방식은 주류였다고 할 수 있다. 단순히 선진기술의 이전을 중심으로 한 연구개발은 농업의 개방화 시대를 맞이하여 선진기술수준을 실현하는 데는 한계가 있다. 모든 농식품기술을 발전시키기 보다는 경제적 타당성이 있는 기술분야를 선정하여 자체 연구개발 시스템을 구축하고 집중적인 연구지원 노력이 있어야 기술집약형 농산업 체계의 실현이 가능할 것이다.

2) R&D 체계의 유기적인 관리

연구 개발된 신기술은 그동안 농촌진흥청과 산하 농업기술센타 등 정부 및 공공기관을 통하여 농민들에게 보급 전파해 온 것이 일반적인 패턴이었다. 앞으로 농산업 기술은 단순기술에서 복합기술로 기술의 내용이 복잡화 고도화 하면서 기술의 실용화 및 기술이전 산업화를 위하여 기술 보급체계를 개선해야 한다. 이를 위해서는 연구과제의 선정부터 성과평가의 과정에 기술 수요자인 농업단체나 애그리비즈니스 전문가 등이 적극 참여하여 의견을 개진하도록 하는 문호개방이 필요하다. 개발된 기술에 대하여 잠재적 수요자를 대상으로 홍보와 마케팅을 강화하는 것도 중요하다. 기술이전과 산업화의 촉진을 위하여 연구개발의 비즈니스화(Research & Business Development) 방식을 확대 적용하고, 사업화 단계의 연구개발에서는 시장가치가 높게 발현될 가능성이 높은 제품을 중심으로 상품화 기술개발에 집중되어야 한다. 신기술의 사업화를 뒷받침하기 위해서 기술거래, 기술담보금융, 기술컨설팅과 창업보육 등도 확충되어야 할 시책이다.

R&D 추진체계 내에서의 기관 간 중복되어 있는 R&D사업은 역할분담 방식으로 개선할 수 있는데 농산업 관련 R&D 기관들 간의 고유 R&D 영역에 대해서는 현행 기관 Base R&D Funding 방식을 그대로 유지하며, 2차 가공 R&D에 대해서는 세부 분야별로 기관 간 공동추진 형태의 "과제기획→연구진 선정→공동 추진→평가"의 종합관리시스템을 구축, 효율적인 R&D 추진이 가능하도록 R&D 체계를 개편하는 방식을 들 수 있다.

이를 위해서 농림수산식품과학기술위원회의 산하 전문위원회가 식품산업진흥법 상의 농산업 R&D 진흥기능을 강화하여 가치사슬단계별로 전체 연구단계와 R&D 주기에 대한 사업예산 배분과 성과를 동시에 관리하는 역할을 담당하도록 한다. 또한 농산업 관련 R&D 기관의 R&D 기술성과를 공동 활용할 수 있도록 하는 법 · 제도적인 플랫폼을 만드는 것과 동시에 관련 R&D 기관들이 각 기관의 R&D 성과를 활용하여 부가가치가 향상된 새로운 성과를 창출하도록 하도록 기관 간 상호협력 공동 연구체계를 조성한다.

예를 들어 최근 활발히 연구되고 있는 바이오 산업기술에 대한 R&D의 경우 고부가가치 식품 개발사업을 통해 농촌진흥청(관) 한국식품연구원(연) 식품회사(산) 간 연구 컨소시엄을 구성하여 항산화식품이나 고혈압 예방 식품 및 노화억제, 면역조절 식품으로 상품화할 수 있을 것이다. 또한 생산된 제품에 대한 안정적인 공급원 확보를 위해 농촌진흥청의 R&D 사업과 연계하여 형질전환 가축, 내병성 작물 및 동물세포 이용 생리활성물질 생산과정은 기초연구→응용연구→사업화→기초연구라는 피드백 시스템에 의해 R&D의 선순환을 구축하도록 한다.

3) R&D의 가치사슬별, 목적별 역할 분담

우리나라 농산업 R&D정책의 문제점은 연구 주체간 역할 미흡 및 전략의 부재로 장기적이고 전략적인 R&D 투자가 곤란하다는 점이 지적되고 있다. 현재의 농산업 기술분류체계는 기술분류체계가 갖추어야 하는 상호배제와 전체포괄(MECE : Mutually Exclusive, Collectively Exhaustive)요건이 미비하고 개별 연구자 중심의 기술주도형 연구개발전략에 의존하기 때문에 기술의 사업화 가능성이 낮다는 점이다. 농산업 R&D에 대한 가치사슬 분석을 통해 공통적으로 추출되는 각 관련부문의 농식품 R&D 영역과 주체별 주요 R&D 사업의 비교를 통해 연구개발 목적과 농산업 가치사슬별로 각 기관 간 사전 협의와 조율을 통해 R&D 추진의 영역별로 역할분담을 할 필요가 있다.

또한 농산업 기술의 분류체계를 재편하여 산학연 협동에 의한 공동연구를 추진하는 것이 바람직하다. 기초연구는 연구 성과의 불확실성이 높고 사전적인 경제성평가가 어렵다는 특성상 정부연구기관, 대학연구소가 기초연구, 기반적인 공통기술의 개발과 공공성이 높은 기술 분야를 담당하도록 하는 것이 바람직 하다. 상업화 가능성이 높은 응용기술은 가능한 민간기업의 연구 활동을 촉진 지원하는 것이 바람직하다. 이를 위하여 정부는 장기적인 차원에서 민간기업의 자발적인 연구개발을 유도하고 제반 제도적 법률적인 환경을 정비하여야 할 것이다.

그러기 위해서는 기술이전사업이 사회경제적으로 미치는 충격효과를 살펴보고 이를 바탕으로 향후의 기술개발 방향을 세울 수 있도록 하여야 할 것이다. 농산업 기술혁신이 성공적으로 추진되기 위해서는 자연과학적인 기술연구와 사회과학분야와의 학제적 연구를 통한 활발한 교류가 있어야 실질적인 기술의 부가가치화로 이끌어 갈수가 있을 것이다.

민간 기업부문의 연구개발 역량을 강화하는 방향으로 농산업 R&D 추진체계를 재정비할 필요가 있다. 농산업 R&D 사업은 국민 식량의 안정공급뿐만 아니라 식품산업, 생명산업, 환경산업 등 다양한 부문에 걸쳐 참여하도록 요구받고 있으며, 이를 위해서는 농산업 R&D에 대한 민간업체의 참여가 긴요하다. 부가가치 창출과 직결되는 산업화 기술은 기업체 등의 민간 부문에서 적극 참여할 수 있도록 정부가 지원하는 것이 재정 투자의 효율성 제고를 위해서도 바람직한 방향이다.

현재 농산업 R&D 추진체계 내에서 효과적인 R&D 및 R&BD 사업을 추진하기 위해서는 농림수산식품과학기술육성법 내 심의기관인 농림수산식품과학기술위원회가 의결기관으로 격상되어야 하며, R&D 사업기획 및 관리와 평가를 분리하여 전체적으로 농산업 R&D 사업에 대한 객관적인 평가로 R&D사업의 조율 및 협력이 가능하도록 해야 한다.

참고문헌

권오복(2010) 우리나라 농식품 R&D현황과 과제, 계간농정연구.

구한승 외(2015). 스마트농업 동향분석, Survey of ICT-Agriculture Convergence Electronics and Telecommunications Trends. Vol. 30, No. 2, pp. 49-58.

김동환 외(2014), 농업분야 미래 성장산업 발굴 및 육성방안 연구, (사)농식품농어촌특별포럼.

김종진,강창용 외(2014), 농림축산식품 민간 R&D 현황 및 활성화 방안 연구, 한국농촌경제연구원.

농림축산식품부(2015), 농식품 R&D 정책 및 투자방향.

농촌진흥청(2013), 제 3차 농업생명공학육성(2013~2022년) 중장기 기본계획.

농촌진흥청(2013), 제 6차 농업과학기술 중장기 연구개발계획, (2013~2022년).

이명기외(2015), 농업R&D 거버넌스 효율성 제고 및 민간투자 활성화 방안(1/2차연도), 한국농촌경제연구원.

이정환외(2017) 농업 R&D 혁신의 길 시선집중 GS&J 제 240호.

이주량외(2013), 농업의 신성장 동력화를 위한 기술혁신의 역할과 기능, STEPI, 정책연구.

이주량(2013),미래 농업R&D의 이해와 우리의 선택, 과학기술정책 190호, 과학기술정책연구원.

OECD(2013), Agricultural Innovation Systems: A Framework for Analysing the Role of the Government.

OECE(2015), Innovation, Agricultural Productivity and Sustainability in the Netherlands.

CHAPTER 12

세계화시대의 농산업정책

제1절 UR전후 국내외 생산농업의 동향

1. UR 전후 한국 생산농업의 동향

세계화란 국가간 상호 의존성이 증가함에 따라 세계가 단일한 체계로 나아가고 있음을 의미하는 용어이다. 국가 간의 경계가 약화되고 세계사회가 경제를 중심으로 통합해 가면서 전 세계가 하나로 연결되고 상호 의존성이 심화되는 현상이라고 할 수 있다. 여기에는 교통의 발달과 정보통신 기술의 발달이 세계화를 더욱 가속화 시키는 것으로 보고 있다.

세계화는 산업들 간에 일어나는 원자재 구매, 제조생산과정, 마케팅, 기술개발 등 일련의 활동이 국경개념을 넘어서 공간적 범위를 확대시켜 왔다. 이러한 산업의 세계화 추세는 국가별 시장구조가 세계적으로 통합되면서 산업분야에 있어 국제적인 경쟁을 심화시키면서 산업 내 무역의 증가, 해외직접투자, 산업간 국제적인 협력 등 다양한 형태로 나타나고 있다. 산업의 세계화는 기술혁신을 통해 산업들이 새로운 기회를 모색하고 정치 경제적 환경의 변화에 적응하며 통합된 활동들을 조화시키기 위한 대응의 과정이라고 할 수 있다.

1995년 UR 협정 타결이후 세계는 더욱 단일화 경제체제로 묶이면서 많은 국내 산업들이 세계적 차원에서 경쟁력을 갖추어야 살아남게 되는 무한 경쟁시대를 맞이하고 있다. 그동안 국가라는 지역의 틀 내에서 활동하던 한국의 농산업도 UR이후 본격적으로 무한 시장경쟁시대를 맞이하고 있는 것이다.

UR협상 이전과 이후를 비교할 때 세계화 개방화가 한국 농업의 산업화 과정에도 구조적으로 많은 영향을 미치고 있음을 알 수 있다. 개방화 이전 시기의 한국 농업 의 구조적 변화추세를 살펴보자. 한국농업의 역사적 성장과정을 보면 1920년대 이후 1950년대 말까지 별다른 변화가 없는 상태에서 토지, 노동 등 전통적인 자원 위주의 생산방식을 유지하여 저성장 경로를 밟아 왔다[1]. 그러다가 1960년대 이후부터 한국농업은 본격적으로 성장의 궤도를 달리면서 1970년대 후반까지 연평균 4.5% 내외로 빠르게 성장하여 왔다.(표 12-1)[2]

이 시기는 식량부족문제를 해결하기 위하여 단위 면적당 생산량을 높

1 박정근, 농업기술발전의 장기전망, 2007. pp. 6~8

2 유영봉, 농업부문개발과 구조전환을 통한 한국경제 발전, 2015. pp.102~106

일 수 있는 토지생산성 향상에 중점을 두는 정책을 추진하면서 노동생산성보다는 토지생산성에 의해서 농업성장이 뒷받침 되는 시기였다고 할 수 있다. 한국 농업은 1960~70년대의 토지생산성 중심의 정책으로 1960년대에는 년 평균 4.3%의 농업성장을 달성할 수 있었으며 1970년대에도 4.5%의 성장을 달성할 수 있었던 것이다.

1980년대 중반이후 부터는 농촌 노동력의 부족과 이농 현상에 따른 노임상승에 따라 이를 대체하기 위한 경운기, 이앙기등 기계화 기술에 의하여 노동생산성이 크게 신장된 시기이다. 이리하여 1980년대 이후부터 노동력을 절감시켜주는 기술발달로 인해 대체적으로 노동생산성이 농업 성장을 주도하면서 1990년대 중반까지 연간 2%정도의 농업 성장률을 달성한 시기이다.

표 12-1 한국 농업의 생산성 변화

(단위:%)

시대 구분	농업산출액	토지생산성	노동생산성
1961/65~1971/75년	4.26	3.7	3.5
1971/75~1981/85년	4.51	4.7	6.2
1981/85~1991/95년	2.76	3.4	7.5
1991/95~2001/05년	1.44	2.5	6.5
2001/05~2009/11년	0.15	1.3	5.2

자료: 유영봉(2015) pp.103~106 표를 재정리함

한국 농업은 1990년대 중반이후 농산물의 수입 확대로 만성적인 공급과잉시대를 맞이하게 된다. 이는 한국농업이 내발적인 성장과 구조적 전환과정에서 세계화가 부정적인 요인으로 작용하게 됨을 의미한다.

1995년 UR협상 이전에 한국 농업은 자급형 수급구조로서 농산물의 생산과 농업소득이 같은 방향으로 연동되는 구조였다. 하지만 UR 이후 개방화가 확대되면서 수입 농산물의 가격이 국내농산물 가격의 하방 압력요인으로 작용하여 농산물 가격의 천장화현상이 나타나면서 성장과 소득의 괴리 현상이 나타나고 저성장 기조가 계속되고 있는 것이다.

UR협상 이후 실질 농산물가격지수는 1995년 135.6에서 2012년 115.5로 하락했으며 호당 명목 농업소득도 1995년 10,469천원에서 2012년 9,127천원으로 감소했고 실질가격 기준으로는 1995년 12,830천원에서 2012년 7,432천원으로 42.1%가 감소했다. 이에 따라 도시근로자가구 소득 대비 농가소득의 비율은 1995년 95.1%에서 2012년 57.6%로 떨어지면서 농가경제가 크게 위축되고 있다.[3]

농가 호당 평균 실질 노동생산성은 1970년 시간당 2,465원에서 2012년 13,972원으로 연평균 4.22%씩 증가한 것으로 나타났다. UR 이전에는 노동생산성이 연평균 6.24% 증가한데 비해, UR 이후에는 연평균 2.24% 증가하여 노동생산성의 증가율이 크게 떨어지고 있다. 한편 농가 호당 평균 실질 토지생산성은 1970년 10a당 482천원에서 2012년 961천원으로 연평균 1.66%씩 증가해 왔다.

이를 UR전후로 나누어 살펴보면 UR이전에는 토지생산성이 연평균 3.7% 증가했으나, UR 이후에 0.2% 로 감소했다. UR이후 비료 농약, 인건비등 영농비용은 증가했으나 농산물의 가격하락으로 농업부가가치가 감소했기 때문으로 추정된다. 노동생산성보다 토지생산성의 감소현상이 더 두드러지게 나타나고 있는데 이는 종자, 비료, 농약 등 생물화학적 기

3 유춘권외, UR 전후 농업생산성의 변화와 시사점, 2013, pp.7~9

술이 한국 농업의 성장에 더 이상 기여하지 못한 것으로 해석할 수 있다.

한국 농업은 농업생산액에서 차지하는 부가가치율이 높고 타 산업과의 연관정도가 낮아 자급적 기초산업으로 분류되어 왔다. 1980년대 중반부터 노동생산성이 농업성장을 주도하면서 중간재 수요형 산업구조로 변화하면서 한국 농업은 산업화 초기단계에 진입하였다. 농업의 산업화란 농업생산부문과 전후방 관련 산업간의 연관관계가 긴밀해지면서 생산단계에서부터 최종 소비단계에 이르기까지 부가가치사슬구조가 확장되는 복합적 농산업구조로 바뀌게 되는 과정을 말한다.

그런데 UR시대를 맞이하면서 한국 농업은 산업화 과정에 구조적으로 심각한 왜곡현상이 발생하고 있는 것이다. UR 이전에는 국내 농산물의 공급증가를 국내 수요가 받쳐주면서 안정적인 수급구조를 달성할 수 있었으나 UR 이후에 수입 농산물과 국산 농산물을 합한 공급증가로 수요를 초과하는 만성적인 공급과잉현상이 구조적으로 나타나고 있다. 특히 한.미 및 EU와의 FTA 협정체결 그리고 한 · 중 FTA 체결 등을 통한 농산물 시장의 개방 확대는 한국 농업이 산업화 구조로 전환하는데 있어 크나큰 걸림돌로 작용하고 있다. 한국 농업이 농업생산성을 통한 농업경쟁력의 제고를 위한 대책을 세우지 못하면 만성적인 공급과잉 구조의 지속과 함께 궁극적으로 생산농업은 산업으로서의 기반상실이라는 피해를 가져올 것으로 전망되고 있다.

2. 농업의 성장경로에 대한 국제적 비교

UR 협정 이후 OECD 국가들도 농업경쟁력 강화를 위해 농업 R&D 투융자 정책을 추진하여 왔으며, 그 결과 농업생산의 인프라 확충, 기계화

진전, 기술 혁신 등에 의해 농업생산성이 지속적으로 향상되어 왔다. 표 12-2에서 OECD 국가들의 노동 및 토지 생산성 변화 추세를 보면, 1969-2008년간 회원국들의 노동생산성과 토지생산성이 함께 증가하고 있는 것으로 나타났다. OECD 국가들의 농업 노동생산성과 토지 생산성의 변화율을 비교해 보면 1인당 경지면적이 줄어든 뉴질랜드를 제외한 모든 국가에서 노동생산성의 증가율이 토지생산성의 증가율 보다 높게 나타나고 있다. 이는 농업 노동력 감소가 경지면적의 감소보다 더 빠르게 진행되면서 노동생산성의 증가율이 토지생산성보다 상대적으로 더 높아지고 농업인 1인당 경지면적이 증가하는 결과로 나타나고 있음을 의미한다.

표 12-2 OECD 국가의 농업생산성 변화추세

국가, 기간		산출량	농업 노동	경지 면적	노동 생산성	토지 생산성	1인당 경지면적	
							초년도	말년도
		년 평균 변화율 (%)					Ha/1인	
호주	1969-2008	2.5	-0.4	-0.3	3.3	3.2	1, 155	1, 176
캐나다	1969-2008	2.5	-0.9	-0.1	5.1	2.6	114	168
일본	1969-2008	-0.2	-1.8	-0.8	5.7	0.8	0.7	1.7
한국	1969-2007	2.4	-1.6	-0.6	11.1	3.8	0.5	1.0
멕시코	1995-2008	2.8	-2.0	-0.3	6.5	3.3	14	18
뉴질랜드	1986-2008	1.7	-0.3	-1.4	2.1	4.5	101	75
노르웨이	1972-2008	0.7	-1.8	0.3	7.3	0.3	5	15
스위스	1969-2008	0.4	-1.1	-0.7	2.6	1.6	7	9
미국	1995-2008	1.4	-0.6	-0.2	2.2	1.6	178	190
EU15	1995-2008	0.3	-1.4	-0.6	2.0	0.9	22	24

자료: OECD(2011)

농업 노동자 1인당 경작면적의 확대가 가능케 된 이유는 첨단화된 농업 기계화기술의 발전으로 줄어든 노동력을 자동화 로보트화 된 농자재가 충분히 대체할 수 있었기 때문이다. 그 결과 OECD 국가들은 기계화 기술의 진보에 의한 노동생산성의 향상을 통하여 농산물 가격하락에도 불구하고 농업소득을 증대시킬 수 있었고 이것은 농업경쟁력의 향상으로 나타나게 된 것이다. 지난 40여년 동안 OECD국가의 농업생산성은 토지생산성 보다는 노동생산성의 향상을 지향하는 기계화기술의 개발정책에 의해서 주도 된 것으로서 노동생산성이 농업경쟁력의 핵심적 변수가 되고 있음을 시사한다. 어느 국가든지 농업 성장의 초기단계에서는 생산량보다 수요량이 많은 농산물의 부족문제를 해결하기 위하여 비료, 농약, 종자 등 토지생산성을 높일 수 있는 생물화학적 기술정책을 중심으로 양적인 농업 성장을 추구하게 된다. 하지만 농산물이 소비를 초과하는 공급과잉의 단계로 들어서면 토지생산성보다는 노동생산성의 제고 정책을 통해서 질적인 농업성장을 추구해야 하는 구조로 바뀌게 된다.

미국의 경우 1948년에서 2011년 동안 진행되어 온 농업 생산성의 성장 과정을 그림 12-1에서 보면 다음과 같다. 미국 농업의 생산성과 총 생산액은 지난 60여 년 동안 약 2.5배 늘어났는데 비해 노동과 토지의 투입비중은 계속 감소추세이며 동기간 동안 년 평균 2.41%와 0.9%씩 감소해왔다. 반면에 자본과 중간재의 투입액은 년 평균 0.8%와 1.27% 증가했는데 이는 미국 농업이 산업화 과정에서 기초재 산업형에서 중간수요형 산업구조로 변하면서 중간투입재의 비중이 높아지고 있는 것으로 해석할 수 있다.

1948년에 중간재 구입비는 농업생산비의 40%를 차지했으나 2011년에는 거의 60%를 차지할 정도로 그 비중이 높아졌으나 반면에 인건비의 비중은 이 기간 동안에 25%에서 13%로 크게 줄어들었다. 자본투입액도 1980년 초반까지 증가하다가 그 후 감소하고 있는데 이는 농업용 자본이 중간투입재로 대체되고 있기 때문이다. 미국 농업은 지난 60여년 동안 노동과 토지라는 기초투입재중심의 생산구조에서 비료, 농약, 농기계 등 중간투입재가 대체하면서 이들 후방 관련산업과 농업생산부문이 밀접하게 연계되어 왔다는 것을 알 수 있다. 미국 농업의 GDP 비중은 계속 감소해 왔으나 식품, 가공, 유통, 외식서비스 부문 같은 전방 연관산업은 계속 성장해 온 사실은 미국 농업이 지난 60여 년 동안 지속적으로 산업화라는 구조전환의 과정을 밟아 왔음을 보여주고 있다.

그림 12-1 미국 농업의 생산성 변화(1948-2011)

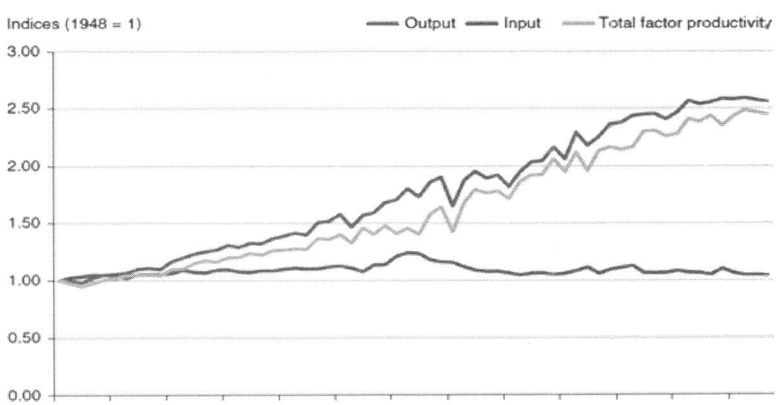

자료: Sun Ling Wang etc, Agricultural Productivity Growth in the United States, 2015

농업의 산업화 과정은 미국 같은 선진 농업국가 뿐 아니라 대부분의 국가에서 발생하는 역사적 사실이다. 농업의 산업화 과정에서 농업의 생산비중은 상대적으로 축소하지만 전후 연관산업을 포함한 농산업은 그 비중이 커지면서 성장하는 것이 일반적인 법칙이라고 할 수 있다. 이에 따라 OECD 등 선진국은 농업의 개념을 전통적인 농업생산부문에 국한시키지 않고, 농업생산부문과 전후방으로 관련된 산업을 모두 포괄하는 것으로 인식하고 있다.

그림 12-2 는 1969년~2008년간 OECD 국가들의 노동생산성과 토지생산성을 비교한 한 것이다. 한국 농업의 토지생산성은 1969년부터 지속적으로 증가하여 2007년도에 ha당 20,000달러가 넘어 세계 최상위의 수준에 있지만 노동생산성은 1인당 년간 약 20,000달러로 멕시코와 일본을 제외하고 가장 낮은 수준이다, 가장 높은 농업경쟁력을 가지고 있는 미국 농업의 경우 토지생산성은 한국의 3분의 1에도 미치지 못하나 노동생산성은 3배 이상으로 높다. 미국 농업은 상대적으로 풍부한 토지자원에 비해 부족한 농업노동력을 대체하기 위하여 기계화 기술을 개발하는 방향으로 정책이 추진되었기 때문이다. 그 결과 미국 농가들은 농업생산과정에 노동력을 보다 효율적으로 투입할 수 있게 됨에 따라 농민 1인당 수확량이 크게 늘어났고 세계 최고의 노동생산성을 달성할 수 있었다.

한국 농업의 노동 생산성이 토지생산성보다 상대적으로 낮은 원인은 농업 R&D 투자의 효율성이 낮기 때문으로 판단된다. 이는 한국농업이 생물 · 화학적 농업기술의 발달로 토지생산성의 향상에는 성공했으나 개방화 시대를 맞아 고임금 비용과 노력시간의 절감을 위한 생력화 기술수준을 높이기 위한 노동생산성에 대한 연구개발 노력은 미진했다는 것을 의미한다.[4]

4 김정호외, 한국의 농업기술 발전과 대중국 협력 가능성, MIMEO, 2000

그림 12-2 OECD 국가의 농업노동생산성과 토지생산성의 경로 비교(1969~2008)

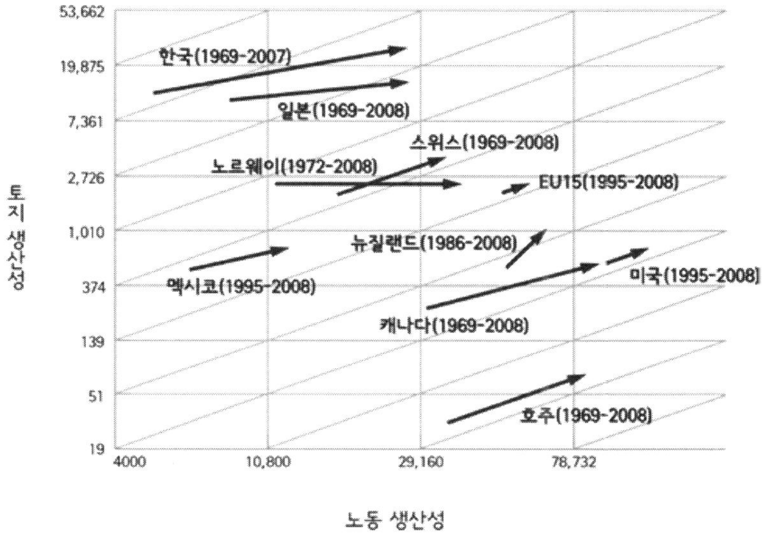

자료: OECD(2011) 참조

*주: 토지생산성(달러/ha), 노동생산성(달러/인), 1999~2001년의 실질구매력가치로 환산하였음.

선진국들의 농업 성장과정을 살펴보면 국민경제가 성숙하고 농산물의 공급이 수요를 초과하는 농업의 산업화단계에서 토지생산성보다는 노동생산성의 향상에 의해서 농업구조를 전환시켜왔음을 알 수 있다. 특히 21세기 들어 농업 IT와 자동화기술과 관련된 농자재 산업을 육성함으로써 노동생산성을 향상시키고 농업경영 효율성을 높여 가면서 자국의 농업 경쟁력을 높여 갔음을 확인할 수 있다. 네덜란드 농업의 경우 기계화 자동화기술에 대한 R&D투자로 노동생산성이 크게 증가했으며 농가호당 경지면적도 1950년대의 5ha에서 2005년에 24ha까지 크게 늘어나면서 농업소득을 크게 늘릴 수 있었고 그 결과 세계적인 수준의 농업경쟁력을 갖추게 된 것이다.

3. 정책적 시사점

한국농업은 인구의 크기에 비하여 경지자원이 절대적으로 부족하기 때문에 농지를 집약적으로 이용하는 농법이 오래전부터 발전하여 왔다. 한국 농업과 여건이 비슷한 일본과 대만이 20세기 초에 달성한 높은 농업 성장율은 그 당시 상대적으로 풍부한 농업노동력을 바탕으로 한정된 토지자원을 집약적으로 이용할 수 있는 품종과 비료 등 생물화학적 기술개발 정책의 추진에 의한 성과인 것으로 보고되고 있다. 이러한 기술개발정책은 토지생산성의 향상을 가져와 부족한 식량자원을 확보하는데 크게 기여를 한바 있다.[5]

UR 협상전까지 한국 농업은 개방화 이전시대로서 농가들은 종자, 비료, 농약 등을 생물화학적 농자재를 사용하여 토지생산성을 빠르게 증가시킬 수 있었다. 생물화학적 기술이 체화된 농자재들은 토지집약적인 영농방식으로 농업소득을 올리는데 가장 큰 기여를 해온 생산요소로서 관련 농자재 산업도 크게 성장할 수 있었다. 1995년 UR협상 이후 한국 농업이 해외농산물의 수입확대로 인하여 국내 농산물 가격이 하방적 경직화 추세로 돌아섬에 따라 농업총생산량은 늘어났지만 농업소득은 감소하는 소위 성장과 소득의 괴리현상이 본격적으로 나타나고 있다. 한국 농업이 당면한 현실은 시장개방이 진행되면서 경쟁력의 약화로 농산물가격의 하락과 함께 실질 농업소득이 줄어들고 있다는 점이다.

한국 농업의 발전단계가 생산견인적 구조에서 수요유발적 구조로 바뀌는 산업화단계에 있으며 이는 토지생산성에서 노동생산성 중심의 농

5 Johnston and Mellor(1961)

산업화 정책으로 전환해야 함을 의미한다. 농업이 산업화단계로 들어서면서 농산물의 만성적인 공급초과로 인한 가격의 천장화 현상 때문에 토지생산성 위주의 양적증가를 통한 농업성장은 한계에 부딪치게 된다. 한국 농업은 아직도 토지생산성 중심의 정책을 계속 추진하면서 농업성장의 동력이 점차 소진되고 있는 것이다.

농업의 산업화 이전 단계에서는 농가들이 자급적 생계농 수준에 있기 때문에 농산물의 양적 생산량을 증대하는데 영농목적을 두고 있다. 이 단계에서는 종자, 비료, 농약 등 주로 생물화학적 기술이 체화된 농자재의 역할이 중요한데 이들 농자재가 토지생산성을 높여 농업소득을 올려줄 수 있기 때문이다. 식량부족시대에는 단위면적당 수확량 즉 토지생산성이 중요한 농업성장지표가 되기 때문에 생물화학적 기술 중심의 정책을 추진되게 된다.

농업의 산업화단계에서는 노동절약형 농자재를 투입하여야 농업생산성을 제고시킬 수 있고 농업소득을 올릴 수 있다. 이 단계에서 농가들은 생력화가 가능한 농자재를 투입하여 노동생산성을 높임으로써 농산물 가격이 떨어져도 농업소득을 올릴 수 있는 구조로 전환시켜 나가야 한다. 노동생산성이 높아지면 여유 노동시간을 사용하여 영농규모화가 가능하고 농산물 가격이 하락해도 농가당 농업소득을 올릴 수 있으므로 노동생산성은 농업 경쟁력의 중요한 선행지표로서 역할을 하게 된다.

한국 농업은 1990년대 후반부터 농산물 시장의 개방화에 대응하여 국제 경쟁력을 높이고 부가가치를 높이기 위한 산업화 정책을 추진하고 있다. 하지만 수입 농산물과 경쟁하는 과정에서 노동생산성의 제고를 위한 정책적 노력을 소홀히 하게 되면서 농업 경쟁력이 하향적으로 낮아지고 있다. 세계화 시대에 농업의 경쟁력을 높이기 위해서는 농산업화 정책의 목표를 저비용 고품질 생산체계로의 전환에 두고 노동생산성 중심으로 정책을 추진해 나야가야 할 것이다.

제2절 농산업의 전후방 연계구조

농산업의 경쟁력에 영향을 미치는 요인으로 생산성, 영농규모, 인적 자본, 시장구조와 관련하여 다양한 변수가 있으나 생산성이 농산업의 경쟁력에 가장 영향을 미치는 핵심적 정책변수라고 할 수 있다. 농업생산성은 경쟁력의 주요 지표로 활용되고있는데 농업 생산성의 측정에는 관련된 변수를 고려하여야 하는데 여기서는 토지 및 노동생산성과 농업 경쟁력간의 연계 구조를 분석해서 그 관계를 살펴보고자 한다.

농가의 관점에서 볼 때 신기술이 체화된 농자재를 농업생산 활동과정에 어떻게 투입하여야 가장 효율적인 경영성과를 올릴 수 있는가를 판단하는 것이 중요한 과제가 된다. 농가들이 종자, 비료, 농약, 농기계 등 신기술 농자재를 최적으로 투입함으로서 농업생산 방식을 고품질 저비용 구조로 전환하게 되면 농업생산성이 향상되고 농업의 경쟁력이 높아지면서 궁극적으로 농업의 지속적인 성장이 가능하게 되는 것이다.

그림 12-3은 농업생산성과 관련 지표들간에 전후방적으로 연계된 과정을 보여주고 있다. 신기술이 체화된 종자, 비료, 농약, 농기계, 시설자재 등 농자재들은 단위면적당 농산물의 생산량과 노동시간이라는 물리적 투입지표에 영향을 주게 된다. 종자, 비료, 농약 등 생물화학적 기술이 체화된 농자재들은 농산물의 생산량을 증가시켜 주고 농기계와 시설

자재 등 생력화 기술이 내재된 투입재들은 주로 노동시간을 절감시켜주게 된다.

이들 물리적 지표들은 다음 단계인 조수입과 경영비라는 화폐적 소득 지표에 전방적으로 영향을 미치고 있다. 여기서 농산물 가격과 노동임금은 생산량과 노동시간을 조수입과 경영비 지표로 변환시켜주는 매개변수의 역할을 하고 있다. 다음 단계인 농업생산성 지표 부문은 농업 조수입과 경영비에 의해서 영향을 받게 된다.

농업생산성은 부문 생산성 지표인 노동생산성과 토지생산성으로 분해되는데 조수입과 경영비는 먼저 토지생산성지표에 영향을 주고 그 다음에 토지생산성은 노동시간과 함께 노동생산성에 영향을 주고 있다. 토지생산성과 노동생산성을 결합한 농업생산성지표가 최종적으로 농업경쟁력에 전방적으로 연계되어 있어 농업 총요소 생산성이 농업경쟁력의 결정요인인 것으로 나타나고 있다.

그림 12-3 농업생산성의 연계구조

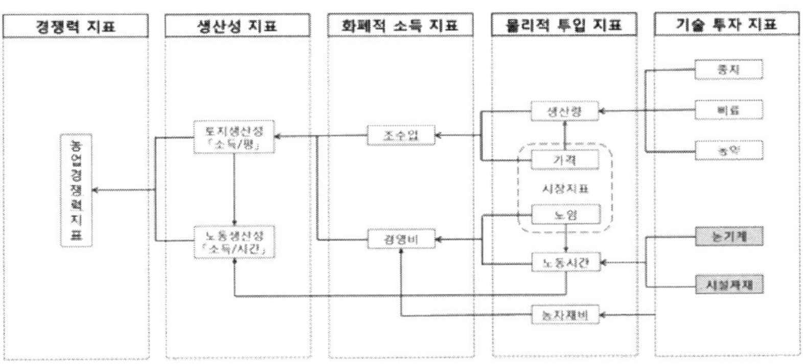

농업생산 활동은 농작물이나 가축에 인간 노동이 직접 작용해서 단위

면적당 생산량을 증가시키는 생물 생산적 활동과 작물이나 가축이 생육하는 환경 및 인간노동을 보다 효율화시키기 위한 기계나 시설이 동반되는 기계공학적 활동으로 나눌 수 있다. 전자는 주로 종자, 비료, 농약 등을 이용하여 토지 절약적인 관리를 함으로써 토지생산성의 향상을 가져오는 농자재들이고 후자는 농업시설, 농기계 등을 사용하여 노동 절약적인 생력화를 가져와 노동생산성을 향상시켜주는 농자재들이다.

토지생산성은 일정 토지면적당 생산되는 농산물의 양으로서 토지의 비옥도와 농업생산력의 수준을 나타내는 지표이다. 노동생산성은 생산액을 노동시간으로 나눈 값으로서 노동자 1인당 혹은 노동시간당 생산량을 말하는데 다수의 기술적 기능들이 결합하여 나타난 생산효과의 척도이다. 노동생산성은 산업간의 생산성을 비교할 때 매우 유용한 척도이고 노동자 1인당 생산성은 임금소득과 밀접한 관계를 가지고 있다. 물적 노동생산성은 일정 시간 내에 생산된 산출량과 그 생산에 투입된 노동량과의 비율이고 단위 노동량당 생산량 또는 단위 생산량당 소요노동량으로서 표시된다. 가치노동생산성은 생산액을 노동량으로 나눈 결과이며 또한 부가가치 생산성으로도 표시된다.

여기서 농자재의 종류와 유형에 따라 노동생산성과 토지생산성의 변화 경로에 어떻게 차별적으로 영향을 받게 되는지 고찰하여보자. 농업의 산업화 시대를 맞이하게 되면 농가들은 토지생산성을 통한 농업소득의 증대노력이 한계에 부딪치게 된다. 즉 토지생산성 = $\frac{\text{생산량} \times \text{가격} - \text{경영비}}{\text{평}}$인데 농업 생산량이 수요를 초과하여 증가하면 농산물 가격하락으로 판매수입이 줄어들고 경영비까지 증가하면서 단위면적당 농업소득을 늘리기 어려운 구조적 문제가 나타나게 된다.

한편 노동생산성은 단위면적에서 단위 시간당 올린 농업소득으로서 노동생산성= $\frac{\text{생산량} \times \text{가격} - \text{경영비}}{\text{평/시간}}$ 으로 표시되는데 분모항인 단위 면적당 노동시간을 줄일 수 있으면 노동생산성이 높아지게 된다. 농산물 가격의 하락으로 단위면적당 농업소득은 감소하더라도 생력화기술이 체화된 농자재를 투입하여 노동시간을 줄임으로써 노동생산성은 높아지게 되는 것이다. 즉 가격하락으로 인해 단위면적당 농산물 판매수입이 줄어들더라고 평당 노동투입시간을 더 크게 줄일수 있는 기술진보에 의해서 노동생산성을 높일 수 있게 된다. 노동생산성이 높아지면 영농규모화가 가능해지면서 농업소득을 증가시킬 수 있기 때문에 노동생산성은 농업경쟁력의 선행지표가 되는 것이다.

농업생산과정은 시간적 관계속에서 시기와 계절의 제한을 받고 있어 농업활동은 결국 시간이라는 변수의 제약을 받게 된다. 농업노동의 시간적 과정은 영농활동의 단계별로 이질적이고 불균등한 노동량을 필요로 하고 있다. 따라서 농업 노동의 시간성을 극복하는 기술수단인 농기구와 농기계는 노동시간과 그 질의 변화, 재배작물 및 가축의 선택과 기간에 영향을 주는 기술적 수단으로서 노동 작업의 시간을 효율적으로 관리해주는 역할을 하여 왔다. 미래에는 농업 노동의 시간적 제약성을 뛰어 넘을 수 있는 방향으로 농업기술이 발전하게 될 것이며 이는 농기계의 무인화, 자동화, 로봇트화라는 트랜드를 따라 노동생산성 중심의 기술혁신이 진행될 것임을 의미한다.

제3절 농산업 정책의 방향

세계화 시대의 한국 농산업의 성장과 발전은 경쟁력의 제고 여부에 달려 있다고 볼 수 있으며 문제의 핵심은 경쟁력을 어떻게 높일 수 있는가이다. 농산업의 경쟁력이란 세계화된 시장구조에서 자국의 농산품이 일정한 시장점유율을 확보해 나가면서 소득을 창출할 수 있는 능력으로 개념화 할 수 있다.

농산업 생산성은 경쟁력의 핵심요소로서 농산업 성장의 본질적 원천이며 새로운 기술개발 및 농업혁신과 밀접하게 관련되어 있다. 세계화 시대에 대응하여 한국 농산업이 시장수요에 맞는 상품을 판매하는 동시에 소득을 창출할 수 있는 경쟁력을 높이기 위해서는 생산성을 제고하기 위한 정책의 방향을 어떻게 설정하는가가 중요한 과제가 된다.

생산성 정책이란 정부가 농산업의 생산성 제고를 위하여 연구 및 기술개발과 관련하여 인적 물적 자원의 적정배분 및 동원을 추구하는 행위라고 할 수 있다. 이는 정부가 농업 관련 산업의 생산성 향상을 위하여 R&D를 중심으로 정책적으로 개입하여야 함을 의미한다. 생산성의 변화는 여러 유형의 기술적 진보가 결합되어 나타나는 복합적 현상으로 볼 수 있다. 기술 진보의 유형은 크게 생물 · 화학적기술과 기계화 기술로 나눌 수 있으며 이들 농업기술은 유형별로 부문 생산성에 미치는 영향이 달라 지게 된다.

농업의 산업화 발전 과정에서 토지자원이 상대적으로 부족해지면 생물 · 화학적 기술혁신이 유발적으로 발전하면서 토지절약적 기술진보의 경로를 밟게 된다. 반면에 노동자원이 부족한 단계에서는 기계화 기술이 발전하여 노동절약적인 기술진보의 경로를 밟게 된다. 즉 농산업의 생산 요소 중에서 상대적으로 부족하여 비싸진 생산요소를 상대적으로 값싼 생산요소가 대체함으로써 농업자원의 배분을 효율화하고 비용을 최소화시키는 방향으로 기술혁신이 진행된다는 것이다[6]. 여기서는 세계화 개방화 시대를 맞이하여 농산업의 경쟁력의 향상과 지속적인 성장에 있어서 중요한 역할을 하는 생산성 향상을 중심으로 한 정책 방향에 대해서 논의하기로 한다.

1. 농산업 R&D 정책

농산업 경쟁력을 높이기 위해서는 R&D 투자의 확충을 통한 기술력의 향상이 중요한 정책 수단이 된다. 2012년 농식품 분야 R&D 예산은 농촌진흥청 5,333억원과 농림수산식품부 2,912억원, 산림청 844억원 등 9,089억원에 이른다. 이는 2007년 5,719억원, 2009년 7,110억원, 2011년 8,625억원 대비 연평균 10.8%씩 증가한 것이며, 정부 전체 R&D 투자액(16조원)의 5.7% 수준이다. 하지만 여전히 R&D의 투자 배분과 우선순위에 있어서 생산성과 연계한 기술 분야에 대한 정책적 배려가 미흡한 형편이다.

2008년도 농림수산분야로 분류되는 R&D 투자규모는 5,004억원으로 이중 고품질 다수확 작물 생산기술이 1,932억원, 38%로 가장 큰 비중을 차지한다. 그 다음으로는 BT 활용 고부가 농수축산물 개발기술로 856억원, 고기능성 식품의 생산, 가공 보존기술이 622억원 이었다. 과

6 Yujiro Hayami, and Vernon W. Ruttan(1985)

학기술표준분류에서 살펴보면, 농 · 원예작물이 1,703억원(34%)으로 가장 많고 식품가공기술 663억원(13%), 농생물 · 화학 592억원(10%)순 이었다.[7] 농산업 R&D배분 현황을 보면 전반적으로 농업 생산성 향상이나 기술혁신이 필요한 분야에 대한 투자가 부족하기 때문에 농업경쟁력 제고를 위한 전략적 고려가 미흡한 것으로 판단된다.

한국 농산업의 기술수준은 선진국과 개발도상국의 중간에 위치하며 세계최고수준을 100으로 했을 때 약 69% 수준으로 추정된다. 표 12-3에서 주요국간의 농업기술수준의 비교 결과를 보면 한국은 식량생산이나 고품질 생산기술은 상대적으로 선진국 수준에 근접해 있으나 생명공학기술, 친환경 농업기술, 농업 기계화기술, 생물자원 다양성기술 등 미래지향적 기술 수준은 선진 국가들보다 낮은 수준이다. 특히 노동생산성과 연관성이 높은 농업기계화 기술수준이 낮은데 농업경쟁력의 측면에서 부정적인 결과를 가져온 주요 원인이라고 할 수 있다.

표 12-3 주요국의 농산업 기술수준 비교

분야	한국	미국	EU	일본	중국	호주	캐나다
농업생명공학 기술	59.5	100.0	82.8	80.8	58.5	60.2	61.6
식량생산 기술	81.0	93.2	74.8	89.9	71.4	75.1	63.9
친환경 농업기술	68.2	96.7	96.0	87.7	45.0	76.8	75.1
고품질 생산기술	80.6	90.0	85.3	87.7	55.4	73.5	72.5
농업기계화기술	63.2	98.5	82.3	90.9	42.3	65.4	68.6
농업생물자원확보기술	61.1	100.0	89.6	80.3	53.6	68.4	65.0

지료: 농촌진흥청(2006)

7 이주량외(농산업 R&D 투자/생산성 국제비교 및 포트폴리오 분석,2010) pp.75~80

기술개발투자의 순위를 결정하기 위한 R&D 투자와 생산성간의 상관관계나 농업생산성에 대한 농업R&D의 기여효과를 실증적으로 분석한 연구는 아직 많지 않은 실정이다.[8] 이주량(2010)은 주요국의 농산업 R&D 투자와 생산성간의 상관관계를 비교하였는데 한국 농업의 R&D 투자 효율성은 낮은 반면에 농업 R&D과 노동 생산성의 상관계수는 높게 나타나 농업R&D의 비효율성이 낮은 노동생산성의 원인임을 시사한 바 있다. 농산업의 R&D투자와 노동생산성간의 정합성을 높이기 위하여는 농업 R&D의 포트폴리오를 재정립할 필요성이 있다. R&D 정책의 방향은 미래 성장동력으로서의 잠재가치가 높고 농산업의 경쟁력과 연관성이 높은 기술분야에 대한 R&D투자의 배분을 위한 연구개발 정책의 재편이 요구되고 있다.

농산업 생산성 제고를 위한 농업 R&D 정책의 방향으로서 다음과 같은 개선과제를 제시하고자 한다. R&D의 포트폴리오를 노동생산성과 연관성이 높은 기술분야에 우선 순위로 하여 배정하여야 하며 IT와 융합한 농업기계화 기술개발을 위한 R&D 투자비율을 확대할 필요가 있다. 21세기 들어 센서, 장치, 기계, 정보기술 분야의 기술 진보로 현대 농업이 기존과 확연히 다른 양상으로 발전하는 추세로서 기계화 기술혁신의 중요성이 커지고 있다. 온습도 센서, 항공 영상, GPS 기술과 같은 정밀 기계, 진보된 장비와 정밀농업, 로봇시스템을 통해 노동 생산성이 경쟁력의 핵심변수가 되는 고도화 산업으로 변모하고 있다.

농업현장에서는 GPS와 컴퓨터가 장착된 트랙터를 통해 비료, 물, 종자 데이터를 수집하고 로봇을 장착하거나 드론을 활용한 고해상도 열·

8 권오상(2010)은 농업생산성 변화에 대한 R&D투자의 기여도를 26%로 측정하였다.

시각 영상을 통한 정보수집을 필요로 하고 있다. 농업구조의 고도화를 위해서는 IT융합 기술의 기반이 되는 원천기술(융합 SW, 고성능 컴퓨팅, 로복 등)에 대한 R&D 투자 확대가 뒤따라야 한다. BT와 IT융합의 기반이 되는 원천기술에 대한 R&D 투자를 확대하여 농산업 전반에 IT기술을 접합할 수 있도록 선도적 R&D투자 영역을 기획 개발하여야 한다.

2. 농자재 산업 정책

농가들은 농업의 산업화 과정에서 과거와 같은 영농방식으로는 일정한 소득수준을 달성하기 어렵다는 것을 알고 새로운 농업기술을 도입하여 생산성을 높이거나 영농규모의 확대를 추구하게 된다. 농업의 산업화 과정에서는 생산, 농자재, 유통, 가공, 식자재 등 관련 기술간에 다양한 형태의 결합이 일어나면서 생산에서 최종소비 단계까지 가치사슬 측면에서 새로운 농업기술의 생태계가 형성된다. 농업의 고도 산업화를 위한 혁신은 생산부문에만 집중한다고 해결될 문제가 아니고 육종, 비료, 농약, 시설, 농기계 등 후방 투입재 기술부터 유통, 가공, 외식 등 전방 수요재 기술까지 농산업의 차원의 시스템화된 기술체계의 관점에서 다루어 나가야 한다.

농자재는 생산성과 경쟁력 제고에 핵심적 역할을 담당하는 생산수단이 한국의 농자재 산업은 대부분 영세한 규모의 기업들로서 기술수준이 전반적으로 낮은 상태이다. 그동안 농자재 산업 육성정책은 단기적인 성과에 치중하여, 장기적 성장 잠재력의 주요관건인 원천기술 확보는 미흡하다. 농자재 산업은 농업생산업에 저비용 고품질의 농자재를 공급하는 후방산업으로서 제 역할을 다하지 못하고 수익창출을 위한 기술혁신을 소홀히 한 채 낙후산업으로 남아 있다.

농업의 세계화시대를 맞이하여 농자재 산업의 육성정책은 노동생산성의 기여도가 높은 농자재 즉 농기계와 시설 농자재 산업을 우선 순위로 지원하는 농자재 산업정책을 펴나가야 할 것이다. 농산물 시장의 개방으로 어려움에 처한 한국 농업은 자재와 농기계 같은 생력화 효과가 높은 농자재를 활용하여 노동생산성을 높여가면 소득 증대와 경쟁력 향상의 여지가 남아 있다고 본다.

ICT 융복합 기술과 농작물 재배기술을 효율적으로 관리할 수 있는 첨단 농기계 기술을 개발하면 생력화 위주의 영농기술에 의한 농업생산방식으로 바뀌면서 농업경쟁력의 제고에 긍정적인 효과를 줄 것으로 기대된다. 농기계는 농가입장에서 고정비용의 부담을 많이 주는 농자재이기 때문에 농기계를 효율적으로 활용하기 위한 다양한 영농전략이 요구되므로 노동생산성과 연계한 농기계의 소득 평가 시스템이 도입되어야 할 것이다.

장기적으로 정부는 관련 농기계업체간에 핵심기종 및 부품을 공동개발 할 수 있도록 제도적인 뒷받침을 해주어야 한다. 침체된 농기계 시장을 진작시키기 위하여 자연조건, 경제력 수준, 기계화 정도 등에 따라 국가별 수출시장 확대 전략을 마련하여야 할 것이다. 농기계의 품질경쟁력을 높이기 위해서 연구개발 및 합작투자 등을 통하여 원천기술의 수준을 높여나가야 한다. 산학연 공동연구체제를 구축하여 연구기반시설과 연구 개발자금을 지원하고 첨단 농기계의 공동 R&BD를 위해서 연구개발 클러스터 산업단지를 조성 지원하도록 한다.

시설농자재 산업은 최근 자재중심의 제조기술에서 벗어나 ICT 기술을 접합함으로써 농업 생산성을 크게 높여 신성장 농업을 선도할 수 있는 주요한 소재부품형 농자재산업으로 주목을 받고 있다. 영농비용을 절감하기 위한 방안의 일환으로서 농자재 가격을 낮추려는 대책은 농업 후방산업으로서 농자재 산업이 담당하고 있는 중요성을 인식하지 못한 것이다. 농자재는 저비용 고품질 농업생산체계를 구축하는데 있어 핵심적 소재부품으로서 농자재의 구입비용 이상으로 생산성 향상과 소득증대 효과를 통해 그 이상을 보상받을 수 있게 해주는 생산수단이라는 것을 인식하여야 할 것이다.

3. 농산업 혁신체계의 도입

세계화 시대의 특징은 생산이 아닌 시장이 농산업의 발전을 주도하고 있다는 것이다. 전통적으로 농업기술의 진보는 토지생산성을 중심으로 한 기술개발의 성과를 이전하는 과정에 의하여 이루어졌다. 그동안 농업기술의 개발이전 체계는 R&D→발명→혁신→확산→기술진보→경제성장이라는 선형모형에 기초하여 R&D를 주도하고, 그 성과를 보급하면서 기술진보와 농업성장을 이끌어왔다. 이처럼 선형모형에서도 R&D가 기술혁신의 가장 중요한 요소로 간주되나, 연구결과에 따르면 R&D는 기술변화의 30%밖에 설명하지 못하는 것으로 알려지고 있다.[9] 기술혁신은 R&D보다 생산현장에서 시행착오에 의한 관련기업, 공급자, 고객과의 상호관계를 통해서 이루어진다는 경험적 사실이 지속적으로 밝혀지고 있는 추세이다.

농산업의 경쟁력에 미치는 변수는 다양하기 때문에 생산성 향상, 경쟁력 및 R&D간의 관계를 촉진시키기 위해서는 좀 더 종합적인 연계

9 박진도외(2008)

의 틀이 필요하다. OECD 국가들은 농산업혁신시스템(Agricultural Industry Innovation System)을 도입하여 공공 · 민간 농업R&D투자 가이드의 명확화를 위한 기술혁신의 일관성과 거버넌스 개선으로 생산성을 높여 나가고 있다. 농산업혁신시스템은 생산성 향상의 동인으로서 단순히 R&D정책을 넘어서는 종합적인 틀을 제공하는 개념이다. 농산업혁신시스템은 시장실패 → 신기술 수요 → R&D개발 → 농가보급 및 확산 → 생산성의 경로변화→ 농업의 산업화 → 신기술 수요 과정이 순환 되는 과정이다. 그림 12-4 에서 농산업 혁신체계의 순환과정을 보면 R&D투자를 통해서 새로운 지식을 획득하거나 지적재산권을 확보하게 된다. 농가단계에서부터 구지식과 신지식간의 융합과정이 일어나면서 새로운 시장 수요를 창출하거나 적응과정을 거쳐서 농산업 구조의 질적인 변화가 일어나게 되는 것이다. 이러한 변화는 피드백 효과에 의해 새로운 R&D 투자를 불러일으키고 이는 다시 유발적 기술혁신으로 순환하게 된다는 것이다.

그림 12-4 농산업혁신시스템의 순환과정

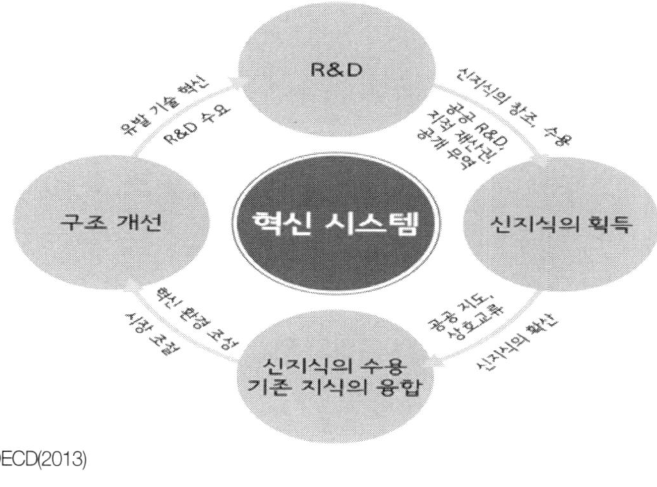

자료: OECD(2013)

이같은 농산업혁신체계는 농산품, 제도 또는 서비스, 마케팅 방법, 조직운영 방법에 있어서 혁신의 실천을 의미하며 전통적 선형모형을 넘어서는 개념이다. 농산업혁신체계는 지식과 기술을 함께 수요하고 공급하는 조직, 기업, 그리고 개인들로 구성되며, 이러한 서로 다른 행위자들이 상호작용하는 규칙과 메커니즘으로 정의할 수 있다.[10] 혁신의 주체는 정부, 연구자, 기업인, 농가, NGO, 시장, 소비자 등 다양한 구성원이 되며 농산업의 경쟁력뿐만 아니라, 농가단위에서 자원의 효율적 사용, 높은 생산성과 소득에 기여하는 것을 목표로 하고 있다.

농산업 혁신체계는 혁신을 도입하거나 생성하려는 주체들을 한데 모아 시장, 정책 또는 다른 시그널에 대해 역동적 방식으로 대응하게 된다. 또한 농산업 혁신체계는 기술개발, 사업화, 그리고 가치사슬의 미래 수익성을 위해 필요한 새로운 지식을 어떻게 생성하고 적용할지를 기획하는 방식을 제공해 준다. 농산업 혁신체계는 효과적인 기술이전을 통해 기술의 사업화와 생산성의 향상을 이끄는 것을 목표로 하고 있다. 농산업혁신체계는 이러한 목표달성을 위하여 첫째, 농산업 과학기술 역량을 생성하고 지식네트워크를 형성하여 변화하는 시장 환경에 대응하고, 부가가치 농산품을 공급하기 위한 기술 개발과 생산성 제고에 효과적으로 작동하도록 해야 한다.

둘째, 농산업혁신체계는 연구자와 농산업체간 상호작용 및 피드백을 더욱 강화해주어야 한다. 기술개발자, 전달자 그리고 기술수요자 간의 상호작용을 강화하여야 한다. 이를 위해서는 인적자본도 중요하지만 기술전달자인 공공기술보급센터 그리고 민간 컨설턴트 등의 인적자본을

10 송남근(농업혁신 촉진을 위한 정부역할 분석 및 네덜란드 사례,2016)

제고하는 방안을 마련해야 한다.

셋째, 기술개발과 보급의 네트워크 장을 더욱 활성화하여야 한다. 지역의 농과대 교수, 벤처 기업, 선진농가 등이 한 곳에서 연구 및 실험을 할 수 있도록 하고 기술전달자가 여기에서 인적자본을 형성할 수 있는 장소를 제공하여야 한다. 네트워크 장은 정보와 기술을 교류하는 장이 되어야 한다.

넷째, 농업관련산업의 혁신성을 유도하여야 한다. 새로운 기술은 대부분 고급 장비를 통하여 전파된다. 이러한 고급투입요소를 생산하는 관련산업이 발달하지 않으면 농산업의 기술혁신도 한계에 도달하게 되는 것이다. 그동안 정책에서 도외시되던 관련농산업에 대한 정책을 과감히 도입하여 육성할 필요가 있다.[11]

다섯째, 농산업 기술혁신시스템은 산업의 경쟁력뿐만 아니라, 농가단위에서 자원의 효율적 사용, 높은 생산성과 소득증대에 기여하며 최근 중요성이 증가하고 있는 농장의 환경적 성과 개선에도 기여하여야 한다. 농업인이 시장 수요에 합리적으로 반응할 수 있도록 규제의 틀을 명확히 하고, 정보접근성을 개선하거나, 농업구조조정의 장애물을 제거하고 농산물 생산 및 시장 왜곡을 요인 제거하며 위험관리의 효율성을 제고하려는 노력이 요구된다.

미래의 농산업은 1차 농업생산만이 아니고 식품, 보건, 외식, ICT, 유통, 금융, 기계 산업 등 2, 3차 산업이 광범위하게 연계된 종합산업으로서 신성장 동력이자 첨단산업으로 발전할 전망이다. 한국 농산업이 경쟁력 있는 구조로 전환하기 위해서는 산업 활동의 시간적 제약을 뛰어

11 김용택외(농업생산성 제고방안, 2000)

넘을 수 있는 혁신적인 기술개발정책을 통한 생산성의 향상이 요구되고 있는 것이다.

참고문헌

강창호(2012) 농업인신문 칼럼 2012.2.3.(http://www.nongupin.co.kr).

곽현근(2010) "농업부문 혁신 패러다임 변화에 관한 탐색적 연구", 한국행정학회 학술발표논문집 Vol.2010 No.12.

김병률 · 이명기 · 최정남 · 유찬희 · 권오복(2009)「농업경쟁력 저해요인 실태분석을 통한 농업부문 경쟁력 제고 방안 연구」R586. 한국농촌경제연구원.

김성수외(2003) "농업부문 연구투자의 효율성 분석",「한국농촌지도학회지」10권1호.

김용택, 박성재 황의식 권오상 강혜정(2000)「농업생산성 제고방안」, 수탁연구(C), 한국농촌경제연구원.

농림축산식품부(2015)「농식품 R&D 정책 및 투자방향」.

농촌진흥청(2010)「미래 농업기술 발전 전망: 미래학자가 바라보는 2050 농업전망」.

농촌진흥청(2010)「외국의 농업기술 혁신시스템 연구동향」.

박진도 · 박경 · 이명헌(2008) "농정추진체계 혁신방안: 중앙농정조직과 의청의 개혁을 중심으로".「농업경영 · 정책연구」, 35(1): 524-550.

유리나.황수철(2015) "농업혁신시스템 개관: 핵심 이슈와 동향".「농정연구」52권0호 pp.147-181 (사)농정연구센터.

유영봉(2007) "한국농업의 미래를 위한 주요쟁점", GS&J.

유영봉(2012) "한국농업의 성장경로분석(1995~2010년)",「계간농정연구 43」, 농정연구센터.

유영봉(2015) "한국농업의 구조전환과정과 경제발전에 대한 역할 논의"「농업부문 개발과 구조 전환을 통한 한국경제발전 연구보고서 2015-02」, 한국개발원(KDI).

유춘권외(2013)「UR전후 농업생산성의 변화와 시사점」, 2013 NHERI 리포트 225.

이주량.정윤정(2010)「농산업 R&D 투자/생산성 국제비교 및 포트폴리오분석」, 정책연구 2010-28, 과학기술정책연구원(STEPI).

이주량외(2013)「농업의 신성장 동력화를 위한 기술혁신의 역할과 기능」, 정책연구 2013-6.

임승빈외(2010)「우리나라 농업 R&D 보급역할과 성과:사회문화적 성과지표개발에 관한 연구」, 사단법인 한국정책과학학회.
송남근(2016) "농업분야 경쟁력 측정 및 결정 요인", OECD 대표부, MIMEO.
송남근(2016) "농업혁신 촉진을 위한 정부역할 분석 및 네덜란드 사례",OECD대표부, MIMEO.
송남근(2016) "네덜란드 농업혁신 시스템 분석". OECD대표부, MIMEO.
서종혁,김은경(2007) "농업정책의 새로운 패러다임 구축을 위한 정책방향". CEO Report, 1-33. 경기연구원.
황수철.유리나(2014) "한국농업의 총요소 생산성 추계와 분석(1955~2012)", 「농업경영.정책연구」 41권 4호.
한국농촌경제연구원(2007) 「농업기술개발정책의 선진화를 위한 과제」, 연구자료 D234-8.
Johnston, Bruce, and John Mellor(1961) The Role of Agriculture in Economic Development, American. Economic Review 4: 566-93.
OECD(2011)Fostering Productivity and Competitiveness in Agriculture.
OECD(2013) Agricultural Innovation Systems: A Framework for Analysing the Role of the Government.
OECD(2015) Innovation, Agricultural Productivity and Sustainability in the Netherlands.
Sun Ling Wang, Paul Heisey, David Schimmelpfennig, and Eldon Ball(2015) Agricultural Productivity Growth in the United States: Measurements, Trends, and Drivers, Economic Research Report 189, ERS, USDA.
Vernon W. Ruttan(2001), Sources of Technical Change: Induced Innovation, Evolutionary Theory and Path Dependence, VWR Working Copy Evol Theory Manuscript Draft.
World Bank. (2006) Enhancing Agricultural Innovation: How to Go Beyond the Strengthening of Research Systems. Agricultural and Rural Development.
World Bank. (2008) Agricultural Innovation Systems: From Diagnostics toward Operational Practices. Agricultural and Rural Development.
Yujiro Hayami, and Vernon W. Ruttan(1985) Agricultural development: an international perspective, Johns Hopkins University Press.

색인

A-Z

ㄱ

ㄴ

ㄷ, ㄹ, ㅁ

ㅂ

ㅅ

ㅇ

ㅈ

ㅊ

ㅋ, ㅌ

ㅍ

ㅎ